美國《通訊端正法》230 條如何催生社群網站與自媒體，
卻留下破壞網路安全與隱私的疑慮？

網路自由的兩難

THE TWENTY-SIX WORDS THAT
CREATED THE INTERNET

傑夫‧柯賽夫 Jeff Kosseff —— 著
范明瑛 —— 譯

專業推薦

「在台灣，為何要讀美國的通訊法背景故事？」同事問我。「這條法律造成今日網路的樣貌。」巨型社群網站、影音平台，大多來自美國，我們攝取的內容、表達的言論自由，都受《通訊端正法》第 230 條牽動。如果你也曾有過被祖的憤慨、對仇恨言論的無奈、為不實訊息查證奔波，可以試著靜下來閱讀，了解平台的前世今生，從制度面反思未來改善網路空間的可能。

——周冠汝（台灣人權促進會副祕書長）

美國憲法第一修正案保障言論自由，《通訊端正法》第 230 條讓網際網路服務提供者無需為第三方使用者負法律責任。網路科技為全球數位經濟、科技新創帶來正面效應，但各國政府陸續立法管制網路上的未成年性剝削影片、言語暴力、不實資訊等負面效應。本書作者透過淺顯易懂的文字讓讀者輕鬆了解相關法案的歷史與案例，並讓讀者省思「言論自由」的意義。

——陳映竹（亞太區網路治理論壇〔APrIGF〕
多方利害關係人小組成員）

網路自由誠可貴，
放任不理價更高

葉志良

台灣匯流研究學會秘書長／元智大學資傳系助理教授

一九九六年是一個值得記憶的特別年份，是台灣首次舉行總統直選、世界第一隻複製羊「桃莉」誕生、當時的英國王儲查爾斯與黛安娜王妃離婚、美國歷來民調最高的柯林頓總統連任的年份，此外作為一個研究電信法與網路法的學者來說，當年美國國會通過促進市場競爭的《電信法》對於今日網際網路的發展極為重要，其中第五章納入防止兒少接觸猥褻內容規範（後遭宣告違憲）以及之後併入美國通訊法第 230 條的《通訊端正法》，後者更賦予網路平台完全無需對平台使用者發表言論的「負責豁免權」（也被稱為「善良的撒馬利亞人條款」），當時網路自由倡議者約翰・巴洛（John Perry Barlow, 1947-2018）在 230 條款於同年二月八日由柯林頓總統宣布實施的同日，出版眾所周知的《網路空

間獨立宣言》，從此奠定網路自由的基石。

　　傑夫・柯賽夫所撰《網路自由的兩難》一書，闡述美國《通訊端正法》230 條款的立法背景是為了保護當時尚在發展初期的網路產業免於遭受一連串的訴訟影響，以便產業能蓬勃發展，然而網際網路自全球資訊網一九九一年亮相起算迄今三十多年，有許多人打著「網路自由」大纛做出各種侵害他人權利、散播虛假訊息、擾亂社會秩序、危害國家安全等行為。230 條款讓現今大型數位平台與社群媒體不會面臨被推文或爭議影片冒犯者提起訴訟的風險，使得改革 230 條款的呼聲漸起。二○二三年六月美國聯邦最高法院原有機會就社群媒體是否對所託管的第三方內容承擔責任做出裁決，然而法院選擇迴避，錯失了對科技巨頭的控管進行改革、填補法律漏洞的機會。本書記錄了 230 條款從誕生到成為「護網神山」，也描述了因資訊戰爭而對該法立意的質疑，內容極為豐富，值得作為網路世界的每一份子讀上一讀。

　　二○二二 2022 年六月底台灣的國家通訊傳播委員會（NCC）將《數位中介服務法草案》（下稱中介法草案）公諸於眾，基於網路治理精神，草案希望能透過多方協力參與而非單靠政府之力來管控網路行為，強調業界自律先行，鼓勵納入多方利害關係人之意見訂定自律行為準則。原則上政府對於中介者提供服務之行為不得加以干涉、限制，也不應要求其主動監控，此等立法態度與美國 230 條款的初衷若合符節。雖然中介法草案想藉由參考歐盟《數位服務法》之精

神和國際管理趨勢來刻畫我國本身的網路管理規範，但因草案本身諸多規畫不良之處、政府與民間溝通不盡順暢，以及長期以來國內網民不希望政府介入網路等因素，致使草案旋遭輿論抨擊而擱置，原先期望我國在網路治理中能納入法律這塊拼圖，尚有一大路要走。

我國已於二〇二二年四月成為《未來網際網路宣言》的一員，旨在支持開放、自由、全球化、可互通性、可靠和安全的網際網路的夥伴，並承諾保護數位生態並尊重人權。然而，據瑞典哥德堡大學的研究顯示，台灣是全球受境外假訊息影響最嚴重的國家且已蟬聯十年榜首，報告數據也顯示台灣所處情境正在惡化當中；另據國內研究指出，因盜版影視網站與非法機上盒猖獗，造成國內影視產業每年財損達283億元。究竟網路上的侵害行為，能否立法要求網路平台負起一定程度的責任，甚或透過司法程序執行「停止解析」侵權網站網域名稱（俗稱斷網）等手段？從近來國內黃姓藝人因持有未成年性影像之影片引發全台震怒，政府執行公權力出手斷網固然值得贊同，然而網路事件多元且影響層面甚廣，政府部門該如何擔起責任處理違法不當行為、網路平台該如何做出適切且合理的審查調控、公民團體該如何傳達網路識讀觀念給大眾、網路使用者該如何對自己的行為負責，如上種種，難以用「網路治理」這把大傘完全罩住，仍需集眾人之智，將諸般問題個個擊破，期待此日的到來。

形塑網路世界的法律傳記：
230 條款的前世、今生與未來

江雅綺

國立台灣海洋大學法政學院教授／

台灣法律科技協會理事長

　　在台灣我們常常聽到人們討論科技如何推動產業創新、質疑法律改變的速度太慢、來不及「因應」科技和產業的發展；這樣的說法背後，意味著法律在人們心中，常常扮演一個比較被動的角色。但這本書恰恰從另一個面向，提醒我們法律具有積極改變科技和產業樣貌的力量，法律和科技的關係，遠比我們想像的親密。

　　本書環繞著美國《通訊端正法》第 230 條（書中稱為「230 條款」），從 230 條款誕生的立法背景、到法院對 230 條款面世後解釋標準的演進、以至於對 230 條款的諸多批評與反思……可謂是一本 230 條款的法律傳記，娓娓道來 230 條款的前世、今生與未來，如何與形塑網路世界樣貌息

息相關。

230 條款為何如此重要？這要先從我們今日熟悉的「數位中介服務提供者」說起：如今，沒有「數位中介服務者」，就幾乎沒有了我們所熟知的「網路產業」。網路產業歷經多次快速淘洗，現存幾家超大科技巨擘，都可說是不同形態的中介服務提供者、脫離不了用戶生成內容的數位平台。例如，搜索引擎依賴他人的內容連結、社群平台依賴用戶提供的圖文影音，電商服務也涉及大量的用戶上傳內容與評論。人們開始問一個關鍵的問題：假設這些用戶上傳或生成的內容涉及違法、或對其他人有害，那這些中介服務提供者，是否應該要為這些內容負責？

其實，內容和訊息傳播的「中介者」，遠早於網路時代。本書在介紹 230 條款尚未面世時，就提到一九五六年，北達科他州的廣播公司播放了一名議員候選人可能構成誹謗的言論內容；三周後，洛杉磯一家書店賣了一本色情書刊給一名警察。在這兩案中，廣播公司和書店，就是傳遞這些在當時被認為違法訊息（爭議言論和色情書刊內容）的「中介機構」，而這兩個案件的重點，也就在於究竟可否對這些中介機構究責？

當時法院認為，如果這些中介者並不知道內容違法，則享有一定程度的免責保護。既然廣播公司無從審查候選人的政治言論、而也無法證明書店老板知道色情書刊的內容，因此不應課責這些「中介機構」。

隨著科技發展，訊息內容的中介者，也從廣播、書店演進到早期的網路服務提供者 Prodigy，同樣的，倘若用戶在 Prodigy 上發表違法內容，那 Prodigy 是否應該負責？沿用上述案件所設定的邏輯，法院認為若這些中介者對內容沒有編輯控制權，那就如同書店老闆無從得知書刊內容、廣播公司無從審查候選人言論一般，應該無須負責。

但這樣的結果，卻反而讓有心減少違法內容的網路中介服務者陷入兩難。如果訂定一些合理的內容管理政策，那不就是向法院承認自己有「編輯控制權」、也就打開了法律責任的大門了嗎？但若依照這樣的邏輯，難道所有網路中介服務者，都要任由平台上所有不法內容流竄，這是我們所想要的網路環境嗎？

警覺到法院判決在現行法律架構下可能產生的侷限和困擾，美國國會於一九九六年通過了 230 條款的立法。230 條款的誕生，讓當時不知如何是好的網路中介服務公司，有了一個相對明確的免責標準，由於 230 條款的核心免責規定，在英文中共有二十六個字，作者認為這正是「創造網路世界的二十六個字」：

No provider or user of an interactive computer service shall be treated as the publisher or speaker of any information provided by another information content provider.

　　中文直譯為「互動式電腦服務的用戶與供應者，皆不得被視為其他資訊內容提供者所提供之資訊的發行人或發言人」。也就是說，網路世界中這些數位中介服務提供者，不被視為第三方生成內容的發行者或發言人，也就無須對用戶生成涉及違法內容負起責任。

　　這短短 26 個字，對網路世界產生了關鍵性的影響。因為這讓所有的網路中介服務者，得以知道自己就用戶生成內容、有不被視為資訊發行人或發言人的保護傘，免於海量法律訴訟的困擾，也就讓現代環繞用戶生成內容的各項網路中介服務，得以充分發展與創新。

　　而許多人認為，美國傲視全球的網路產業發展，正因為 230 條款的威力強大，「沒有 230 條款、就沒有今日網路產業」，這樣的意見不時出現。不過，隨著網路世界的變化萬千，230 條款也不斷受到質疑和挑戰，人們對它愛恨交加。它的免責界限，並不是非黑即白、一成不變，而往往是在法律細緻的解釋中不斷浮動。

　　首先，依據該條款規定，這些平台只有在資訊是「由其他資訊內容提供者提供的」，才能豁免責任。如果資訊內容提供者就是平台本身，那麼這個「中介者」當然就不會獲得 230 條款的保護。因而，究竟法院如何判定「資訊內容提供者」，就攸關 230 條款適用的結果：

The term "information content provider" means any

person or entity that is responsible, in whole or in part,
for the creation or development of information provided
through the Internet or any other interactive computer
service.

　　直譯條文中的定義：資訊內容提供者是對資訊的創造或發展要負起全部或部分責任的人。但何謂資訊的創造或發展？何謂「全部和部分責任」？都有很大的解釋空間，因為許多情況並不是一刀兩切的分明，例如：數位平台若鼓勵用戶上傳內容，是否可以解釋成要對相關資訊「負起部分責任」？作者在書中提到，在 230 條款面世後的第一個十年，法院傾向於讓這些網路中介服務提供免除責任；但到了第二個十年，法院開始往另一邊傾斜，運用法條文字與邏輯的解釋，讓許多數位平台無法得到豁免，間接縮小了 230 條款的免責範圍。

　　時至今日，當初需要鼓勵發展的新創數位中介服務者，都成了超大的科技巨擘，人們也開始對 230 條款產生更多反思，認為 230 條款對這些數位中介服務者太過寬鬆，尤其是針對一些令人難以忍受的違法內容：諸如恐怖主義、人口販賣色情等……社會出現愈來愈多的聲音，認為 230 條款的規定應有例外。作者在書中也舉一例：二〇一八年，川普總統簽署了一項關於 230 條款的例外法案，該法案認為 230 條款「絕對無意提供法律保障給非法宣傳、助長賣淫的網站，或

幫人口販子出售性販運受害者從事非法性交一事打廣告的網站。」而法案通過後，一家數位平台業者 Craigslist 立即關閉了它潛在有觸法風險的線上交友網站。這一方面證明了法律確實足以讓產業興盛或蕭條、另方面同時反映了 230 條款的免責傘，對網路產業的關鍵地位。

漸漸受到侵蝕的 230 條款，未來究竟應該何去何從？當受到社群平台封鎖帳號的川普前總統、大肆批評 230 條款應該廢除，相較於許多針對 230 條款的嚴厲批評，作者對 230 條款的意見，是比較開放與寬容的。作者認為，畢竟相較於政府，數位平台更適合成為網路言論的守門者。因為企業通常都會回應客戶的需求；如果平台沒有滿足用戶，生意就會難以為繼。但相對的，法院則無須向大眾直接負責；立法者也同樣不適合決定內容編輯的標準，因為他們可能會選擇對選戰有利的內容方向。

但即便對數位平台仍有樂觀的期待，爬梳了 230 條款的前世與今生，作者也強調：230 免責條款並非這些數位中介服務者與生俱來的權利，它僅僅是國會在一九九六年為了平衡網路創新、言論自由和內容規範等需求所做出的政策決定。這樣的立法背景暗示著：如果數位平台能夠自行發展負責合理的內容規範、促進公眾利益，230 免責條款的存在就意義非凡。但若反之，這些數位平台的作為無法彰顯 230 條款的立法目的、無法有效維護 230 條款所考量的各項公眾利益與價值，恐怕也就該宣告 230 條款的死刑。

　　本書雖然討論的是美國的 230 條款，表面上看是一項和台灣沒有關係的法律，但這項法律對美國的網路產業影響深遠，而美國網路巨擘對台灣社會影響深遠，因之美國的 230 條款也就和台灣社會緊密相連。人們每日生活中，數位平台服務已經無所不在，尤其有關內容編輯權限所涉及的各項爭議與矛盾，台灣讀者必定倍覺親切。不管是虛假訊息、兒少色情、網路詐騙……是不是該讓數位中介服務者對平台上的內容負起一定的責任？這個令人困惑的問題，相信讀者會在這本精彩的 230 條款法律傳記中，找到自己的答案。

從鄉民到譯者，
我想說的是⋯⋯

　　我想從身為鄉民與身為譯者的兩個角度，談談我對這本書的感想。

　　從鄉民的角度，我想說：

　　本書作者以「造就網路的二十六個英文字」為題，說明美國《通訊端正法》中的第 230 條如何成就我們今日所知的網路言論文化。網路言論，不論是言論自由或言論規範，早已不是新鮮話題。兩千年前後、我在唸大學時，當時在大學生最重要的資訊交流管道、電子布告欄 PTT 上，就可以看到言論自由與言論管制之間鮮活的互動。PTT 的許多板面都會將板規設為置頂貼文，例如「嚴禁廣告文、謾罵、人身攻擊」等類型的發言。各板也通常會有由版友推選而非任何人指派的板主，負責確保沒有貼文違規。在鄉民發言較踴躍的板面上，板主一天可能要多次巡視板面、移除不當發言、「維持秩序」。當與板規不符的言論出現時，可能會有熱心

鄉民在第一時間就主動呼叫板主清理板面。違規情節嚴重的話，板主會對發文者祭出「水桶」伺候，禁止發文、回應。被「水桶」、發言被刪除的一方當然也有不服氣的時候，除了要求板主解釋刪文理由，發文者有時也會戰神上身、換個帳號再戰。板面秩序的維持高度仰賴鄉民自治、板主秉公處理。記憶中，我不曾見過 PTT 的經營者插手各版事務，鄉民似乎也不認為 PTT 經營者需要參與板面上的言論管理。「平台中立」是所有鄉民的期待和認知。

以當今的網路生態而言，社群媒體彷彿就是超大型的 PTT，比 PTT 更開放、使用者更多、觸及範圍更廣、影響力更大。在社群媒體平台上，不再有板主「秉公處理、維持秩序」，貼文是真是假、是否有誤人之虞，幾乎完全仰賴使用者自治──但從多次選戰中的輿論操弄、疫情期間假資訊的流竄、各種假帳號的詐欺，我們已經清楚知道這種機制極易被有心人利用，使無形世界的言論造成現實世界的傷害，也是當網路言論自由無限上綱時最讓人詬病的地方。社群媒體這種超大型的 PTT 需要某種類似板主的規範機制，限制個人言論自由無限擴張、以免有損他人的福祉／言論自由，已經是各方的共識，問題是誰來管？怎麼管？什麼時候管？

2021 年初，美國前總統川普因為煽動支持者的暴力行為，他在 Facebook、Instagram、Twitter、Youtube 的帳號或發布內容先後被停權、移除。這次事件廣受矚目，也進一步凸顯規範網路言論的複雜之處：當社群媒體平台上的言論可

能導致犯罪、剝削、暴力與恐怖攻擊、立即性人身傷害，或當言論是有心人捏造、企圖達成特定目時，平台是否應該繼續保持中立？若讓平台擔任自家板面的「板主」，以營利為目的的平台，是否真能「秉公處理」？

　　我們對社群平台的不信任其來有自──除了這次高調封鎖國家元首的帳號之外，平台對言論的控制其實已經無所不在。為讓廣告達到最大效益，平台藉由演算法向使用者展示他們感興趣的內容，可能導致他們在相同的思路上愈走愈極端、誤以為自己的想法就是主流的想法。這種以商業利益為原則對訊息加以控制的方式，算不算是對言論自由的干擾？若不讓平台當板主，還有哪個單位有恰當的技術、權威、專業，來判斷網路上的言論可以自由到什麼程度、規範到什麼程度？

　　網路言論自由的議題太複雜、牽涉的面向太廣，想要加以剖析時，往往讓人有無從下手之感。本書作者從號稱「創造網際網路」的第230條切入，不失為一條立場明確、有大量現存資料可以佐證的思路。讀者可以看到當年旨在促進網際網路發展的法條，隨著法院的寬鬆解釋，將網路平台一步步催化成「無法無天的國度」。修改第230條勢在必行，不論在聯邦的層級或州的層級，美國兩黨的議員都已提出各種限縮第230條適用範圍的法案，也有相關法條在最高法院等待大法官判斷是否違憲。了解條款的初衷與發展，或許可以讓讀者在當今混沌不明的形勢中，找到立足點，辨明網路言

論自由與規範議題的脈絡。

從譯者的角度，我想說：

一本以法條為主題、大量引用法庭案例的書，著實令人望而生畏。本書的用語跨度極廣，從思慮周詳精細、剖析條理分明的法庭意見書，到粗鄙的酸民貼文，應有盡有。在翻譯正式的法律用語、法條陳述時，困難之處包括要把這些結構複雜的文字拆解、重構；法條是法官做出判決的依據，所以法條翻譯的選字會連帶影響相關法庭意見書的翻譯。我經常在翻譯後面的章節時，回去看先前相關法條、意見書的選字，是否在後續章節依然適用。在翻譯用字環環相扣、邏輯緊密而連貫的文本時，深深地感到多一字就太多、少一字就不足。與翻譯其他文本相比，我在這本書中花了加倍的心思斟酌用字遣詞。

各種法庭程序與文書中，我特別喜歡口頭辯論的場景：法官與律師意見不和時，雙方會根據各自的立場與觀點交換意見；法官會直言指出律師在法律依據或證據上的不足，律師竭力讓法官看到被告／原告在行為上應被究責之處。關於每場口頭辯論，作者都會引用兩造重要論點，也會剖析法官判決的思路邏輯、律師辯護的思路邏輯；若律師的請求被駁回，作者也會說明若律師改採怎樣的思路邏輯，案件就可能有不同的走向。在這種意見交換的情境中，思維的邏輯必須依靠語言表達；若被對方抓到自身在語言邏輯上的矛盾之處，反推回去時，往往能看到思維邏輯上的缺失。對我而

言，要在中文裡充分反映出各方自認言之成理的立場、論點、思路，以及作者指出這些立場、論點、思路的不妥或不足之處，是一大挑戰。希望讀者在閱讀時，能充分理解各方的觀點，並清楚看出最後得以成為判決或被寫入意見書的意見，箇中道理何在。

　　作者強調這本書是「第230條的傳記」，也以結構清晰、轉折分明的方式，闡述這條法規的起源與發展，以平易近人的文筆交代來龍去脈。對我這個身負翻譯任務的鄉民而言，多虧作者有條不紊的引領，讓我在邏輯的迷陣中見樹又見林，了解第230條本身的意義，以及第230條對產業乃至整個網路世界與真實世界的影響。希望本書的中譯本，能讓中文世界的讀者免除語言的迷陣、享受破解邏輯迷陣的樂趣，對本書觸及的廣泛主題有新一層認識。

目次

本書獻給黎歐尼·柏克馬法官與米蘭·史密斯法官。為這兩位法官工作，是我職業生涯中最大的榮幸。他們讓我學到，就算我不一定總是贊同法律，仍然能常保對法律的熱愛。

導論

「我在美國國會服務時，主動建立了網際網路。」

一九九九年三月九日，正準備競選總統的美國前副總統高爾，在 CNN 播出的節目中這麼說。隔年他在選舉人團選舉中輸給小布希，這句話是他選戰失利的眾多因素之一。「高爾發明了網路」成為深夜脫口秀節目中經常出現的笑話（儘管高爾說的是「建立」而不是「發明」）。他的政治對手把這次 CNN 採訪當成證據，言之鑿鑿地說他就是個騙子——或至少是吹牛大師。畢竟，一名國會議員如何單槍匹馬地建立網路？二〇〇〇年大選之後，後人對高爾的評價變得比較仁慈。有些評論家指出，其實在一九九一年，高爾確實曾帶頭提出一項法案，為新科技提供資金，允許私部門開發國防部已經開發數十年的連網運算技術。[1] 高爾認為網路——至少我們今天所知的網際網路——的建立要歸功於國會，並不是發瘋。這個充滿活力的、共有的、邪惡的公共場域，是因為一條聯邦法律才得以存在。

但這條法律不是從高爾發起的法案中誕生的。現代網際

網路的建立靠的是另一個完全不同的聯邦法案中二十六個
字：

> 互動式電腦服務的用戶與供應商，皆不得被視為其
> 他資訊內容提供者提供之資訊的發行人或發言人。[2]

這些字眼，出自一九九六年《通訊端正法》的第 230
條，起草的是一對古怪的國會議員拍檔：加州共和黨議員克
里斯·考克斯和奧勒岡州民主黨議員懷登。這二十六個字後
來的意思是，除了少數例外，無論用戶和訂閱者發布的評
論、圖片、影片多麼惡毒或傷人，都不能以此為由對網站和
網路服務供應商究責。這項豁免的範圍很廣，即使網站或供
應商編輯、刪除某些用戶內容，也仍能享有豁免。正如法條
的名稱所示，考克斯和懷登與科技公司、公民自由團體合作
起草這項法案，希望鼓勵如 America Online、Prodigy 等早期
線上服務商規範如色情、黃色笑話、暴力陳述等內容和其他
可能傷害兒童的文字、圖像。

　　一九九五年，紐約長島州法院對當時美國最大的線上服
務商 Prodigy 做出不利裁決，而第 230 條就是對這次裁決結
果迅速而直接的回應。依據一九五〇年代以來錯綜複雜的第
一修正案判決，法官裁定：由於 Prodigy 規範了某些內容、
訂定線上社群政策，且未能刪除涉嫌誹謗原告的貼文，因
此無論 Prodigy 對這些貼文是否知情，都可能因此被告。如

果 Prodigy 對用戶貼文採取完全不干涉的態度，則第一修正案可能會保護它免受訴訟。這份法院意見書讓各方擔心線上服務商會害怕因疏忽而被告，因此不訂定適合家庭的管理準則。透過讓所有線上服務商免因用戶上傳素材而面對訴訟，考克斯和懷登希望鼓勵這些公司自由採取基本行為準則、刪除公司認為不適當的素材。

但考克斯和懷登提供如此廣泛的豁免，還有另一個原因。兩人都看出網路創造新產業的潛力，希望第 230 條能讓科技公司自由創新、為用戶內容創造開放平台。他們認為，保護網路公司免受監管、訴訟，可以鼓勵投資和成長。

法案的提案、通過，絲毫未引人注目。第 230 條幾乎沒有遇到任何反對，也沒有媒體報導，因為它被納入更具爭議性的《通訊端正法》，而《通訊端正法》則是一九九六年《電訊法》的一部分，目的是全面改革美國當時的電訊法規。政治圈媒體、遊說者關心的是長途電話營運商、本地電話公司、有線電視供應商的監管，認為這些公司將塑造傳播的未來。多數人未能預料到的是，網站、社群媒體公司、應用程式等線上平台，在形塑網際網路的未來上，將扮演比連接實體電腦的電纜、電線更重要的角色。一九九五年的第 230 條因應的是一個小而專門的領域，科技政策圈外鮮少有人關心。

就連考克斯和懷登也對第 230 條將要創造的網際網路知之甚少。全球當時只有四千萬人可以上網，與今天超過三十

億的網民人口相比，只是微不足道的一小部分。許多公司甚至沒有網站，有可行計畫要透過網路賺錢的公司就更少了。Apple 還要十多年後才會推出第一款 iPhone；祖克柏當時才十一歲。「我一直認為這項法案會很有用。」二〇一七年，美國參議員懷登在他位於華盛頓特區的辦公室這麼說道，「但我從未預料到它的影響所及會如此富戲劇性。」[3]

　　這本書是第 230 條的傳記——是的，一部法律的傳記。更準確地說，是一部法律中的法律的傳記。或者再更精確一點，是法律中的法律中的法律中的二十六個字。很少有聯邦法條值得寫一整本書介紹，但第 230 條值得。第 230 條通過以後的二十年間，這二十六個字徹底地改變了美國的生活。

　　在國會通過第 230 條之前，支撐網際網路的科技、協議已經發展了數十年。然而，第 230 條為我們今天所知的網際網路創造了法律、社會的框架。今天的網路不僅依賴大型公司產生的內容，也仰賴用戶產生的內容，包括價值數十億美元的社群媒體產業、新聞報導下面的仇恨言論、消費者有能力向全世界揭露某家公司的詐欺和坑騙、可能會毀掉個人名譽的匿名小人毫無根據的指控、這些指控的受害者自由回應的能力。如果沒有第 230 條，公司可能會因用戶的部落格文章、在社群媒體上亂聊或自製的線上影片而吃上官司。光是這類訴訟會發生的可能性，就足以迫使網站和線上服務供應商減少或完全禁止用戶生成的內容；網路就會只是傳統報紙或電視台的電子版，所有文字、圖片、影片都由公司提供，

用戶之間幾乎沒有互動。

　　想想截至二〇一八年美國最受歡迎的十大網站。[4] 其中六個網站——YouTube、Facebook、Reddit、維基百科、Twitter 和 eBay——主要依賴影片、社群媒體貼文和用戶提供的其他內容。如果沒有第 230 條，這些公司根本不可能存在。十大網站中的另外兩個——Google 和 Yahoo!——經營依賴第三方內容的大型搜尋引擎。即使是零售商 Amazon，能成為當今值得信賴的消費者品牌，也是因為它允許用戶發布對產品的真實評論。十大網站中只有 Netflix 是自己提供大部分的內容。

　　第 230 條使以第三方內容為基礎的服務在美國蓬勃發展。許多最大、最成功的社群媒體網站，總公司都位於美國。其他司法轄區，甚至歐洲和加拿大等西方民主國家，對第三方內容傳播廠商的保護都比較弱。通常，如果網站收到關於用戶貼文涉嫌誹謗或非法的投訴時，就必須立即刪除相關內容，不然就得在法庭上捍衛其合法性。有時候，網站會被要求須事先過濾內容、防止有害的第三方內容出現在網站上。因此，美國網站對第三方內容的規定較自由並非偶然——第 230 條允許他們這麼自由。想像一下，網路上的大批志願者無法一起編輯維基百科條目、美國人無法在 Facebook 上分享對政治的看法、不滿的消費者無法在 Amazon 留下一星評論——沒有第 230 條的網路就會是這種光景。

　　第 230 條通過的歷程表明，國會想要讓平台在如何規範

爭議性第三方內容上做出最佳判斷，讓新產業得以在法院、監管機構介入程度最低的情況下發展。然而，它已發展成世界上對網路言論自由最有力的保護之一。正如阿莫里在《哈佛法律評論》文章中貼切地描述說，像 Twitter 這樣的平台認為自己是「言論自由的媒介」。[5] 第 230 條就像某種刺耳的擴音器，放大所有言論，無論好壞（通常只有壞的會引起法院、媒體的注意，好的是我們視為理所當然的日常溝通）。

與許多其他國家相比，美國更傾向重視言論自由勝過其他價值，例如隱私、執法。第一修正案對言論自由的保護雖不是絕對的，[6] 但比其他國家的言論自由規則更全面。例如，美國最高法院的第一修正案裁決使公眾人物很難以誹謗為由提起訴訟，也使政府難以禁止報社刊載報導。在許多其他國家，這些憲法保護並不存在，或弱得多。第 230 條將第一修正案的價值套用到網際網路，因為它知道線上平台在讓數十億人自由溝通上扮演獨特的角色，所以替這些平台去除了監管和沉重訴訟的桎梏。

與其他言論自由的保護一樣，第 230 條的社會成本十分高昂。網路誹謗、騷擾和其他不當行為的受害者可能無法追蹤發布有害素材的匿名網路用戶。在許多情況中，即使平台鼓勵用戶發布粗鄙的內容並拒絕刪除，第 230 條也不讓受害者控告這種網站或線上平台。隨著酸民、罪犯找到濫用網路的新方法，第 230 條受到的抨擊也愈來愈多。在許多批評者

眼裡，第 230 條助長恐怖份子招募成員、網路性販運、歧視性住房銷售、惡意騷擾。有些線上平台未能充分取締這種惡劣行為，有些平台則視而不見，有些平台甚至鼓勵用戶發布粗俗的謠言。替受害者發聲的疾呼愈來愈大，要求國會議員修改第 230 條，排除線上中介機構不得享有豁免的情況。有些法院以新奇的方式解讀第 230 條，讓法官避免給予線上服務商豁免。這些削弱第 230 條的嘗試反映了言論自由與其他重要價值之間由來已久的取捨，例如隱私和安全。有些網站的存在只是為了讓用戶傷害他人。這些行為惡劣者一直是最近論辯第 230 條時的焦點。

　　本書將以宏觀的角度檢視第 230 條，從它的起源，到二十年來法院在棘手的案件中應用這條法規的努力，再到今天第 230 條帶來的益處和挑戰，讓論辯的正反雙方都獲得充分資訊。透過第 230 條的來龍去脈，讀者也會看到這二十六個字如何影響（無論好壞）牽涉其中的個人、公司和想法。本書也讓讀者看到在某項科技剛萌芽時，國會刻意的政策選擇，如何改變未來幾十年的經濟和社會格局。

　　本書以數十次訪談為基礎，訪談對象包括起草第 230 條的國會議員和工作人員、某些最棘手的第 230 條案件中的原告和被告、為這些案件辯護的律師、決定如何應用第 230 條的法官。本書也仰賴各州和聯邦法院數千頁的文件。第 230 條邁入第二十年時，我動手撰寫本書，部分原因是我想記錄這條法規的歷史。我發現關於第 230 條的早期記憶已經開始

淡化：一些關鍵人物想不起這條法規是如何通過的、立法的重要細節；有些人已經過世了；法院已經銷毀某些最重要的第 230 條案件紀錄；許多一九九○年代記錄第 230 條論辯的網站都已下線，網站的文章也消失得無影無蹤。要知道未來的網際網路會是什麼樣子，了解第 230 條的歷史至關重要。為了解釋第 230 條在現代網際網路中扮演的角色，本書探討了這條法律的過去、現在和未來。

　　第一部分追溯第 230 條的起源，檢視數十年來第一修正案的法院裁決，這些裁決使線上服務商容易受到因第三方內容導致的訴訟；其餘章節以口述歷史的方式，呈現第 230 條從提案、幾經波折，最後終於隨同更大的電訊法案一起通過的歷程。第二部分檢視第 230 條的崛起。一九九○年代末期、二○○○年代初期，法院廣義解讀這條法規，因此即使在極其棘手的案件中，也提供全面豁免給線上服務商。第二部分也解釋了為什麼與其他西方國家對中介機構責任的規則相比，第 230 條顯得特別突出，以及強大的豁免在促進美國線上服務的創新、成長上，扮演什麼角色。第三部分記錄第 230 條的逐漸衰落。從二○○八年開始，法院針對特別惡劣的案件訂出第 230 條的例外。儘管第 230 條仍是網路世界的主要法律，但保護能力已經不如剛問世時強大。最後，第四部分探討第 230 條的未來。隨著第 230 條進入第三個十年，罪犯和其他不良份子正以新方式利用網路：抹黑無辜受害者、組織恐怖陰謀、販運兒童進行性交易。第 230 條的未來

一大部分取決於國會和法院是否認為線上服務商應對這種行為負責。我還研究了線上服務商根據消費者需求自願採納的內容規範政策和實際作法；國會在一九九六年通過第 230 條時就希望網路服務供應商可以這麼做。

我在執行這項專案時，並不是毫無偏見的觀察者。我曾是報紙、網站的記者、律師，對言論自由懷抱毫不掩飾的熱情。身為媒體律師，我經常代表網站引用第 230 條來回應移除用戶內容的要求；一位前輩常說這種回應方式是「毫無意義」的。但這本書是一本傳記——不是愛情故事，不是致敬，當然希望不是訃聞。我不會說批評者對第 230 條的擔憂是不合理的。事實上，當我為這本書做研究時，讀了數百份法庭意見書，對許多原告深感同情：有因為惡劣、捏造的線上消費者評論而失去客戶的小型企業，有被不知道真實姓名的跟蹤者騷擾的女性，有在社群媒體上招募的恐怖份子的受害者。與第 230 條相關的論辯，沒有簡單的道德答案。

第 230 條促進的創新、自由，讓一個產業得以在二十多年間不斷成長、蓬勃發展。第 230 條廣泛的豁免是美國社會的淨效益。但我可以理解為什麼有些人認為實際的情況正好相反，因為不負責任的線上平台造成切身的問題。我的結論是直接正視某些最令人不安的第 230 條案件後歸納出來的，案情包括網站張貼謠言、宣稱某位律師是納粹高階幹部的後裔，導致這名律師的職業生涯全毀；未經某位女演員同意或在她不知情的情況下，把她的照片和聯絡資訊放在約會網站

上，導致騷擾和威脅；造謠指控白宮某職員對配偶家暴。

這些非常真實的危害是否重於第230條保障言論自由的益處，取決於各位在看待言論自由與隱私等其他正當的價值時，孰輕孰重。

關於第230條，還有第二個故事要講，與第230條是好還是壞的常見論辯無關。本書也說明《美國法典》第四十七章中這二十六個字對整個產業的影響有多大。在網際網路初期，當國會通過第230條時，就為美國奠定了自己的發展路徑。它通過的法律為線上第三方言論提供的保護，比世上任何其他國家都更多。二十年後，第230條的保護已與我們的日常生活緊緊交織；如果沒有這二十六個字，這個產業絕不可能憑空發展出來。本書解釋了第230條如何創造我們今天所知的網際網路。

第230條的歷史有助於引領它的未來，以及網際網路的未來。如我在第四部分中解釋的，我相信第230條——就像所有法律一樣——可以適度修改，來因應網路性販運等真正的社會問題。但要這樣改變，必須深思熟慮，並謹慎、負責任地推行。嚴格限制或移除第230條，會徹底改變網際網路。網站、應用程式和其他平台將有義務事先過濾內容，以免面臨讓公司倒閉的責任追究；要以目前的形式在Instagram、Facebook、Twitter和Snapchat上張貼訊息，會變得幾乎是不可能的。二十多年來，美國的現代網際網路全賴有第230條可以仰仗，才能成為今天的樣子。從《美國法

典》中移除這二十六個字，會讓我們今天所知的網際網路支離破碎。本書檢視國會通過第 230 條的原因、它對美國的影響以及未來面臨的最大挑戰。

第 230 條的故事，就是美國網路時代言論自由的故事。一九九六年，國會決定了管理網路言論的方式。二十多年後，我們終於可以站在比較客觀的角度，檢視這個選擇的影響。

第一部

第 230 條的誕生

　　要討論第 230 條，通常會從一九九六年談起 —— 當時的柯林頓總統簽署新法，大幅改革美國的傳播法規，第 230 條就是新法的一部分。但這樣的說法並不完整；第 230 條在美國問世的歷程其實幾十年前就開始了。

　　巴爾金在二〇〇八年就觀察到，第 230 條對線上平台的保護不是出自憲法授權，而是國會的政策選擇。然而，他寫道，第 230 條「至少在美國，是網路世界中對言論自由最重要保障之一」。第 230 條「對保障今日網路世界中活躍的言論自由文化，具有重大意義，原因是第 230 條保護溝通管道和線上服務供應商，不因陌生人在他們平台上的言論而被告上法院。因為線上服務供應商不會被追究責任，所以他們得以建立各種不同的應用和服務，使人們能夠與彼此溝通、合作。」[1]

　　國會通過第 230 條，是因為美國憲法第一修正案並未充分保護處理大量第三方內容的大型線上平台。其實，法院在二十世紀這一百年間發展出來的第一修正案規則，使服務供應商沒有動機訂定內容政策、規範用戶貼文。要徹底理解國會為何通過第 230 條以及這條法規的影響，首先必須了解美國憲法第一修正案對言論傳播者的保護，有什麼限制。

　　在超過半個世紀的時間裡，美國最高法院體認到，在憲法第一修正案之下，因他人創作的文字、圖像所導致的法律主張，書店、報攤和其他中介機構擁有的豁免是有限的。法院有充分的理由訂定這種保護：如果企業僅因為他們傳播的

圖片和文章是非法的，就可能面臨數百萬美元的罰款，甚至入獄，這些企業很可能選擇乾脆不賣書籍、雜誌和影視產品了。法院知道這種保守作法會產生寒蟬效應，因此將追究責任的對象限制在實際知道或應該知道素材非法的公司上。

這條規則有一個重大盲點：第一修正案的豁免權不適用於所有的傳播者。如果傳播者知道或應該要知道內容違法，卻沒有採取行動，通常就不受保護。而且，根據至少一所法院對第一修正案的解釋，如果公司能夠編輯第三方內容，則這種公司甚至可能不符合傳播者的資格。以上種種第一修正案在保護中立傳播者上的限制，讓最早期的網際網路服務供應商如 Prodigy、America Online 等公司感到不安。如果線上服務商採取了哪怕是最輕微的措施來規範第三方內容，比如刪除包含色情圖片的貼文，他們要冒的風險，就是可能因為自家布告欄上多如雨後春筍的數百萬則貼文，被追究法律責任。

第 230 條的起草者和倡議者希望這條法規的二十六個字，能修補這個漏洞。他們當時不知道的是，這條法規將形塑我們今日所知的網際網路。

第一章
史密斯的書店

　　一九五六年秋季，北達科他州的一家廣播公司播放了一名立場邊緣的參議員候選人天馬行空的言論。恰好三週後，洛杉磯一位書店店員賣了一本低俗的色情書刊給一名臥底警察。這兩起毫不相關的事件引發的法律爭議，最後都進了美國最高法院、成為先例，替四十年後通過第 230 條奠下了基礎。這兩起案件與典型的言論自由之爭不同，因為它們的結果不是取決於發言者或作者的權利，而是取決於中介機構——廣播公司和書店——的權利。在這兩起案件中，最高法院都對傳播者提供了有限的法律保護。法院裁定，如果公司不知道內容違法，則公司在經銷書籍、影視產品和其他素材時，享有一定程度的免責保護。然而，法院在第二個案件中裁定，這種保護並不是絕對的，而是取決於傳播者的心態。這些爭議後來讓訊息傳播者享有最根本的憲法保護，受惠的不僅僅是書店和廣播公司，還有網站和網際網路服務供應商（Internet Service Providers，以下簡稱 IPS）。但這些保護的弱點，最後也讓第 230 條得以通過。

　　要理解國會為什麼會提供第 230 條非比尋常的優待給網站和其他線上中介機構，就必須先了解憲法是何時開始保護廣播電台、書店和其他內容傳播者的。

　　一九五六年，北達科他州的美國參議員競選活動本來應該要光明正大。當時在任的共和黨籍參議員楊恩和主流民主黨挑戰者伯迪克在競選活動中，都把焦點放在北達科他州人民關心的問題上，例如農業政策。然而，一九五六年十月二十九日，也就是選舉前約一週的晚上，北達科他州的廣電公司 WDAY 播出獨立候選人唐利慷慨激昂的演說，讓原本的君子之爭戛然而止。唐利因為發言不當而在全州聲名狼藉，他身為前社會主義倡議者所創立的無黨派聯盟，大力主張政府應接管農耕事業。在多次政治和商業失利後，他利用自己的聲勢發聲反對共產主義[1]，這波口水戰還包括無的放矢、毫無根據地指控對手是共產主義者。

　　在 WDAY 的演說中，唐利抨擊他民主黨和共和黨的對手，說他們是北達科他州農會這股政壇強大勢力的傀儡。看看下面這段演講節錄：

> 十年來，楊參議員以他身居要職、位高權重的威望
> 服務農會，從未發聲或出手阻止這條共產黨的毒蛇
> 啃噬你們的私人財產權與自由……楊和伯迪克兩人
> 都支持民主黨的農民計畫，兩人都對共產黨控制的
> 民主黨農會唯命是從。現在的實情甚至更驚人──

共產黨在北達科他州滲透的程度之深、掌控之廣，
已經讓民主黨對民主黨農會候選人的支持達百分之
百、共和黨對民主黨農會候選人的支持達百分之九
十。除非美國人民能醒悟、能及早醒悟，不然共產
黨必然立於不敗之地。[2]

WDAY 的電視台經理意識到唐利的演講可能引起爭
議，因此警告唐利的競選團隊說，如果演講內容不實，可能
會構成誹謗。但 WDAY 相信聯邦通訊法律禁止他們要求唐
利改變或修訂演講內容。一九五六年選戰期間，WDAY 曾
播出楊和伯迪克的演講，唐利要求 WDAY 給他一個機會播
出他的訊息──這是他依法有權享有的機會。一九三四年的
《傳播法》第 315 條規定，允許候選人播出訊息的廣電公
司，「應該提供同等的機會給所有其他競爭同一職位的候選
人」。這條法律言明，廣電公司「不應有權審查」他們在同
等時間的要求下[3] 必須播出的內容。

唐利的演講播出一週後，楊以超過六成的得票率成功當
選連任，而唐利的得票率只有百分之零點三八，也就是區區
九百三十七票。[4] 儘管唐利在選舉中毫無影響力，但他慷慨
激昂的演講仍然引起各方注意。最生氣的可能不是他的對
手，而是美國農民教育合作聯盟的北達科他分會。聯盟在
卡斯郡向北達科他州初審法院提起誹謗訴訟[5]，不僅控告唐
利，也控告播出演講的 WDAY，並向兩者各求償十五萬美

元。聯盟主張，WDAY 播出演講並允許唐利使用他們的設
備，因此在傷害聯盟聲譽一事上，WDAY 同樣應被究責。[6]

　　WDAY 要求法官波洛克駁回不利於它的主張，波洛克
也在一九五七年五月二十三日同意了 WDAY 的請求。由於
聯邦通訊法要求 WDAY 播出唐利的演講，並禁止電視台以
任何方式審查演講內容，所以 WDAY 涉入本案的情節僅限
於「機械器材準備、拍攝、錄製腳本和影片。」波洛克寫
道。[7] 聯盟上訴到北達科他州最高法院，最高法院在一九五
八年四月三日，以四比一的票數做出決定，維持初審法院的
駁回裁決。撰寫主要意見書的法官 P・O・薩特雷在結論中
寫道，因為聯邦法規要求 WDAY 播出完整、未經審查的演
講，所以法律實際上讓電視台豁免於任何衍生自播出而控告
電視台的訴訟。他寫道，WDAY「被聯邦法律直接規定、
強制要公開這次演講，除了播出之外別無選擇。」[8] 莫里斯
法官提出異議 —— 他不認為國會的本意是禁止廣電業者對政
治內容做任何審查。莫里斯法官的理由是，舉例而言，廣電
公司可以審查淫穢或褻瀆的內容。他寫道，如果 WDAY 可
以審查演講，它就不應該享有絕對豁免權，免於陷入誹謗訴
訟。[9]

　　聯盟向美國最高法院請願，要求最高法院審查北達科他
州法院的裁決。最高法院僅同意審理聯盟的上訴請願中一小
部分的內容，所以連法院會不會同意審查本案，聯盟都沒什
麼指望。在最高法院中代表聯邦政府的美國副總檢察長藍欽

敦促最高法院審理本案。藍欽希望法院採納政府的立場，意即聯邦通訊法「禁止領有廣電執照的業者，因為言論本身有可能，甚至極可能構成誹謗，而刪除具法定資格的公職候選人在播出中的言論內容」。最高法院同意審查北達科他州法院的裁決。一九五九年三月二十三日，最高法院進行口頭辯論。[10]

聯盟強調，意欲影響選民的宣傳中提出的主張是否正確，必須加以驗證。紐約知名律師格林鮑姆是聯盟的代表律師，他告訴大法官，如果法院將這條法規解釋為要求電視台播放任何提供給他們的政治內容，且讓電視台免於因這些播出內容而面臨訴訟，那麼廣播、電視節目中將充斥著政客的謊言和抹黑。「我們認為，若確認要這樣解讀這條法規，則會為未來將在本國崛起的希特勒或史達林之輩，開啟歡樂暢遊的大門。」格林鮑姆這麼說：「像這樣的廣播電視台，除了自己那一部分的責任之外，完全免受究責——但他們自己又沒有任何責任。」[11] WDAY 敦促大法官把重點放在若否決廣電公司享有豁免權，將帶來不公平的後果。WDAY 的律師班格特主張，即使聯邦通訊法並未明示廣電公司在播出同等時間的政治演講一事上享有豁免權，但最高法院應該將之解釋為法條暗示提供了豁免權。「我們被要求從事會造成抹黑的行為，而無法保護自己——這就是我們的處境。」班格特這樣告訴大法官。[12]

在陳述論點的過程中，大法官和律師就廣電公司是否和

其他媒體，例如報紙，擁有相同的編輯裁量能力一事來回辯論。代表全國廣電業者協會的阿內洛主張，廣電公司與紙本媒體不同——紙本媒體擁有完全的裁量能力，可以拒絕第三方提供的內容。「報紙高興印啥就印啥。」阿內洛告訴大法官，「報紙可以刪減、可以編輯。報社可沒有每三年就要去匯報一次的監管機關，也沒有什麼法規第 315 條，規定他們什麼能做、什麼不能做。」[13] 大法官和律師似乎達成了一項共識：只有當聯邦法律不允許 WDAY 拒絕播出誹謗性政治演講時，這家廣電公司才能免於聯盟的告訴。如果 WDAY 能夠編輯演講內容，就絕對無法豁免。

　　口頭辯論三個月後，內部立場分裂的最高法院發布了意見書。為占多數的五名大法官撰寫主要意見的是布萊克大法官，也是美國最高法院有史以來最堅定捍衛憲法第一修正案的大法官之一。布萊克先前是美國阿拉巴馬州的參議員，一九三七年由小羅斯福總統任命至最高法院 [14]，他相信第一修正案的文字「國會不會制定……有損言論自由的法律」言如其實。他不像大多數其他法學家認為在事涉緊急危難或重大政府利益時，第一修正案應有例外；布萊克相信第一修正案禁止政府對言論施加任何監管，沒有例外。[15] 布萊克的裁決對 WDAY 有利，毫不讓人意外。他本可以用較狹義、技術性的角度，單就第 315 條的文字進行詮釋，確認這條法規是否讓電視台免責。但他沒有這樣做，反而藉著這個案件，對言論自由做出大膽聲明。布萊克在意見書中的結論是，對

因聯邦同等時間原則之要求而發表的政治言論，聯邦法規禁止任何審查，因此這項法規也讓廣電公司免於因這些言論引起的任何訴訟。布萊克大法官探究審查對言論自由的實際影響，雖然他沒有明說這種作法會違反第一修正案，但他強調，法規第 315 條的目的，是「要讓這個國家在言論自由的傳統，也適用於廣電領域。」[16] 要一家電視台自己評估一位候選人的言論是否構成誹謗，「絕非易事。」布萊克提出理由說明[17]，「某項陳述是否構成誹謗，很少一眼就看得出來。」他寫道，指出區分是否構成誹謗會是「在競選活動壓力下所做的決定，而這種決定通常必然沒有充分的考量或依據。」[18]

布萊克寫道，鼓勵這種審查制度，將造成政治候選人的言論整體減少，尤其在爭議性議題上會更明顯。如果電視台可以審查這類播出內容，「有意如此行事的電視台，可以打著合法審查誹謗內容的大旗，蓄意打壓候選人正當的訊息表達。」[19] 因為選戰時間很短，他寫道，所以候選人要在選舉前在法庭上成功挑戰審查制度，非常困難。布萊克接著總結說，鑑於對審查的絕對禁止，必須讓電視台能免於因播出未經審查的政治言論而被究責，才符合「傳統的公平概念」。[20] 他承認，電視台可以藉由拒絕播出任何政治內容而避免訴訟，但他結論認為，這種結果完全背離同等時間原則的初衷。「雖然拒絕所有候選人使用電視台，可以保護廣電公司免於被究責。」布萊克寫道，「但這種作法實際上會讓

政治討論從廣播節目中消失」。[21]

　　大法官費利克斯‧法蘭克福特與另外三位大法官，對布萊克的裁決表示異議。他同意聯邦法規禁止 WDAY 刪除唐利的演講，但他不同意布萊克讓電視台豁免的決定。[22] 法蘭克福特承認，要求電視台播放未經審查的言論 —— 就算言論可能使電視台面臨究責風險 —— 可能造成「負擔，甚至不公」的局面。「但剝奪遭受誹謗的個人對這家機構求償 —— 誹謗性言論破壞這位個人謀生能力的效果，因為這家機構而放大 —— 的權利，終究也可能造成不公。」他寫道，法院的職責僅限於詮釋國會通過的法律，而國會在第 315 條中就是沒有提供究責保護。法蘭克福特主張認為：「我們處理的是政治權力，而不是道德使命」。[23] 布萊克的意見書讓法蘭克福特感到特別困擾，因為意見書允許廣電公司避免州的誹謗法律。法蘭克福特相信，這種作法侵犯了各州擬定自己的立場、決定是否要對有害、不實的播出內容追究責任的權利。他聲稱「在國會沒有明確宣告它是否有意禁止州法持續運作，或聯邦與各州法令間沒有明顯、不可避免的衝突時，不應認定各州被剝奪了一直以來擁有的權力。」[24]

　　農民教育案的意見書顯示最高法院首次明確體認到，不只講者和出版者需要保護，被動的傳播者也需要保護。雖然這份意見書根本沒有提到第一修正案，但整份意見書完全奠基於允許自由、充分辯論之必要上。在確認中立的傳播者是否要為不由它產生的內容負責一事上，農民教育案提供了兩

個重要的指標。首先，意見書反映最高法院希望避免要求私
人單位審查第三方提供的內容。法院本可以根據狹義解讀對
案子做出決定：從字面上來看，法規禁止廣電公司審查同等
時間要求下的政治言論；因此，當廣電公司應法律要求而播
出的內容導致任何主張時，廣電公司享有豁免權，似乎是公
平且合乎邏輯的。布萊克的意見書沒有囿於這種論調，他決
定的基礎是推動充分政治辯論的必要。儘管沒有明確討論第
一修正案，但布萊克整套邏輯的出發點，都是希望促進言論
自由，並避免任何可能導致中立的中介機構過度審查的究責
規定。其次，農民教育案為傳播者創造了強而有力的假設：
如果他們不能審查第三方內容，那麼法院就該認定他們豁免
於訴訟才公平。

　　在發布農民教育案意見書後不久，最高法院再次保護了
中立單位傳播言論的權利。而這一次的爭議，比某政客在電
視上大放厥詞更加不堪。在接下來超過半世紀的時間裡，當
美國法院在考量法律對言論自由的影響會造成中介單位什麼
負擔時，都是以布萊克大法官意見書中的思路為基礎。

　　WDAY 播出唐利的演講三週後，威廉・羅斯韋勒賣出
了一本書。

　　羅斯韋勒在以利薩・史密斯位於洛杉磯南方大道的書店
工作。這個區域現在滿是工業風住宅和文青，但在當時卻是
洛杉磯貧民窟的中心。一九五六年十一月十九日，羅斯韋勒
向洛杉磯警察局副警隊的臥底警官約瑟夫・韋英出售《蜜

戀》一書，隨即被逮捕。[24] 韋英認為《蜜戀》和他從羅斯韋勒那裡購買的其他書籍和雜誌，違反了洛杉磯市政法規第21.01.1 條。這條法規規定：「在任何販售或保存以利販售冰淇淋、飲料、糖果、食物、文具、雜誌、書籍、小冊子、報紙、圖片或明信片的商業場所，任何人若持有淫穢或有傷風化的文字、書籍、小冊子、圖片、照片、繪畫等物品，應視為違法。」[26]

羅斯韋勒遭到逮捕一事之所以引人矚目，不僅是因為他據稱違反禁止持有淫穢素材的法令。當時這樣的法令愈來愈普遍。美國最高法院已經裁定「淫穢」內容不受第一修正案的保護，因此聯邦、各州和地方政府都可以加以禁止。逮捕羅斯韋勒之所以具重大歷史意義，是因為洛杉磯市試圖僅因為書店傳播淫穢內容而追究書店——而非該書作者或出版者——的責任。

最後，檢察官控告七十多歲的書店老闆以利薩・史密斯違反了洛杉磯的法令。如果定罪，史密斯將面臨短期徒刑。在這場刑事審判之前，史密斯一直低調度日，不像是重大言論自由之戰中典型的核心人物，例如倡議份子或記者。除了他的庭審案件檔案之外，公開紀錄中幾乎找不到他的蹤跡。根據他在一九三六年提出的美國公民申請書，他在一八八四年十二月二十三日出生於波蘭的沃姆扎。在來到美國之前，他住在加拿大的溫尼伯，在那裡認識了妻子寶莉，兩人於一九二三年移居美國。根據公民申請書，這對夫婦到一九三六

年時還沒有孩子。[27] 他在一九四二年繳交給兵役登記局的登記卡上，列出自己的職業是「自雇者」，雖然書店當時是否由他經營尚待釐清。如果像史密斯這樣的普通人都會因為只是賣出一本書——即使他完全沒讀過，也沒有理由懷疑這本書內容淫穢——就面臨徒刑，那麼每位書店老闆、報攤小販、圖書館員都要負起責任，在出售或讓讀者借出每一本書和雜誌之前，檢查這些刊物的內容。儘管史密斯顯然從沒想要成為第一修正案的象徵人物，但他不尋常的刑事罪名卻使他驟然成為聚光燈追逐的焦點。

　　或許因為史密斯的案件意義重大，他的代表律師不是隨便找來的普通刑事律師，而是大名鼎鼎的第一修正案律師史丹利・弗萊什曼，五個月前才剛在美國最高法院中為一樁淫穢案件辯護[28]：弗萊什曼代表一家郵購公司，經營者因為觸犯加州的淫穢法令而被定罪。[29] 最高法院的判決雖然對弗萊什曼的客戶不利，但為日後檢察官要證明素材淫穢時，立下了很高的標準。為占多數的六位大法官執筆意見書的，是自由派大砲小威廉・布倫南大法官，他言明判定素材是否淫穢的檢驗條件，就是「對一個秉持當代社會標準的普通人而言，素材的主題從整體看來，是否會引發色慾。」[30] 任何書或電影若因為淫穢而失去第一修正案的保護，這本書或這部電影必定不符社會標準。弗萊什曼是第一修正案的捍衛戰士。

　　在美國最高法院為具指標意義的案件辯護後數月，弗萊

什曼在洛杉磯市政法院、詹姆斯‧波普法官相對保守得多的法庭上，為以利薩‧史密斯辯護。史密斯的審判於一九五七年九月二十三日開始，為期兩天。[31] 法官、律師和證人的焦點是這兩個問題：《蜜戀》是否淫穢？能不能要身為商人的史密斯對這本書負責？

即使對美國文學無所不知的專家，可能也沒聽過《蜜戀》。這本書的作者是馬克‧特賴恩，一九五四年由俏狐狸出版社出版，似乎只有一刷，但有時仍可以在二手書店的書架上找到。出版商顯然知道這本書可能引起爭議，因此一開始就先來了一段免責聲明，說這本書是「虛構的作品，完全是作者想像力的產物」。《蜜戀》以佛羅里達州房地產經紀人妮姆‧巴道夫為主角，她嫁給一個有權有錢的男人，但在婚姻生活中並不快樂。書中多數篇幅描繪的不是巴道夫的性剝削，而是她策劃的房地產開發詐欺騙局。但這本書中與性有關的內容，仍多到引起韋英警官注意。其餘的法庭文件並未具體說明韋英認為哪些段落是淫穢的。書中較具爭議性的段落之一，描繪的是巴道夫在她的房地產辦公室與「纖細嬌小的」金髮祕書琳發生性關係，其中最生動的場景描述琳「血脈賁張的乳房，飽滿到幾乎腫脹起來，乳房尖端那對深色的蓓蕾，在白皙肌膚的襯托下發出微光。」特賴恩更深入地描寫這次交歡：「當妮姆在她面前緩緩低下身體，琳開始輕輕地啜泣，身體在狂喜中弓起。然後，辦公室裡除了愛的聲音之外，再也沒有其他聲音。」[32]

　　《蜜戀》一書文筆拙劣、情節薄弱、對話毫無說服力。
再怎麼客氣地評價，也只能說它讀起來像是山寨版的情色文
學。書寫得差勁又不犯法，而且根據二十一世紀的標準，書
中文字甚至連淫穢的邊都沾不上。然而，一九五○年代的社
會標準幾乎完全不能容忍對性愛如此露骨地描寫，更不要說
描寫的是同性之間的性愛了──至少波普法官的標準絲毫不
能容忍這種下流淫猥。這本書讓波普法官極其震驚，成為這
椿被送進美國最高法院的第一修正案案件唯一的焦點。在審
判史密斯的過程中，律師和法官避免長篇累牘地討論《蜜
戀》的淫穢細節，但明確指出在韋英警官購買的所有書籍和
雜誌中，最可能被認為有傷風化的就是《蜜戀》。

　　「我認為《蜜戀》是道德的淪喪。」波普法官在審判中
宣布：「完全就是道德淪喪，沒有任何可取之處。書中沒有
情節，甚至沒有解釋為什麼那個女的會與她的丈夫分居；
反正他們分居了，就剩她和祕書、年輕的女祕書，以及她
之後的計畫，她後來也付諸實行。」[33]弗萊什曼承認「這本
書有諸多可以非議的地方」，但《蜜戀》「應該被《星期
六評論》或《紐約時報》的書評專欄賜死，而不是被法律扼
殺。」[34]弗萊什曼試圖說服波普法官，儘管《蜜戀》不是什
麼高雅的文學作品，但它也不淫穢。為了支持他的論點，他
傳喚專家證人羅伯特・R・科爾希出庭；科爾希當時是《洛
杉磯時報》每日書評的專欄作家。宣稱自己一週讀約三十本
書的科爾希準備作證說，羅斯韋勒賣給韋英的素材，符合當

代社會的文學標準。[35] 然而，弗萊什曼沒能說服波普——法官拒絕了傳喚科爾希以專家證人的身分作證的請求。波普還拒絕讓某位心理學家作為專家證人出庭，就社會對性行為、性表達的標準作證。

簡而言之，《蜜戀》讓波普法官作嘔，而且非常明顯，不論是書評家、心理學家或其他專家，都無法說服他這本書不淫穢。他提到自己「翻閱」這本書三次，強調他在執行這項任務時毫無樂趣。「對我造成的影響可謂沮喪。」波普法官說，「我不會選擇閱讀這種素材。我認為，明智的普通人在注意到這種書時，在某些情境中，有人可能會看個一頁。」[36] 弗萊什曼顯然認清波普法官不會突然宣布這本書符合社會標準，所以他改用另一項主張：即使書是淫穢的，也不能對身為被動傳播者的史密斯究責——他連書都沒看過。在質詢史密斯和羅斯韋勒時，弗萊什曼全程都在嘗試要讓人看出，史密斯不知道，也不可能知道《蜜戀》和店內其他數千本書籍、雜誌的內容。韋英警官向弗萊什曼承認，在逮捕時，羅斯韋勒曾聲稱自己只是店員，沒有涉入店內的書籍訂購。羅斯韋勒作證說，他對史密斯店內的書籍、雜誌是否淫穢毫無所知，因為他沒有讀這些書籍雜誌。「我必須盯著來店裡的人。」羅斯韋勒說，「我有工作必須完成，而且我沒有時間閱讀。」[37]

審判時七十二歲的史密斯作證說，他也沒有讀過檢察官聲稱是淫穢的任何書籍或雜誌。史密斯表示，他需要大約三

個月的時間才能讀完一本書。他說，對他而言，要知道店內數千本書籍、雜誌的內容，根本是不可能的。他店內多數書籍、雜誌，都是由供應商用貨運列車送到他店裡的。[38] 檢察官威廉‧多倫覺得難以置信。他指出，雖然史密斯禁止未滿二十一歲的未成年人瀏覽成人雜誌，如《異色情慾》——韋英警官買《蜜戀》時也一起購買的雜誌之一——但未成年人可以翻閱漫畫。

「如果你從未讀過《異色情慾》。」多倫問史密斯道，「這本雜誌的什麼地方讓你不希望未成年人接觸？」

「以我們對這類雜誌特性的了解，就會知道它不適合。」史密斯回答道。「我們不讓他們接觸，就這樣。這樣我們才不會有風險。」[39]

波普法官結論認為，史密斯違反淫穢法令有罪，雖然從審判當時留存至今的法庭檔案和逐字稿無法充分說明他的理由。在確定《蜜戀》屬淫穢書刊後，波普法官判處史密斯在市立監獄服刑三十日。[40] 史密斯對這項判決提出上訴。一九五八年六月二十三日，洛杉磯郡高等法院上訴法庭由三名法官組成的合議庭，在意見不一的情況下維持史密斯有罪的原判。占多數的兩名法官結論認為，即使書店老闆不知道書籍淫穢，市政當局仍可就書店老闆持有淫穢刊物一事，追究其刑事責任。兩名法官提出理由認為，書店老闆「不得心存不罰的僥倖，而採取『無知是福，愚即大智』為自身的行為準則。」[41] 史密斯對自己在陋巷中的書店有販售淫穢書籍、雜

誌一事毫無所知，似乎也讓兩位法官感到不可置信。「有參與販賣特定類型物品給大眾的人。」法官寫道，「即使只是持有、不涉及銷售，仍然擁有最快了解、注意到這種物品特性的最佳機會。」[42] 表示異議的那位法官指出，州法中有一條類似洛杉磯法令的淫穢管制法律，但有一個關鍵的不同之處：這條州法僅適用於「故意猥褻地」販售淫穢素材的人。「這條法律明智而公正，因為這些店主一貫的做法，是根據出版商發送的廣告購買書籍。」這位法官寫道，「這些經銷商都在沒有機會事先閱讀書籍的情況下下單訂書。」[43]

弗萊什曼和他律師事務所另一位第一修正案律師山姆·羅森溫，要求美國最高法院審查高等法院的裁決。如果最高法院不同意更行審理本案，那麼加州法院的意見書——還有史密斯的拘役刑責——將維持有效，且不得再上訴。在向最高法院提交的請願書中，弗萊什曼和羅森溫寫道，洛杉磯法令「要求店主負起絕對的責任，了解自己營業場所中每本書籍、每冊文字的內容。」[44] 要求這種無所不知，兩人寫道，是不現實的。「這不像書籍價格或紙張品質，是店主必須熟知的；」弗萊什曼和羅森溫寫道，「要知道每一本書的內容對性愛的描述是否純潔，則是店主的負擔。」[45] 弗萊什曼和羅森溫還主張，《蜜戀》並不淫穢，初審法官當時本應允許專家作證。這些論點顯然至少說服了最高法院的某幾位大法官，因此他們同意重新審理本案。

對弗萊什曼和羅森溫而言，為書籍內容辯護本來可能會

是不太成功的策略。保羅・本德爾當時擔任法蘭克福特大法官的書記。他後來回憶說，法蘭克福特將《蜜戀》形容為「可怕汙穢的垃圾」，而得知本德爾的妻子竟看過這本書時，大法官十分震驚。「像我妻子這樣純真的年輕女性竟然會看到這個，讓他怒不可抑。」本德爾說。[46]

　　一九五九年十月二十日，弗萊什曼和羅森溫出席美國最高法院九位大法官的法庭。弗萊什曼和羅森溫各自陳述了一半的主張。弗萊什曼向大法官解釋完《蜜戀》在最高法院第一修正案的標準下並不是淫穢之作後，羅森溫辯稱洛杉磯法令違反了第一修正案，因為按照這條法令，即使書店老闆對書籍內容一無所知，也會被追究刑事責任。也就是說，羅森溫主張法令違憲，因為即使史密斯沒有任何違法的意圖或知曉自己違法，或其他足堪譴責的心態（在法律術語中稱為「犯意」），這條法令仍然適用。

　　堅定擁護自由主義的大法官布倫南首先質詢羅森溫。大法官問，檢察官必須證明書店老闆有怎樣的心態，才能以刑事罪名起訴書店老闆？[47]

　　「我認為，至少，檢察官必須證明書店老闆知道書籍內容。」羅森溫回答道。[48]布倫南大法官表示，根據史密斯的刑事審判紀錄，沒有證據顯示史密斯知道《蜜戀》的內容。羅森溫同意這點。「他在庭上作證說，自己是個七十二歲的人，沒有讀過這本書。」羅森描述，「事實上，他已經有一段時間沒有閱讀了，而且他的工作是賣書。」[49]

此時，波特‧史都華大法官加入討論。史都華在最高法院分裂的意見中維持中立，因此他尚未表明立場的這一票極為珍貴。史都華最出名的事蹟，可能是他在另一樁淫穢案件（*Jacobellis v. Ohio*）中所寫的一句話。在這起案件中，俄亥俄州政府聲稱某部電影為硬調色情，不受第一修正案保護。史都華在一份短短的協同意見書中寫道，這部電影不是硬調色情。「這短短幾個字意指什麼類型的素材，我不打算在這裡嘗試進一步定義我對此的理解；或許我永遠無法明白地做到這一點。」史都華寫道，「但我看到時就認得出來，而本案中涉及的電影不是硬調色情。」[50] 這句「我看到時就認得出來」，已成為大膽做出結論、不另加詳細說明的常見筆法。

然而在史密斯一案，史都華的態度更加模稜兩可。「按照你的觀點，一個不識字的人無論賣什麼都可以有罪不罰，是嗎？」史都華問羅森溫。

「呃，不，庭上，這種說法不太準確。」羅森溫回答，「我的意思是，要證明某人是否知曉自己違法，有各種不同的方式。我也認為、我們也願意承認，如果有人未必故意地忽視自己本應以某種方式知道的事實，我認為這種情況也應該歸屬於犯意。」[51] 然而，羅森溫主張，史密斯的情況不是未必故意。「我們現在面對的情況，就是這個人確實是無辜的。他沒有犯罪意圖，他只是不知道書籍內容。他這一行就是買書進來、賣書出去，而且他的書架上擺了上千本書。」

　　洛杉磯市檢察官羅傑・阿恩伯格告訴大法官，這條法令沒有違反第一修正案，也不曾如弗萊什曼和羅森溫所聲稱的，對言論造成寒蟬效應。「這條法令自一九三九年以來就一直在洛杉磯的法典中，而且不論怎麼修法，它的地位從未動搖。」阿恩伯格說，「而洛杉磯仍然有很多書店。」阿恩伯格認為，史密斯自稱對書籍內容一無所知根本無關緊要。「書很多是理由嗎？」阿恩伯格問道，「如果我們必須證明被告知道他賣的是淫穢書刊，那就是以他為標準，而不是以社會或一般人為標準。」阿恩伯格沒有在這條思路上多加闡述，而是轉而提出另一個全新的主張。他基本的論調是，因為版權法保護書籍，所以書籍是財產而非言論。因此，他主張第一修正案並不保護書籍的傳播。

　　這是個錯誤。

　　「如果版權法保護一件作品，第一修正案就不適用這件作品」的命題，讓布萊克大法官大感驚愕。他問：「你是否認為，因為這本書受到版權保護，所以人們無權在第一修正案的適用範圍內閱讀這本書？」

　　阿恩伯格迅速澄清說：「我的論點是，我認為，首先，本案處理的是被告的言論自由。他是被控告的人，而他的言論自由沒有受到任何侵犯，因為他甚至不讀他賣的東西。對他而言，他賣的是一件財產。」阿恩伯格說，因為這本書只是財產，所以洛杉磯無從侵犯作者的言論自由。「這本書受到版權保護，而作者已將版權賣給出版商，出版商持有版

權。」他指出。「而且，根據這所法院以及其他法院經常表達的法律，當你用版權保護某個東西時，你就是取得了這個物品的財產權，你就是在處理財產。」

「但它還是一本書啊。」布萊克還擊。

阿恩伯格寶貴的口頭辯論時間，多數都耗在與布萊克和其他大法官爭論版權一事。阿恩伯格的主張不具說服力。在口頭辯論後不到兩個月的時間內，一九五九年十二月十四日，最高法院發布了意見書，推翻加州法院的判決，並結論認為洛杉磯的法令違反了第一修正案。在多數意見書中，布倫南甚至未提及阿恩伯格的版權論點，而是把焦點放在洛杉磯法令對言論的寒蟬效應。[52] 布倫南確認第一修正案允許對淫穢施加限制。但他提出理由認為，這種「有限」的例外並不允許政府管制非淫穢書刊。布倫南預測，這條洛杉磯法令「在書店老闆即使對自己所售書籍的性質毫不知情的情況下，仍然會處罰書店老闆，將極有可能造成這種效應。」[53] 布南倫總結表示，這種處罰會讓店家沒有意願販售不曾親自檢查過的書籍、雜誌；如果不親自檢查，就可能面臨巨額罰金或刑期。布倫南寫道：「如果書店、報攤的內容僅限於店主檢查過的素材，這些書店報攤很可能無以為繼。書店老闆在能力範圍內能熟悉的閱讀素材有限，加上面對絕對刑事責任時的畏懼，可能會限制大眾接觸到特定類型的印刷刊物，但根據憲法，這類刊物是州政府不能直接打壓的。」[54]

布倫南的意見書最終讓史密斯的罪名得以撤銷，但他的

初衷所著眼的，遠不只是史密斯和其他書店老闆的權利。布倫南擔心這條法令會限制作者、出版商觸及讀者的能力。他的理由是，如果洛杉磯這條法令導致書店自我審查非淫穢言論，則與直接禁止合法言論的法律同樣有違反第一修正案之虞。布倫南的意思不是認為第一修正案保護書店老闆什麼素材都可以賣，免於任何限制。他寫道，只要禁止傳播淫穢素材的相關規範包含對心態的要求，就可能合乎憲法精神。布倫南沒有說明所謂的心態必須是實際上知道，或只需有充分理由懷疑素材淫穢就算數。布倫南寫道，他沒有必要太過深入地探討這個問題，因為洛杉磯這條法令完全不需要先探詢傳播者的心態就可以究責。他認為，究責範圍如此之廣是違憲的。

　　布倫南寫道：「我們無需在今天，也絕對無法在今天釐清：書店老闆必須具備什麼心理要素，才能讓起訴書店老闆庫存中持有淫穢書籍合乎憲法精神？在判斷書籍內容是否確實算是淫穢時的無心之過，能不能當成藉口？在某些情境中，州政府是否得合憲地要求書店老闆深入研究？或得要求書店老闆解釋未深入研究的原因？這種情境可能是怎樣的情境？」然而，若書店老闆聲稱未看到導致起訴的特定非法內容，布倫南保留了對書店老闆究責的可能性：「要證明書店老闆是否知曉某本書的內容，是否有人目擊書店老闆讀這本書並不是必要證據；不管書店老闆怎麼否認，情境仍可能支持『他知道這本書裡有什麼』的推斷。」[55]

　　與布倫南意見書同一陣線的大法官中，有三位發表了各自獨立的協同聲明，其中一位是法蘭克福特，他的書記官後來回憶說他十分厭惡《蜜戀》。法蘭克福特在意見書中澄清，對出售淫穢素材的書店老闆，這項裁決沒有完全排除起訴的可能。[56]「很明顯地，法院並不是說書店老闆必須熟悉店內每本書的內容。」法蘭克福特寫道，「同樣明顯地，法院也不是說只要書店老闆不讓自己知道書籍內容不妥，他就可以毫無負擔地經營色情書刊大賣場。」[57] 法蘭克福特雖然在布倫南的意見書上簽了名，但似乎簽得不情不願。

　　絕對擁護第一修正案的布萊克同意洛杉磯法令違憲，但不僅是因為這條法令懲罰無知的書店老闆。布萊克在他的協同意見中寫道，任何對言論的限制都是違憲的，沒有例外。「雖然今天我們看到的是『淫穢和有傷風化』，但古往今來的人類經驗表明，這種靈活變化的用語可以，也很可能明天就變成政治或宗教異端的同義詞。」布萊克寫道，「審查制度是自由和進步的致命敵人。憲法簡明的文字禁止審查制度。我反對司法部門在這裡給它立足之地。」[58] 和布萊克一樣熱烈擁護第一修正案的威廉・道格拉斯大法官同樣寫道，懲罰《蜜戀》這種書的作者或傳播者，無論他們的心態是什麼，都是違憲的。[59]

　　約翰・馬歇爾・哈倫大法官是最高法院中的保守派成員，也是唯一一位沒有完全支持布倫南主要意見書的大法官。他同意最高法院應該推翻史密斯有罪的判決，但不是因

為洛杉磯法令是否合乎憲法，而是因為他認為初審法官拒絕納入某些證據的作法是錯的。然而，哈倫不同意布倫南的結論，即只有當史密斯知道書籍內容淫穢時，法院才應該將他定罪。[60]

公開紀錄沒有說明史密斯在最高法院還他清白後，是否繼續販售情色書籍、雜誌。根據聯邦紀錄[61]，史密斯在最高法院對他做出有利裁決的五年後，於一九六五年一月十六日在洛杉磯過世。

儘管大法官間觀點迥異，但九位大法官中仍有八位同意布倫南在主要意見書中的論點，這項論點至今也仍然有效：除非檢察官或原告能有憑有據地證明內容傳播者──例如書店──的犯意，例如知道內容違法，或有理由知道內容違法，否則第一修正案禁止就傳播內容要求內容傳播者負起法律責任。這項第一修正案規則不只適用於淫穢內容。例如，如果一家書店賣了一本書，書裡對某人做出不實、有損名譽的指控，則史密斯案（*Smith v. California*）的規則也適用。這項規則在書店以外的情況也適用：所有第三方內容的傳播者，包括電視台、雜誌發行商、網路服務供應商和網站，都有權享有第一修正案某種程度的保護。這份意見書的影響十分深遠。五年後，在一個具有指標意義的誹謗案件（*New York Times v. Sullivan*）中，最高法院將依據史密斯案做出結論，裁定政府官員必須證明確有惡意（很高的標準）才能在誹謗案中獲得損害賠償。布倫南在紐約時報案的意見書中寫

道：「若有一項規則要求批評政府行為的人，保證他提出的
事實性主張都是真的，但承擔可能被判處誹謗罪名且刑責幾
乎無上限的後果，則會導致形同『自我審查』的效果。」[62]
以利薩・史密斯不服拘役三十天的判決，使第一修正案的規
則從此再也不同。然而，「史密斯案」的第一修正案規則仍
然導致一項矛盾：傳播者如果不管書籍、報紙和線上用戶評
論是否違法，可能可以降低被究責的風險；一旦傳播者檢查
內容，「史密斯案」所提供的第一修正案保護可能不再適
用。「史密斯案」的規則並未對傳播者，如書店、廣電公司
等，提供絕對的保護，因為如果這些公司對自己傳播的內容
有任何程度的了解，就會使公司暴露在被究責的風險中。在
即使傳播者實際上並不知道特定第三方內容的情況中，最高
法院也未排除當傳播者未必故意違法，但仍加以究責的可能
性。在接下來的半個世紀中，各處法院將進一步闡明這條規
則，點出「史密斯案」傳播者豁免的限制。

　　要充分了解「史密斯案」保護的不足之處，可以研究兩
個當事人聲稱被冤枉的案例：一案是一九五〇年代的代表性
童星，另一案則是一九八〇年代最為活躍的女權主義者。

　　肯尼斯・奧斯蒙的星途與許多電視童星不同──他在
電視聯播網取消他的節目後一切順遂。一九五七至一九六
四年，奧斯蒙在情境喜劇《天才小麻煩》中，飾演華利・
克利弗專拍馬屁的朋友愛迪・哈斯克爾。他沒有染上吸毒犯

罪的惡習，反而成為執法的那一方——一九七○至一九八○年代，他一直是洛杉磯警局的警官。他與妻子、兩個孩子過著相當低調的生活，偶爾會在《天才小麻煩》的特輯和公開活動中露臉。[63] 因此，當洛杉磯警局的內務部門傳喚奧斯蒙時，他就像自己在二○一四年的自傳中描寫的那樣，感到非常驚訝，也情有可原。一名警官給他看了一張照片，裡面的男子沒穿上衣，長得有點像奧斯蒙。奧斯蒙寫道，照片裡的男子是約翰·霍姆斯，是一九七○年代最受歡迎的色情片男明星之一。內務部警官要求奧斯蒙脫下褲子，奧斯蒙照做了。他回憶說警官很快瞄了一眼後說：「OK，你可以走了，回去上班吧。」[64]

　　當時，加州的連鎖成人書店「愛愛專門店」正在賣一部名為《超級大老二》的電影，錄影帶封面聲稱這部片子「由約翰·霍姆斯主演，曾在電視影集『《天才小麻煩》中飾演小愛迪·哈斯克爾』。」[65] 奧斯蒙是唯一曾扮演愛迪·哈斯克爾的演員，且奧斯蒙也確定自己從未在《超級大老二》這種電影中露臉。奧斯蒙的朋友、另一位洛杉磯警局的警員，曾去某家愛愛專門店，詢問店員這部電影聲稱主打曾飾演愛迪·哈斯克爾的演員一事，店員回答說，店內其他電影的色情演員，之前也都是「明星」，然後才「進軍電影界」。[66]

　　奧斯蒙控告愛愛專門店的母公司「情色圖文」（Erotic Words and Pictures，以下簡稱 EWAP），主張 EWAP 旗下店

面出售的錄影帶宣稱他在色情電影中演出，損壞他的名譽。
EWAP 要求加州初審法院駁回這起訴訟，辯稱他們只是被動
經銷錄影帶的傳播者。[67] EWAP 的總裁霍華德‧格林和副總
裁梅爾文‧斯塔克曼在書面聲明中表示，EWAP 只是購買電
影放在他們的店面銷售，並未發行或製作這些在店面銷售的
電影。[68] 他們聲稱，並未事先看過這些由批發商提供他們販
售的電影。[69] 格林和斯塔克曼表示，在訴訟之前，他們甚至
不知道愛迪‧哈斯克爾是誰演的。[70] 他們表示，不記得看過
宣稱主演是奧斯蒙的錄影帶包裝。[71] 在證據開示階段，奧斯
蒙確認他沒有證據證明 EWAP，或 EWAP 的任何員工或高
階主管知道他們販售的電影中，包含了關於他本人的不實陳
述。[72] 初審法官的簡易判決對 EWAP 有利，駁回了這個案
件。[73]

　　奧斯蒙提起上訴，加州第二地方上訴法院由三名法官組
成的合議庭一致支持駁回的原則。法官阿曼德‧阿拉比安援
引「史密斯案」寫道：「在散播由他人出版的訊息時，僅扮
演次要角色的一方，如圖書館、新聞供應商或貨運業者，
得提出證明因為沒有理由相信這則訊息是誹謗而避免被究
責。」[74] 像愛愛專門店這樣的成人書店，阿拉比安寫道，也
可以獲得這項保護。[75] 由於奧斯蒙未能證明 EWAP「知道電
影包裝上的陳述具誹謗性，或者知道有義務進行調查的事
實」，阿拉比安結論認為，初審法院駁回訴訟是正確的。[76]
奧斯蒙並不是隨隨便便提出主張的──這項不實資訊聲稱他

演完《天才小麻煩》就去拍色情片，他的名譽可能因此而
受損。然而，「史密斯案」中堅定的規則不讓他追究EWAP
的責任。如果奧斯蒙能提出證據，證明EWAP的高階主管
或員工是根據包裝上的資訊選擇電影，或是甚至只是看過
封面，法院都可能不駁回他的案件。EWAP因無知而逃過一
劫。如果這家零售商試圖檢查店中電影的內容，但仍然照賣
《超級大老二》，則面對奧斯蒙的指控時，它可能無法獲得
第一修正案的保護。因為EWAP沒有採取任何措施確保電
影封面上的資訊準確無誤，所以得以躲過究責。

　　雖然阿拉比安的裁決對EWAP有利，但他的意見書對
傳播者而言並非全盤皆贏。布倫南大法官極力避免討論傳播
者必須具備怎樣的心態才能因為第三方內容而被究責，而阿
拉比安則開啟第一修正案免責不適用的情形，即當被告有
「理由相信」第三方內容涉及誹謗時，第一修正案就可能不
適用；這比對特定誹謗內容確實知情的條件更寬鬆。

　　對傳播者而言，史密斯案的規則提供了強而有力的誘
因，對出售給大眾的素材採取不聞不問的態度。然而，故意
視而不見也有極限。如果某位傳播者本應知道──或未必故
意地忽視──內容非法，法庭可能結論認為第一修正案的豁
免不適用。這些限制在兩起法庭案件中都可以看到，兩起案
件的緣由都是女權主義倡議者與美國最惡名昭彰的色情片製
作人之間的爭執。

在洛杉磯市試圖取締淫穢書刊販售的三十年後，安德莉亞・德沃金也希望禁止色情。然而，她的策略比較不傳統。

到一九八〇年代，要說服法庭認為「禁色令」合乎憲法，非常困難。一九七三年，最高法院大幅縮小它認定屬「淫穢」的色情商品範圍[77]，導致色情電影院激增、《好色客》等硬調色情雜誌大賣特賣。有些評論家戲稱一九七〇年代至一九八〇年代初期是「色情業的黃金年代」。[78]

德沃金是一九七〇、八〇年代最著名的女權主義倡議者之一。德沃金並沒有把焦點放在淫穢上，而是著書立論主張情色是民權議題，認為色情是女性遭受暴力的根源。[79] 德沃金與印第安納波利斯市議會聯手通過一條法令，讓受害者起訴色情傳播者，但聯邦上訴法院在一九八五年以違憲為由廢除了這條法令。[80] 德沃金成了色情產業的公敵，她最惡名昭彰的對手是《好色客》的發行人賴瑞・佛林特，他是第一修正案的狂熱擁護者。一九八四年，佛林特發行與德沃金有關的專文，加重攻擊她的炮火。例如，二月號中有一幅漫畫描繪兩名發生性關係的女性，其中一名女性說：「你和安德莉亞・德沃金真是像極了，埃德娜。這是個狗咬狗的世界。」[81] 三月號中刊登了一篇題為〈女子漢這麼多，時間卻這麼少〉的專文，裡面有一張女性交歡的照片，照片標題說她們是「安德莉亞・德沃金粉絲俱樂部」的會員。[82]

德沃金提出誹謗告訴，知名的懷俄明州訴訟律師蓋瑞・史賓斯代表她出庭。法庭案件的結果經常取決於審判地點，

因此律師會策略性地尋求在最友好的地點舉行審判。如果律師或客戶在某個城鎮特別受歡迎，他們會嘗試讓審判在州法院進行，因為在州法院比在聯邦法院更可能找到友善的當地法官和陪審團。史賓斯是當地的傳奇人物，所以相對於洛杉磯或紐約的法院，德沃金在懷俄明州傑克遜的州法院更有可能勝訴。只是有一個小問題：德沃金住在紐約，而《好色客》雜誌則是在加州登記成立的，所以懷俄明州的法院對於只牽涉德沃金和《好色客》的案件，沒有司法管轄權。德沃金可能是為了解決這個問題，所以與兩名懷俄明州的全國婦女組織成員一起提告。

　　讓懷俄明州的原告加入訴訟，使德沃金能夠在懷俄明州提告。但她還面臨另一道程序障礙：如果原告中沒有人與被告是同一州的居民，則根據聯邦法律，被告可將案件從懷俄明州州法院移交至懷俄明州聯邦法院。德沃金可能是出於讓案件維持在州法院審判的企圖，不僅對《好色客》提告，還對懷俄明州傑克遜一家販售《好色客》雜誌的商店「公園地市場」提告。[83] 然而，被告仍將案件移交至聯邦法院，主張原告將公園地市場列為被告是不正確的。原告主張得對公園地市場究責，要求負責懷俄明州的聯邦法官小克拉倫斯・阿迪遜・布里默爾將案件送回州法院。[84] 布里默爾能讓他們如意的唯一方法，就是做出結論認為他們對公園地市場提告的主張是言之成理的。

　　就像奧斯蒙告愛愛專門店一案，結果取決於就店家售出

的內容，是否可以對店家追究責任。公園地市場是否知道或有理由知道它販賣的雜誌有損德沃金的名譽？公園地市場的共同業主暨總經理麥克・林奇在本案的文件中表示，他們店在賣這些雜誌時，他自己和員工對雜誌中有關於德沃金的陳述一無所知，更不用說這些陳述是否「有誹謗之嫌」。[85]說自己一九八五年從林奇家族手中買下這家商店，並當老闆當到一九九九年的查理・卡拉威回憶說，一九八四年雜誌售出時，擁有公園地市場的是林奇家族。在二〇一七年的訪談中，卡拉威回憶說公園地市場是那個地區少數販售《好色客》等「下流雜誌」的商店之一。卡拉威在大概一九九六年停售色情刊物，因為擔心想買這類雜誌的顧客有損這家店在社區的名聲和銷量。[86]

　　一九八五年六月十八日，布里默爾做出有利公園地市場的裁決，認為這家商店在對《好色客》提告的訴訟中不是合理的被告。布里默爾藉最高法院對史密斯案的決定寫道，只有當公園地市場在銷售《好色客》時知道內含有傷害性的陳述時，才能要求這家商店為《好色客》中任何誹謗性陳述負責。布里默爾指出，最高法院在史密斯案中的顧慮，是要求書店自我審查將不利於大眾自由交換訊息：「為了避免這種私人審查，在讓僅身為傳播者的一方被究責之前，法院要求提出犯意，也就是對誹謗性素材知情的明確證據。」布里默爾寫道，「原告沒有提出公園地市場有這種犯意的證據。」[87]

　　原告主張，因為《好色客》有「傷風敗俗」的名聲在外，且佛林特曾因誹謗吃上官司，所以公園地市場「知道」《好色客》可能出版誹謗性陳述，因此有責任在出售雜誌前檢查雜誌。布里默爾法官迅速駁回了這些主張：「如果這是恰當的標準，那麼不論賣的是《國家詢問報》，或是如《時代》雜誌、《紐約時報》這種儘管廣受信任，但也沒少被人控告誹謗的出版刊物，每位傳播者都得自討苦吃地一期一期檢查，因為可能會有涉及人物或事件的誹謗性陳述，但一般的出版刊物傳播者可能沒有基礎據以判斷何為誹謗。這樣的標準不符合社會的最佳利益，會造成過度審查，剝奪大眾閱讀具教育性、娛樂性素材的機會，與第一修正案保障的新聞自由權利完全背道而馳。」[88]

　　德沃金和其他原告還指出，林奇曾詢問女性求職者對於在一家出售《好色客》的商店工作，是否會有「疑慮」。原告聲稱，這種問題代表林奇知道雜誌內容。布里默爾法官駁斥了這種主張，提出理由認為就算林奇可能知道《好色客》包含成人或具爭議性的內容，他也沒有理由知道《好色客》刊出了有損德沃金和其他人的謊言：「許多出版刊物會讓某個群體感到被冒犯，但這不代表這個群體就應該有權利阻止他人購買本應享有保護的出版刊物。第一修正案保障幾近絕對的言論和新聞自由，但這是有代價的。每位公民都必須意識到其他公民的權利也同樣受到保障。」[89]

　　布里默爾最終將控告《好色客》一案移交到洛杉磯的聯

邦法院。洛杉磯法官駁回原告主張，美國第九巡迴上訴法院也同意這次駁回的裁決，結論認為第一修正案能保護《好色客》的專文，因為這些文章是「意見」。[90]

《好色客》和公園地市場在懷俄明州法院的誹謗官司，沒有隨著這次結案而畫下句點。

史賓斯在訴訟過程中捍衛德沃金不遺餘力，使他成為佛林特筆戰砲火下的目標。一九八五年七月號的《好色客》替史賓斯冠上「本月渾蛋」的頭銜。照片插圖將史賓斯的臉放在光溜溜的屁股上，文字說明寫著：「我們稱為『本月渾蛋』、跟屎一樣滿身是蛆的傢伙，很多都是別人口中的律師，一群靠渣滓維生的寄生蟲。這些無恥的屎坑（多數時候只忠於金錢）急著出賣他們的個人價值觀、真理、正義和我們得來不易的自由，只為了有機會讓自己的荷包賺得飽飽的。這群痔瘡般的爛人中最近登上本刊頁面的，就是蓋瑞·史賓斯，七月號的本月混蛋。」[91] 史賓斯的調查員說，他在一九八五年五月二十八日通知公園地的一位員工，說七月號的《好色客》雜誌中包含誹謗性言論，要求停止販售《好色客》。

調查員說，兩天後，他向經理提出了同樣的要求，當天稍晚店中的《好色客》就被下架了。[92]

同樣在懷俄明州州法院，史賓斯提出誹謗告訴，再次將《好色客》、佛林特和公園地市場列為被告。然而，這一次的原告是史賓斯。史賓斯在訴狀中主張，由於林奇在德沃金

案的訴訟中已經提供過證詞，他「已經獲得足夠的知識，
了解《好色客》雜誌內容的性質，因此他知道未來的《好色
客》雜誌會包含傷風敗俗的素材。」[93] 幾位被告再次將案件
移交到聯邦法院，辯稱公園地市場不是合理的被告。與德沃
金案一樣，史賓斯要求布里默爾法官將這次的案件送回州法
院，因為可以就銷售雜誌一事對公園地市場追究責任。[94] 這
一次，布里默爾同意將案件送回州法院，且做出與德沃金案
完全相反的結論：他認為公園地市場可能要為《好色客》中
據稱具誹謗性的內容負責。他寫道，史賓斯案的關鍵差異，
在於公園地市場在出售一九八五年七月號的《好色客》時，
因為先前德沃金已經對這家店提告，所以這家店已經知道這
本雜誌的爭議性本質。[95]（然而，布里默法官指出，「經理
和林奇先生是否在與調查員談話前，就已經知道史賓斯的文
章」，各方的宣誓書在「這件事上有說詞不一的情形」。[96]）

　　「懷俄明州的傑克遜是一個相對較小的社區，蓋瑞‧
史賓斯是這個社區的知名人物之一，關於他的消息傳得很
快。」布里默爾寫道，「林奇先生很清楚史賓斯先生和《好
色客》之間的爭議。這個案子完全不是某個無辜的雜誌小販
無意間散播了據稱具誹謗性的素材，而是一家非常了解《好
色客》和史賓斯之間激戰的傳播經銷商，在收到關於雜誌的
投訴後，沒有進行調查，而是繼續銷售。」[97]

　　兩樁《好色客》的案子結果截然不同，這不是特例，也
不是誤解了史密斯案的規則。兩樁案子都由同一位法官做出

判決，牽涉的是同一本雜誌，被告的甚至是同一家便利商店。布里默爾拒絕駁回史賓斯的案子，顯示即使有史密斯案在前，第一修正案對傳播者的保護仍有限制。公園地市場宣稱對《好色客》中惡毒、可能構成誹謗的言論一無所知，因此躲過德沃金的訴訟。但這家店在第二次面對與《好色客》相關的訴訟時，就不能再用這個理由作為辯護，因為此時，它至少已經知道這本雜誌可能刊登有害的指控，而且也已經收到了對雜誌的投訴。

要把史密斯案應用到錄影帶封面和雜誌上，都已經十分困難；當大家開始把自己的電腦連到網際網路上時，史密斯案的規則將變得更加窒礙難行。

第二章
Prodigy 的例外

　　史密斯案在第一修正案的原則上取得了平衡：政府對言論傳播者的規定必須包含對傳播者在心態上的要求。這些規定、刑事起訴或官司不能就第三方言論嚴格追究傳播者的責任。到了一九九〇年代初期，法院更難實施這種平衡，因為消費者開始將他們的電腦與各種線上服務連線，而線上服務儲存的資料比世上最大的書店還多。期待公園地市場最終會知道《好色客》可能誹謗他人，以前可能是合理的。但擁有數百萬用戶的網際網路服務供應商或網站，除非徹底改變營運和商業模式，否則完全沒有辦法檢視用戶傳輸的所有內容。

　　儘管美國國防部和學術機構早就已經在開發網際網路，但在一九九〇年代初期，用戶的家用電腦主要連接到三家商業線上服務供應商：CompuServe、Prodigy 和 America Online。CompuServe 的母公司是 H&R Block Inc.，Prodigy 則由 IBM、Sears、Roebuck and Co. 持有。America Online 是一家獨立的新創公司，比其他較成熟的競爭對手更晚進入市

場，但最終在市場中獨占鰲頭。這些服務最終在美國擁有數百萬訂閱用戶。用戶將電腦與家用電話線連接，撥號連上網際網路；速度與今天的寬頻相比，慢得如同冰河移動。這些公司可以每分鐘計費也可以每月計費。如果家中有青少年上網，每月費用可能高達數百美元。

這些早期的線上服務與我們今天所熟知的網際網路服務有所不同，因為它們一開始都是封閉的社群，由提供服務的公司建立。這些公司不是讓用戶連到世界各地的網站，而是連到他們精心挑選過的資訊，例如電子版報紙、電子報和財務建議。這些服務還允許用戶在其他會員也看的到布告欄上發表評論，並與會員在聊天室聊天。與現代網際網路上提供的服務不同，這些服務一開始是不具互用性的。例如，CompuServe 的用戶只能看到其他 CompuServe 用戶的貼文、文章和圖片，或 CompuServe 上可以取得的電子報、其他資訊入口網站，但無法看到 America Online 布告欄上的貼文。

從現代的標準來看，這種封閉的資訊系統可能顯得相當有限。但在一九八〇年代和一九九〇年代初期，這可是革命性的服務。研究人員可以在幾秒鐘內存取文章，不然就得跑一趟圖書館，搜遍滿是灰塵的微縮膠卷片盒，才能找到想看的文章。報紙在這些服務上提供「電子版」，讓用戶可以讀到當晚才寫出的新聞，不需要等到第二天早上報紙送到門口才看得到。有這麼多資訊可以讓人如此輕鬆地取得，這可是史上頭一遭。此外，最不尋常的創新，或許是這些新服務的

互動性。在 CompuServe 和 Prodigy 出現之前，媒體消費多數都是單向體驗：消費者讀報、聽廣播、看電視。然而，這些線上服務預示媒體消費將轉為雙向。住在猶他州鹽湖城的相機迷不再需要苦等每月一期的《攝影雜誌》，才能知道最新款鏡頭的細節；他可以撥號連上 Prodigy，與俄亥俄州桑達斯基的專業攝影師在布告欄的攝影版上交流。

　　一九八五年，《紐約時報》的一篇文章充滿驚嘆地描述這些新服務：「電腦撥號用戶接上數據機、撥打本地號碼，就可以登入各種不同興趣主題的布告欄交換資訊。CompuServe 上有近一百個布告欄可供選擇，用戶可以接觸到形形色色的訣竅，從如何操作蘋果電腦到居家園藝，應有盡有；而當然，還可以留下自己的評論。用戶甚至可以用自己的電腦，和連線另一頭的另一位電腦用戶即時『聊天』（這種交流方式被稱為『民用頻段模擬器』，得名自在路上很受歡迎的民用頻道無線電交流系統）。」[1] 這種前所未見的資訊洪流，讓 CompuServe 和 Prodigy 等服務供應商陷入兩難：要控制用戶收受的資訊品質，要採取哪些步驟？供應商應該要先檢查素材才提供給訂閱用戶嗎？供應商應該建立、實施社會標準，以防止訂閱用戶接觸到猥褻、有傷風化的文章或圖片嗎？這些公司各自採取不同作法，比如 CompuServe 決定不加干涉；相反地，Prodigy 建立、實施用戶行為標準。根據史密斯案的判決，CompuServe 放任式的作法與 Prodigy 試圖建立社會標準的作法相較，前者更有保

障、更不會吃官司。

鮑勃・布蘭查德看出這些新興線上資訊服務的力量，想要創立新型態的新聞公司，駕馭這股力量的可能性。布蘭查德是專跑羅德島和紐約本地新聞的電視記者，已經幹了十多年，以消費者調查報導抱回三次艾美獎。[2] 一九八六年，他和朋友大衛・波拉克共同創立了 Cubby Inc.，專門開發產品與服務給不斷成長的計算機產業。[3] 一九九〇年，當 CompuServe 和 Prodigy 等公司推出針對特定主題的新聞訂閱服務時，Cubby 推出了 *Skuttlebut*，提供廣電業的「電子版八卦新聞」。[4] 由於 *Skuttlebut* 當時還沒有與像 CompuServe 或 Prodigy 這樣的公司合作，所以它大多是用傳真機發送電子報給客戶。布蘭查德後來回憶說：「那時候的技術非常原始。」[5]

然而，另一家公司已經藉由電腦提供與 *Skuttlebut* 類似的產品，即與廣電業相關的電子報。記者唐・費茲派翠克經營的公司出版的《輿論城》[6]，是 CompuServe 用戶可以在 CompuServe 的「新聞業論壇」上取得的電子報。CompuServe 新聞業論壇是以新聞業為主的布告欄，由卡麥隆通訊傳播公司（CCI）管理。[7] 布蘭查德有訂閱 CompuServe，所以當他看到自己的公司成為一九九〇年四月十二日的《輿論城》焦點時，感到十分驚訝。文章標題為〈『八卦報』的八卦：新抹布只能擦空盤〉，指控 *Skuttlebut*

「利用某種後門」存取《輿論城》的內容並竊取新聞。[8] 然而，布蘭查德表示自己是 CompuServe 的訂閱用戶，因此能合法存取《輿論城》。

隔天，《輿論城》加重砲火抨擊 *Skuttlebut*，揭發布蘭查德就是 *Skuttlebut* 的「本名」和「真面目」。《輿論城》電子報對布蘭查德幾年前從紐約 ABC 電視台的子公司 WABC 離職一事特別感興趣。「據蒐集到的資料顯示，他大約三年前被 WABC 開除，之後就一直在參與各項專案，多數與電視業無關。有人告訴我們說，他在全國設定了幾個 900 和 976 付費電話的號碼，但不確定這些號碼的位置在哪裡，或者這些計次收費的號碼上有什麼的內容。」[9] 布蘭查德說，讀到紐約電視台解雇他的指控時，他震驚無比。「我沒有被開除。」布蘭查德回憶說。「我離職時，和電視台達成良好共識。我不會回到廣電業。」[10] 布蘭查德非常生氣，他聯絡了紐約律師里歐・凱瑟，代表自己和 Cubby 在曼哈頓聯邦法院提起誹謗訴訟。凱瑟通常替誹謗訴訟的另一方，即書籍出版商、作者和媒體名人辯護。除了對《輿論城》的發行人費茲派翠克提告外，布蘭查德也把傳播《輿論城》電子報的 CompuServe 告上法院。一九九〇年十月五日的訴訟聲稱，這些虛假陳述毀損 Cubby 的商譽和布蘭查德的名譽[11]，還聲稱《輿論城》電子報從事不公平競爭，因為 Skuttlebut 打算「保留其訂閱用戶但維持較高的收費結構，以因應新的競爭。」[12]

　　布蘭查德訴訟是第一宗紀錄有案、就第三方言論追究線上服務商責任的案件。凱瑟和他的同事德克蘭・雷德弗恩也在布蘭查德案的書狀中承認，他們找不到任何一份法院意見書「在透過電腦資料庫網路傳遞、接收新聞與資訊的過程中，明確界定參與者各自的角色，或描述這些角色的特徵。」[13] 他們身處未知的領域，唯一能指引方向的法院意見書討論的卻都是與電腦無關的行為，例如 WDAY 播出唐利的演講、以利薩・史密斯販售《蜜戀》，以及公園地市場傳播經銷《好色客》雜誌。

　　布蘭查德提告後七個月，CompuServe 要求簡易判決，要彼得・利澤爾法官駁回對 CompuServe 的控告。利澤爾是一九八四年由前總統雷根任命至曼哈頓聯邦法院擔任法官的，先前他是聯邦檢察官。俄亥俄州瓊斯戴律師事務所著名的媒體律師，羅伯特・漢密爾頓和史蒂芬・麥克唐納，替 CompuServe 在布蘭查德一案中辯護。在他們要求利澤爾法官駁回訴訟的書狀中，漢密爾頓和麥克唐納甚至沒有試圖主張《輿論城》對布蘭查德的指控不是誹謗。相反地，他們論點的主旨是 CompuServe 只是被動地傳播《輿論城》，主張 CompuServe 甚至沒有能力控制《輿論城》發表的言論。[14] 他們寫道，最高法院在史密斯案中立下第一修正案的先例，就是要求提出傳播者對特定評論抱持何種心態的證據。[15]

　　CompuServe 的新聞和參考產品經理伊本・肯特在書面聲明中告訴法庭，CompuServe 並未雇用費茲派翠克製作《輿

論城》電子報，也沒有直接與他簽訂合約。他寫道，在《輿論城》的內容上傳到 CompuServe 之前，CompuServe 沒有行使「任何編輯控制」。肯特還指出，如果有任何重大投訴，他「應該事先會被告知」，但他並未收到任何關於《輿論城》的投訴。[16] CompuServe 與提供新聞業論壇的承包商 CCI 之間的合約說明，CCI 對新聞業論壇的管理應「符合 CompuServe 所建立的編輯、技術標準，和風格慣例。」[17] 但根據 CCI 總裁吉姆・卡麥隆的書面宣誓書[18]，CCI 表示無法事先審查《輿論城》的內容。費茲派翠克與 CCI 的合約指出，費茲派翠克的公司對《輿論城》的內容負「全部責任」。[19]

　　在 CompuServe 的簡易判決動議中，漢密爾頓和麥克唐納向法官利澤爾指出史密斯案對傳播者的保護。他們寫道，CompuServe「所做的，與紐約市公共圖書館、利佐理書店以及任何販售實體書刊雜誌、報紙的報攤沒有任何不同」。[20] 兩人繼續說明，CompuServe 和所有線下的同行一樣，對他們所傳播的資訊「沒有控制權」，CompuServe 對《輿論城》沒有編輯控制權，且 CompuServe「在據稱為誹謗的資訊傳播出去之前，沒有理由知道，也不知道這些資訊是誹謗」。[21]

　　漢密爾頓和麥克唐納在 Cubby 案的書狀中寫道，因為《輿論城》的言論而處罰 CompuServe，將「嚴重限制第一修正案促進、保護資訊自由流動的初衷」。[22] 對漢密爾頓和麥克唐納而言，要 CompuServe 為《輿論城》電子報負責，

與讓以利薩‧史密斯因為販售《蜜戀》而坐牢並無二致。

這種類比讓布蘭查德的律師凱瑟火冒三丈。他在辯方書狀中主張，CompuServe 不應享有史密斯案中第一修正案的保護，因為 CompuServe 更像發行者而非書店：「CompuServe 以電子形式發行、傳播的資訊，是藉由 CompuServe 自己的服務和資料庫傳播給訂閱用戶的。因此，CompuServe 控制了誹謗性素材的傳播方法以及送達給用戶的方式。」[23] 凱瑟質疑漢密爾頓和麥克唐納說 CompuServe 並未控制《輿論城》報導的主張，指出 CompuServe 和 CCI 之間的合約要求 CCI「符合 CompuServe 的編輯、技術標準，和風格慣例。」[24] 矛盾的是，凱瑟隨後主張 CompuServe 沒有採取任何控制措施防止誹謗性評論，並且「未能充分監控內容，或以其他方式監督藉由 CompuServe 資料庫公開的素材內容，是極不負責任的。」[25] 凱瑟把焦點放在編輯控制權，顯然促使利澤爾法官說明 CompuServe 的編輯控制——或缺乏編輯控制——是否讓 CompuServe 能夠獲得第一修正案提供給如書店等傳播者一樣的保護。在書店、廣電公司和報攤為被告的案件中，法院通常假定被告是傳播者，法官只需確認被告是否知曉內容有害即可。凱瑟主張，CompuServe 甚至無權獲得報攤享有的第一修正案保護，因為 CompuServe 發行了《輿論城》，不像報攤只是被動地傳播資訊。這場爭議將第一修正案探詢的焦點，從僅著重心態轉移到編輯控制權。其中差異乍看之下似乎顯得微乎其微，但兩者其實是

各自獨立的問題。CompuServe 可能擁有編輯內容的法定權限，但對《輿論城》包含誹謗性文章一事並不知情。但即使 CompuServe 缺乏編輯《輿論城》的能力，它也可能知道自己發布的內容通常都粗鄙不堪。

　　一九九一年十月二十九日，利澤爾法官做出有利 CompuServe 的判決 [26]，成為美國首位判定是否可以因為第三方內容而對類似 CompuServe 的線上服務究責的法官。乍看之下，對正在蓬勃發展的線上服務業而言，他駁回的決定是一項重大勝利。然而，對像 CompuServe 這樣的線上服務而言，後續發展最終證明贏得這次官司的代價十分慘重：線上服務在獲得像書店和其他線下中介機構所享有的第一修正案保護之前，必須由法官確認它們是不是內容傳播者。利澤爾在意見書中一開頭就說明，最高法院在史密斯案中「廢除了追究書店老闆持有淫穢書刊之責任的法令，無論書店老闆是否知曉書籍內容。」[27] 在意見書多數篇幅中，利澤爾都在討論 CompuServe 的行為是不是「傳播者」。如果 CompuServe 是傳播者，則只有在它知道，或應該要知道誹謗內容時，才能對它追究責任：

　　　　高科技已明顯加快資訊蒐集和處理的速度；現在，擁有個人電腦、數據機和電話線的個人，可以立即存取全美國、全世界各地成千上萬份新聞出版刊物。雖然 CompuServe 得完全拒絕提供某一份出

版刊物，但實際上，一旦它決定提供某份出版刊物，它對這份出版刊物的內容幾乎沒有，或完全沒有編輯控制能力。尤其當 CompuServe 把這份出版刊物作為某論壇的一部分提供，且這個論壇是由與 CompuServe 無關的公司管理的，就更是如此了。

就《輿論城》這份出版刊物而言，無可爭議的事實是，〔唐·費茲派翠克合夥公司〕將《輿論城》的文本上傳到 CompuServe 的資料庫中，讓已獲核准的〔CompuServe〕訂閱用戶可以立即取用。CompuServe 對這種出版刊物的編輯控制，不會比公共圖書館、書店或報攤更多。要 CompuServe 檢視它提供的每份出版刊物、尋找潛在的誹謗性陳述，就如同要求其他傳播者做同樣的事情一樣不可行。[28]

利澤爾的結論，一部分是出於實用主義。他體認到若要就線上服務中的每個字眼對 CompuServe 究責，實際上就是動搖 CompuServe 整個商業模式。在花了很長的時間確定 CompuServe 符合傳播者條件後，利澤爾套用史密斯案的檢驗標準，確認 CompuServe 免於吃上官司。利澤爾寫道，Cubby 和布蘭查德未能證明「CompuServe 是否知道，或有理由知道《輿論城》的內容」，因此「CompuServe 身為新聞傳播者，如果既不知道，也沒有理由知道據稱是誹謗的《輿論城》陳述，則不得因為這些陳述而對 CompuServe 究

責。」[29] 儘管利澤爾因 CompuServe 對據稱具誹謗性的文章不知情，而駁回了誹謗指控，但意見書著重的編輯控制，將從此改變服務供應商對第三方內容負責的相關討論。利澤爾實際上創造了一種兩個步驟的檢驗機制，以確認線上服務是否享有保護、豁免於有關第三方內容的主張。首先，法官必須確認線上服務商在內容發布之前，並未行使重大編輯控制，因此僅為傳播者（儘管意見書沒有明確指出究竟什麼程度或類型的編輯控制，可能使被告不符合「傳播者」的身分）。其次，服務供應商必須證明它不知道，或沒有理由知道引發非議的內容。利澤爾對「編輯控制」的討論，可能會是線上服務商不再採取任何措施規範內容的大好理由。當然，這不是說 CompuServe 就像利澤爾體認到的，對《輿論城》完全沒有控制能力。CompuServe 本可以終止合約、不讓這份電子報發行，就像以利薩‧史密斯本可以要求他的批發商不要再供應特定類型的書籍一樣。

　　如果 CompuServe 採取了更多措施控制它傳播的電子報品質，布蘭查德的訴訟可能就不會止步於 CompuServe 的簡易判決，而是交由陪審團審理（或 CompuServe 可能會和解）。但 CompuServe 不對《輿論城》負責，也不須因《輿論城》而被究責，使利澤爾決定讓 CompuServe 免於這場官司。

　　布蘭查德本可以上訴到美國第二巡迴上訴法院。事實上，他回憶讀過利澤爾法官的判決後，他大致認同判決結

果：「我認為這是正確的判決。我不想上訴。」[30] 他不願上訴，一部分原因是他出身新聞業，他知道像 CompuServe 這樣的線上服務在傳播新聞和資訊上能發揮強大潛力。布蘭查德說：「我不想變成對網際網路發展不利的因素之一，我覺得這樣會對資訊的自由流通產生寒蟬效應。我不希望我的名字牽涉其中。」[31]

布蘭查德不是唯一一個在整體評價後，認為利澤爾法官正確的人；凱瑟也認同法官的意見書。凱瑟表示，他認為利澤爾法官判斷不能因為線上電子報的內容對 CompuServe 究責是正確的。[32] 凱瑟認為，利澤爾法官的意見書為線上中介機構提供了有限的保護；CompuServe 能夠豁免的唯一原因，是因為它不知道電子報宣稱的內容。凱瑟主張：「基本上，利澤爾法官所做的是將公司要已接獲通知列為必要條件。這項條件的意義就是，如果他們在接獲通知後沒有採取行動，就可能被究責。」[33]

因為利澤爾法官是初審法院的法官，而不是上訴法院的法官，所以美國的其他法官在主審對線上服務供應商的類似告訴時，不必遵循他的分析。但由於 Cubby 案（外界很快這樣稱呼本案）是處理這類主張的第一宗裁決，所以吸引了全國目光，成為實務上的標準。在利澤爾法官做出裁決後兩天，《華爾街日報》在市場版頭條刊出一篇文章，稱這項裁決「大大提振電腦時代的言論自由」。但這篇文章很有先見之明地指出，這項決定「未必有益於」CompuServe 當時的

主要對手 Prodigy，因為 Prodigy 警告訂閱用戶它不會提供
「淫穢、粗俗或其他令人反感」的訊息。[34] 如果 Prodigy 對
用戶的貼文實施相當程度的編輯控制，或對引發非議的內容
知情，則它可能無法通過利澤爾法官在 Cubby 案中發展出
來的新檢驗條件。Prodigy 對用戶內容的管控，使它與競爭
對手 CompuServe 等公司有所不同。《洛杉磯時報》一篇專
欄文章寫道：「Prodigy 自詡提供的服務適合闔家大小，是
全國少數過濾所有電子訊息、剔除潛在不當的布告欄之一。
有些觀察家將 Prodigy 比作報紙發行人，對印在紙上的東西
負最終責任。」[35] Prodigy 可能被究責並非只是空穴來風。
就在利澤爾法官發布 Cubby 案裁決的一週前，反誹謗聯盟
因為反猶太的用戶貼文而批評 Prodigy。[36] 能不能僅因為
Prodigy 保留刪除引發非議內容的權利，就以貼文為由追究
Prodigy 的責任？即使在 Cubby 案裁決發布後，法律專家對
此也沒有答案。哈佛大學法學教授勞倫斯·特里布在 Cubby
案裁決發布後不久表示：「法律在了解新科技方面一直做得
不太好。」[37]

評論家普遍樂見 Cubby 案的裁決。《喬治·梅森獨立
法律評論》在案件裁決後不久發表一篇文章，主張利澤爾法
官的意見書表明「不應僅因為新類型的通訊採用了我們不熟
悉形式，就對之施加不當限制。」[38] 是否能就反猶太貼文對
Prodigy 究責，沒有法院裁定。但幾年後，一宗對 Prodigy 提
起的誹謗訴訟，讓人看到 Cubby 案提供的第一修正案保護

有什麼限制。

　　丹尼爾‧波魯什是史崔頓證券經紀公司的總裁，公司位於紐約州長島。一九九九年，波魯什因金融犯罪接受認罪答辯，在聯邦監獄中服了三十九個月的徒刑。儘管波魯什抗議說電影《華爾街之狼》中的許多細節都不準確[39]，但這部二〇一三年的電影中喬納‧希爾飾演的角色，據說就是以波魯什為原型。

　　波魯什除了在證券產業留下不可磨滅的影響外，也徹底改變了網際網路。在他認罪前五年，波魯什曾是一起民事訴訟的原告，而這起民事訴訟最終讓國會通過了第 230 條。一九九四年十月二十一日，史崔頓證券公司承攬人力公司 Solomon-Page 集團的首次公開募股[40]。同一天，史崔頓證券和 Solomon-Page 發布了招股說明書，透露 Solomon-Page 最大的客戶瑞士聯合銀行（以下簡稱 UBS，譯註：瑞銀集團的前身）將不再與 Solomon-Page 合作。[41] 這則公告讓一位 Prodigy 用戶在 Prodigy 的 Money Talk 線上布告欄發布一則訊息。CompuServe 的新聞業論壇是發布來自外部承包商的電子報，但 Money Talk 不同—— Money Talk 允許 Prodigy 用戶在公共論壇上發表評論、回覆。在首次公開募股和有關 UBS 的公告發布兩天後，一位註冊名稱為「大衛‧拉斯比」的 Prodigy 用戶，在一九九四年十月二十三日上午七點二十五分貼出以下訊息：

感謝上帝！史崔頓證券公司這週終於要完蛋了。這家由丹尼爾‧波魯什總裁──很快會變成證實有罪的階下囚──領導的證券公司，會在這週關門大吉。史崔頓證券週四讓 Solomon Page 這家公司（交易代碼 SOLP）首次公開募股（IPO）上市！！！！！

這家公司的股票週四以每股五點五美元的價格首次公開上市，週五以每股六點五美元的價格作收。

週五下午四點十五分（股市收盤後十五分鐘）。Solomon Page 華爾街新聞：

Solomon Page 失去了最大客戶（瑞士聯合銀行），Solomon Page 在一九九二年、一九九三年、一九九四年四成的營收要歸功於這名客戶。

這家公司週四上市，卻在週五失去了最大的客戶。

這是詐騙、詐騙、詐騙，而且犯法！！！！！！！

我對購買這支股票的人深表同情。週四、週五有超過一千萬股的交易量。週一早上會發生以下一件，或兩件事情！！！！！

1. 這家公司會立即被勒令停止交易，NASD（全國證券商協會）和 SEC（證券交易委員會）會調查上述非法 IPO 一事。

2.如果股市開盤，股價將立即從每股六點五美
元狂跌至每股一至三美元，屆時交易將被暫
停。

我不是這支股票的股東。我是律師，專長是商
業詐騙。我的建議是保持冷靜，等待、觀察週一的
發展。你們所知道的各大媒體都會爭相報導。

我已經代表約二十到三十位持有這支股票的股
東，其中多數是親近的朋友或認識的人。到週一，
我應該會有大約一百至兩百位股東的名單。

保持冷靜！你們有追索權！！！！！！

週一消息爆出來之後，我會給你們進一步指
示。放心，有辦法解決的。[42]

七個小時後，帳號為大衛‧拉斯比的用戶貼出以下訊
息：

史崔頓證券不是傻瓜，他們絕對有戰略計畫。
如果你們以為史崔頓證券對這則消息一無所知，那
就真的太好騙了。無論如何，SOLB 明知道他們的
#1 客戶正在終止業務卻仍然公開上市，就是詐騙。

我不是那種會造謠生事的律師。這宗交易是重
大詐騙犯罪。你們不能責怪史崔頓的客戶。史崔頓
證券公司就是經紀商組成的邪教，他們要嘛以撒謊

維生，要嘛被解雇。

　　週一你們將看到的情況、犯下的詐騙，都是事實。[43]

　　貼文者列舉史崔頓證券公司和波魯什的惡行沒有就此結束。這些貼文發布後又過了兩天，也就是一九九四年十月二十五日上午五點，帳號為大衛・拉斯比的用戶又在 Money Talk 上貼出另一則訊息：

波魯什先生：

　　週一早上和他手下的經紀人開了個會，告訴他們跟客戶說不用擔心，因為他兩個月前就已經知道 SOLP 已經失去他們的 #1 客戶瑞士銀行。這是百分之百的刑事詐騙（在交易之前就知道已經失去了 #1 客戶，而且直到公司上市的第二天才揭露）。

　　所有的史崔頓的經紀人都在週一向他們的客戶承認了上述事實。我有四個客戶錄下了他們週一與經紀人的對話，證實了上述事實……如果失去瑞士銀行這個客戶，SOLP 的淨利非常可能大幅虧損。

　　支撐這支股票、隱瞞上述所有事實並發行 IPO，是 SOLP、丹尼爾・波魯什的史崔頓證券公司共同犯下的刑事詐騙，後果迫在眉睫。[44]

波魯什聯繫曾代表史崔頓證券公司處理證券問題的紐約律師傑克‧扎曼斯基。扎曼斯基在一次訪談中回憶說，在此之前他從來沒有處理過線上誹謗訴訟案，但他相信波魯什勝算很高：「那些貼文是誹謗。當時既沒有刑事訴訟，也沒有詐騙指控。」[45] 一九九四年十一月七日、貼文發布幾週後，扎曼斯基代表他的客戶向「大衛‧拉斯比」和 Prodigy 提出好幾項告訴，主要是誹謗與過失。這起訴訟的原告是波魯什和史崔頓證券公司，他們透過律師向紐約州納蘇郡的州法院提起告訴，尋求超過一億美元的損害賠償，以及刪除貼文的法院命令。[46]

主審本案的，是時年六十六歲的史都華‧艾因大法官（紐約州法院的初審法官被稱為大法官），自一九八五年起就在長島法院服務。艾因自己本就爭議纏身。一九九○年，他在主審一起民事案件時，問辯護律師：「你不是阿拉伯人吧？」當律師回答他是阿拉伯人時，艾因大法官回答：「你是我們的死敵。」這位律師試圖澄清他來自黎巴嫩，是信基督教的阿拉伯人。艾因法官繼續說：「你仍然是我們的敵人。對你，我只想說這個。」同時比出中指。「你們他媽的到底想怎樣？」艾因法官問道。後來，艾因辯解說他的舉動只是在開玩笑。然而，紐約州司法行為委員會的結論仍認為艾因大法官違反了好幾項司法行為規則，他「帶有敵意、侮辱性的言辭和手勢既過份又不得體，並讓人覺得他因為〔辯護律師的〕種族背景而抱持偏見。」一九九二年九月二十一

日，委員會一致譴責艾因大法官，但沒有將他撤職。[47] 在遭受譴責兩年後，艾因大法官現在要主審的這起案件，將形塑網際網路未來幾十年的樣貌。在本案中，艾因大法官最初決定允許兩造對貼文進行有限的蒐證。原告發現，以大衛‧拉斯比之名在 Prodigy 登錄帳號的，其實不像貼文中聲稱的是一名律師，而是一位曾任職於 Prodigy 的經理，一九九一年已經離職。扎曼斯基回憶說：「他說有人駭入或用了他的內部電子郵件發布貼文。」[48] 提告兩個月後，史崔頓證券公司和波魯什修改了訴狀。被告不再是大衛‧拉斯比，而是無名的「某甲」和「某乙」. 在新的訴狀中，原告指出拉斯比的 Prodigy 帳號是 Prodigy 的內部「測試 ID」，至少三十位 Prodigy 員工被授予存取這個帳號的權限。[49] 新訴狀聲稱，一九九四年十一月三日，拉斯比告訴 Prodigy 客戶服務部門說有人用他的帳號寫了這些貼文；一九九四年十一月十一日，Prodigy 關閉這個帳號，使 Prodigy 和原告無法追蹤到實際貼文者的身分。[50] 一直到二〇一七年，扎曼斯基都表示他不知道貼文者的身分。[51]

　　儘管 Prodigy 在一九九四年十一月刪除了這些貼文，史崔頓證券公司和波魯什仍然緊咬 Prodigy 和無名被告，訴訟求償數億美元。[52] 史崔頓證券公司和波魯什隨後要求艾因裁定 Prodigy 是 Money Talk 的「發行者」，而不僅是傳播者。[53] 這樣的認定，讓求償數億美元的提告可能勝訴也可能敗訴。根據利澤爾法官在 Cubby 案裁決中訂定的檢驗條件，如果法

院認定 Prodigy 是發行者，則即使這家公司不知道據稱為誹謗的內容，也要為大衛‧拉斯比的貼文負責。如果 Prodigy 僅是傳播者，那麼原告就必須證明 Prodigy 知道或有理由知道據稱為誹謗的內容。

扎曼斯基說，拉斯比在提供口供證詞時，描述了 Prodigy 和員工、承包商如何對像 Money Talk 這樣的論壇實施編輯控制。扎曼斯基說：「Prodigy 編輯的方式看起來像報紙一樣。」扎曼斯基主張的關鍵，在於 Prodigy 替第三方內容設定了標準、刪除引人非議的貼文，以此把它自己和 CompuServe 等其他競爭對手區分開來。Prodigy 採用了「內容準則」，準則的規定包括要求貼文者使用真名而非假名，並嚴禁誹謗等有害內容。[54] Prodigy 還警告說它會「刪掉或移除」違背準則的貼文，並可能關閉「有問題的貼文者」的帳號。[55] 在 Prodigy 負責管理布告欄服務的珍妮佛‧安布羅澤克在提供證詞時表示，Prodigy 一直以來都會「過濾發表在布告欄上的留言」，而 AOL 和 CompuServe 則沒有這樣做。[56]

扎曼斯基在 Prodigy 的公開聲明中找到了支持論點。在一九九○年代初期，Prodigy 積極宣傳它適合闔家大小。Prodigy 的發言人布萊恩‧埃克在一九九○年的一篇文章中表示：「我們對布告欄所做的，與多數報紙處理讀者來函的政策完全一致，沒有淫穢、中傷、誹謗或商業宣傳。」[57] 在史崔頓證券公司訴訟案中，這項聲明對 Prodigy 的殺傷力特

別大，扎曼斯基也在他的書狀中一再提到這項聲明。扎曼斯基還強調 Prodigy 積極行銷它的內容規範政策，這不僅是微小的技術差異而是賣點。他在書狀中寫道：「Prodigy 對大眾自稱是『適合闔家大小』的線上服務，對發表在布告欄上的訊息內容施加『編輯控制』。這是一種行銷策略，目的是讓 Prodigy 與競爭對手有所區別。」[58]

扎曼斯基把重點放在 Prodigy 實際對 Money Talk 施加的編輯控制。自一九九三年起，Prodigy 就與查爾斯・愛普斯坦簽約，讓他擔任 Money Talk 的「板主」。愛普斯坦在口供證詞中表示，Prodigy 要求「討論要得體合宜」，他負責在 Money Talk 板面「巡邏」並刪除不符合 Prodigy 準則的貼文。愛普斯坦作證表示，板主可以刪除貼文、用預先準備好的訊息替換，解釋刪除某則貼文的原因，「原因可能是攬客、不良建議、言論具侮辱性、主題錯誤、偏離主旨、沒品等等，各式各樣都有。」例如，愛普斯坦說明，他會刪除那些指責他人犯罪或從事「詐騙活動」的貼文，因為這種貼文「具侮辱性」。[59] 愛普斯坦說，與史崔頓證券公司和波魯什相關的三篇貼文「具侮辱性」，「理應被刪除」。[60]

扎曼斯基利用這些特質描述，請求艾因看到「Prodigy 是 Cubby 案規則的例外」。[61] 根據這種觀點，如果線上服務供應商對第三方內容施以控制，那麼供應商就是發行者，而不是享有 Cubby 案和 Smith 案保護的傳播者。如果艾因大法官能採納這種觀點，那麼即使 Prodigy 不知道這三篇貼文，

仍可就這三篇貼文對 Prodigy 究責，就像報紙刊出的讀者來函如果有誹謗性內容，則可以就此向報紙究責一樣。Prodigy 懇求艾因大法官避免創造這種例外。Prodigy 聲稱，當無名用戶在一九九四年十月發布有關史崔頓證券公司的消息時，Prodigy 已經不再在發布前手動檢查布告欄貼文。Prodigy 寫道，埃克將 Prodigy 比作報紙上讀者來函板面的說法，是一九九〇年提出的，與關於史崔頓證券公司的貼文相隔超過四年。埃克的聲明「反映 Prodigy 初期對布告欄的政策」，而到了一九九四年十月，公司早就停止對用戶貼文做任何手動檢查。公司主張，Prodigy 使用量的快速成長，讓這類檢查不再可行。一九九四年時，用戶每天在 Prodigy 上發布大約六萬則貼文。[64]

Prodigy 聲稱，一九九四年十月時，它只會透過自動化軟體預先過濾內容，這個軟體會搜尋特定字眼，而且「對包含這些字眼的訊息主題或內容，不做任何批判或評估。」[65] 根據新程序，Prodigy 只會在收到違反內容政策的通知後才會刪除貼文。「因此，Prodigy 的作法與發行者行使的編輯裁量完全相反，編輯裁量是從主觀考量出發，評估所有內容。」Prodigy 寫道，「Prodigy 主觀考量與評估任何個別 Money Talk 訊息的情況，只有在這些訊息受到 Prodigy 或板主注意之後才會發生。」[66]

Prodigy 寫道，像愛普斯坦這樣的板主是約聘人員，不是員工。他們不是「編輯」，公司對他們的期望是「參與布

告欄討論、推動行銷工作、鼓勵使用並增加布告欄用戶數量。」[67] Prodigy 的布告欄經理安布羅澤克形容愛普斯坦「簡直如同自由工作者」。Prodigy 釐清板主為約聘人員而非員工，試圖說服艾因大法官他們沒有像報紙編輯讀者來函一樣編輯布告欄貼文。

艾因大法官不同意 Prodigy 將自己描繪成中立的中介機構這種論調。一九九五年五月二十四日，艾因大法官裁定波魯什和史崔頓證券公司勝訴。這項判決從此改變了未來的網際網路法律。[68]

艾因大法官質疑 Prodigy 聲稱不再手動檢查布告欄貼文的說法，指出沒有書面證據證明政策有所變更。[69] 艾因大法官寫道，Prodigy 與 CompuServe 不同，它公開行銷自己對用戶內容的規範。事實上，對艾因而言，這是將 Prodigy 與競爭對手區分開來的重要賣點：「Prodigy 藉由積極利用技術、人力，根據是否冒犯他人、沒品等基準，刪除電腦布告欄上的貼文，明確地做出與內容相關的決策……這種決策會構成編輯控制。這種控制並不完全，實施時機最早可能是留言一出現就實施，或最晚可能是接到投訴後才實施，但這並不影響或讓一項簡單的事實變得不重要，就是 Prodigy 擅自扮演了某種角色，決定會員在布告欄上讀到、發表什麼內容才恰當。」[70]

艾因大法官強調，他同意 Cubby 案中利澤爾法官的裁決，這種線上服務通常享有提供給圖書館、書店等中立傳

播者的保護。他提出理由說，Prodigy「有意識地選擇」施加規範，使它無法享有這種豁免權：「是 Prodigy 自己的政策、技術、員工雇用決策改變了情境，使 Prodigy 被認定為發行者。」

然而，艾因大法官的意見沒有明確指出如何劃定傳播者與發行者之間的分界。透過規範人員、政策，Prodigy 對第三方內容控制的程度明顯比 CompuServe 更高。然而，正如利澤爾法官指出的，CompuServe 至少能藉著完全拒絕提供諸如《輿論城》等電子報，掌握某種程度的控制權。艾因大法官的意見將「編輯控制」簡化為二選一的選擇，而現實情況其實複雜得多。

艾因大法官的裁決，讓曾在利澤爾法官庭上代表 CompuServe 的漢密爾頓感到不滿。對漢密爾頓而言，艾因大法官對案例法根本解讀錯誤，而且以服務商行使的編輯控制來決定追究不同的責任也毫無根據。漢密爾頓在二〇一八年的電子郵件中寫道：「除非傳播者在散播內容時，已經知道（或有理由知道）自己所散播的是什麼內容，否則沒有任何程度的『編輯控制』能使一個『傳播』內容的人為『發行』內容負責。」漢密爾頓後來寫了一份很有影響力的論文專著，引用歷史性案例支持這個觀點，並在全國媒體法律會議上簡報說明他的主張。

艾因顯然意識到，有些批評者可能會說，他的裁決將迫使線上布告欄對用戶貼文採取不聞不問的態度，雖然他已

經盡力降低這種顧慮。「我正式聲明，有人害怕本庭認定
Prodigy 的身分是發行者一事，將迫使所有電腦網路營運商
放棄控制自己的布告欄——這是錯誤地假設若某家網路營運
商增加控制，市場會拒絕補償因此增加的風險。」他在意見
書中寫道：「想必 Prodigy 決定規範自家布告欄的內容，一
部分是因為想要吸引某個市場——他們認為這個市場的組成
用戶，尋求的是『適合闔家大小』的電腦服務。」

　　艾因大法官準確地預見他的裁決產生的深遠影響。他的
意見書迅速引起全國注意。扎曼斯基接到世界各地的媒體採
訪邀約。他回憶說：「每家電視聯播網都在報導。」[71] 艾因
發布意見書兩天後，《時代》雜誌寫道，這項裁決「讓整個
網路世界打顫」[72]。產業刊物《廣告時代》的社論批評這項
裁決，指出艾因大法官懲罰 Prodigy 想要減少種族歧視、淫
穢用戶內容的意圖：「解決之道不是強迫線上服務業者棄絕
任何監督布告欄的意圖，或乾脆完全不提供布告欄。這會讓
網路世界比今天更混亂，或剝奪企業、消費者享有新興通訊
科技真正益處的機會。」[73]

　　一九九五年十月，Prodigy 同意為貼文公開道歉，表示
「Prodigy 的 Money Talk 布告欄上由未經授權、身分不明的
個人，對史崔頓證券公司和波魯什先生發表的冒犯言論，如
果對他們的聲譽造成損害，Prodigy 表示遺憾。」[74] 儘管這
份聲明沒有完全表達出真誠的道歉，但足以說服史崔頓證
券公司同意撤回訴訟。扎曼斯基認定這份聲明是道歉，他

說他客戶想要的就是這樣而已。「我們還讓產業對虛假、誹謗性訊息可能造成的潛在危害更為警覺，也讓線上供應商更有必要檢視自己在如何保護訂閱者和第三方上應該承擔的責任。」扎曼斯基當時向《紐約時報》這麼說。[75] 儘管 Prodigy 不用付一分錢給史崔頓證券公司和波魯什，但艾因大法官認為 Prodigy 是發行者的意見書仍然保留在紀錄中。通常單一州初審法院法官的裁決，不會讓公司太擔心，因為法院只受上訴法院的裁決約束。但曾就網路服務供應商對第三方內容的責任發表意見的，當時只有利澤爾和艾因兩位法官。當其他法院接到對 Prodigy 的類似主張時，馬上就會去看艾因法官的「史崔頓證券公司案」意見書作為參考，而這份意見書會使他們做出以下結論：Prodigy 是發行商而非傳播者，且即使這間公司對貼文不知情，仍得因為任何用戶布告欄貼文造成的損害而被究責。

在 Prodigy 向史崔頓證券公司和波魯什道歉的同一個月，Prodigy 要求艾因大法官對認定 Prodigy 是發行者一事重啟辯論。Prodigy 表示公司的兩名員工在為史崔頓證券公司一案做口供時，可能誇大了 Prodigy 行使編輯控制的程度。史崔頓證券公司沒有反對重啟辯論的請求。扎曼斯基在二〇一七年說，史崔頓證券公司從這樁訴訟中要尋求的不是賺錢，而是釐清公開紀錄。扎曼斯基說：「這家公司是一家證券經紀公司，靠股票和債券賺錢。我們改變了法律，獲得了道歉。我們認為自己贏了。」[76]

　　然而，一九九五年十二月十一日，艾因大法官拒絕重啟辯論的請求。他知道他的裁決引發了媒體的注意，也體認到他的意見對蓬勃發展的線上服務業提供了「些許方向」——少有法官會這麼做。艾因大法官寫道：「曾經只有少數研究人員、科學家使用的工具，現在已經成為進行娛樂、教育和商業活動的途徑，每天有數百萬人使用。」[77] 然而，他拒絕僅因為 Prodigy 和史崔頓證券公司已經和解，就放棄他先前對發行商／傳播者問題的法律分析。「法院認為這是一個正在發展中的法律領域（而法律在這個領域中迄今似乎尚未跟上科技的步伐），因此迫切需要先例。」艾因繼續寫道。「僅因為當事的兩造（或原告）對此失去興趣，或認定訴訟成本過高或過於耗時，因此若一經請求就撤銷先例，就等於移除這個領域中現存唯一一項紐約的先例，會讓法律落後科技更多。」[78] 這份意見書清楚表明，艾因大法官知道他的裁決將為這個新產業立下先例。他分析了 Prodigy 的商業模式，並認定給予 Prodigy 和類似公司與以利薩・史密斯等書店數十年來享有的豁免相同的權利，是不公平的。

　　時至一九九五年，隨著全球網際網路網頁瀏覽器的發展，線上服務供應商從封閉的布告欄系統，逐漸移到更廣闊的網際網路，意味著消費者有不計其數的機會將自己的想法與數百萬人分享，同時閱讀世界各地其他人的創作。「史崔頓證券公司案」的判決代表有機會要成長中的網路業對數百萬消費者的行為負責，因此廣受矚目。矽谷律師比爾・科茨

在一九九五年的一篇文章中表示：「從線上服務供應者的角度來看，Prodigy（的案例）並不是一個好例子，因為本案之後，業者仍然處於模稜兩可的位置。」[79]

在艾因大法官做出判決後的一年中，一篇《阿肯色州法律評論》的文章強調這份意見書中邏輯不一致的地方。作者準確指出：「除了對憲法權利的意義外，Prodigy 還可能妨礙消費者與電腦產業。如果電腦公司花力氣監控電腦通訊，結果必須面對法律責任，則這些公司很可能從此再也不監控，甚至就此停止提供通訊服務。無論哪種結果都將有損社會大眾，也將扼殺一項有價的新興技術。」[80]大衛·阿迪亞解釋史崔頓證券公司案的「荒謬結果」：「如果任何線上服務供應商花力氣試圖限制或編輯用戶提交的內容，就算是為了維持適合闔家大小使用的環境，假使供應商不能移除所有侵權素材，它面臨的法律風險，比根本不試圖控制或編輯第三方內容的風險大得多。正如艾因法官預料的，史崔頓證券公司案的判決引發了不小的騷動。」[81]

當風險投資人挹注數百萬美金到可以將網際網路商業化，並讓人們與全世界連線的技術時，整個產業卻可能因為一位長島法官而毀於一旦，所有人都在注意他的意見書。隨著網際網路服務供應商和網站開始興起，這些廠商在傳輸用戶的文字、圖像，後來還有影片時，必須找到方法避免自己成為下一個 Prodigy。

這個問題的答案既直接又痛苦：線上服務供應商必須避

免聲稱對用戶內容施加任何控制：沒有行為準則，沒有自動或手動監控，且絕不刪除引發非議的布告欄貼文。

史崔頓證券公司案的裁決不僅讓公司有誘因訂定不合邏輯的企業政策，還會讓網際網路用戶更容易傳播誹謗性、有害的布告欄貼文。如果像 Prodigy 或 CompuServe 這樣的公司膽敢訂定政策刪除指控他人犯下謀殺等嚴重罪行的貼文，這些公司要冒的風險就是可能失去「傳播者」的地位，並因為數百萬客戶的每一句憎恨言論而被究責。如果艾因大法官本就打算藉由意見書引發討論，那他做得很成功。這項裁決撼動了蓬勃發展的網路業基礎。

而國會正密切觀察一切。

第三章
克里斯和朗的午餐會

　　一九九五年，是克里斯・考克斯連續第七年在美國眾議院代表加州橘郡。他是共和黨的明日之星，當一九九五年一月共和黨掌握眾議院時，他在眾議院共和黨內已經排名第五。考克斯想藉由立法為自己建功立業。對考克斯和所有其他國會議員而言，不幸的是，以新任議長紐特・金里奇為首的共和黨接管國會後，民主黨、共和黨間的黨派之爭與黨內的內訌激增，導致政府兩度停擺。由於這是共和黨自一九五四年以來首次同時掌握參眾兩院，而入主白宮的總統是民主黨的，所以任何人想在立法上做有意義的嘗試，都會陷入黨派僵局中動彈不得。

　　共和黨掌權後不久，考克斯在國會山莊會員制的私人餐廳，與奧勒岡州波特蘭的自由派民主黨國會議員朗・懷登共進午餐。考克斯回憶說，當天多數餐桌都是整桌的民主黨員，不然就是整桌的共和黨員：「就像國中二年級舞會上的男孩和女孩一樣。」[1]考克斯和懷登哀嘆兩黨間的鴻溝，同時對國會黨派前所未見的分裂感到憂心（考克斯在二〇一七

年的採訪中認為他當時觀察到的情形十分古怪）。他們在國會中代表西岸，但他們的選區卻截然不同。橘郡陽光明媚的海灘和主流的保守政治氛圍，與波特蘭陰鬱、髒兮兮、刺耳的自由主義，幾乎沒有相似之處。考克斯和懷登本人，也和兩人的選區一樣，沒什麼共通之處。

考克斯是土生土長的明尼蘇達州人，在哈佛大學取得法律和商業研究所學位後，去了一家企業法律事務所，還與其他人共同創辦了一家將蘇聯《真理報》翻譯成英文的公司，並在雷根總統在位時擔任白宮的律師。考克斯就是代表共和黨角逐國會橘郡席位的不二人選。懷登則是逃離納粹德國的猶太移民之子。他的父親是記者、作家，撰寫題材包括廣島、希特勒、豬玀灣事件。懷登在帕羅奧圖長大，青少年時期身材瘦長，高中時打過籃球校隊，一路打到加州大學聖塔芭芭拉分校，後來轉學到史丹佛大學。從奧勒岡大學法學院畢業後，懷登創立了一個替銀髮公民發聲的團體。一九八〇年，他在初選中成功挑戰民主黨現任議員，接著輕鬆贏得大選，震驚波特蘭根深蒂固的政治體制。儘管個人背景和政治信仰不同，兩人卻建立了深厚的友誼。幾年後，懷登在華盛頓特區的參議院辦公室接受採訪，回憶起與考克斯過「集體生活」並一起吃冰淇淋時，微笑著說：「我就是一直覺得他很聰明，我喜歡和他相處。」懷登說：「克里斯‧考克斯和我成為朋友，是因為我們都喜歡討論想法，而且認為政府受到想法驅動的程度還不夠。」[2]

　　這對哥倆好擔心，柯林頓總統和金里奇之間的緊張，會使兩黨間的積怨更深，使國會議員更難找到共通之處推動任何有意義的立法工作。他們體認到，棘手的社會議題要達成共識難如登天——國會議員多年來一直在爭論這些問題，但幾乎沒有共通點。考克斯和懷登認為，與其拿這些反覆爭論過的議題出來再吵一通，不如找一些最新的議題，新到還沒有政黨或利益團體已經發展出堅定不移的立場。考克斯說：「認為能討論的只限於那幾個毫無新意的問題和答案，是非常愚蠢的想法。所以我們決定彼此約好，只考慮大家尚未充分思考的新潮問題。其他人面對這類問題時，絕不能想都不想、以膝跳反應般的方式回應。」³ 兩人在吃午餐的時候都無法立即想出這類新奇的議題，因此他們約好要再多研究一下。

　　那次午餐後不久，考克斯在每週從加州飛到華盛頓的班機上看報紙時，讀到一篇關於史崔頓證券公司案的新聞報導。考克斯與當時許多從未使用過線上服務的國會議員不同，Prodigy 和 CompuServe 兩家公司的服務他都有訂閱。他的《真理報》翻譯公司雇用了五十名翻譯，而他會用這兩項服務與譯者溝通。身為用戶，考克斯知道儘管 Prodigy 和 CompuServe 採用了不同的行銷策略，但它們基本上提供的是相同的服務。對考克斯而言，Prodigy 因為採取與 CompuServe 不同的做法、嘗試規範第三方內容，卻可能面臨數百萬美元的罰款，這件事一點道理也沒有。

考克斯回到華盛頓後，與懷登討論了這個問題，懷登同意這是國會要因應的首要問題。儘管懷登並不完全認同考克斯的自由市場保守主義理想，但他對促進科技業成長很有興趣。懷登長期以來一直在為奧勒岡州逐漸凋零的木材業發聲，而他認為科技業是奧勒岡州的未來。九〇年代期間，奧勒岡州一些最大的私人雇主，都是像英特爾和太克這樣的科技公司。儘管奧勒岡州不像矽谷和西雅圖那樣會讓人立即聯想到科技業，但波特蘭地區的科技工作者密度很高，他們非常關心可以促進科技業永續發展、成長的政策。一九九五年時，網際網路在懷登眼裡就像引擎，可以驅動更多創新和科技工作的誕生。當時，他的同儕中少有人關心網際網路，對商業模式的技術也所知不多。懷登很感興趣，開始與科技業合作，尋求促進產業成長的方法，例如暫停徵收線上銷售稅。在這個過程中，懷登成了國會議員間聲名遠播的科技議題達人——他說他在青春期的孩子覺得這件事很幽默。

懷登認為史崔頓證券公司案的裁決可能會阻礙科技業的成長潛力。他回憶說：「我說，『我對網際網路不算什麼都懂，但這太瘋狂了』，如果有人認為自己會被究責，怎麼會有人想要投資科技公司呢？」[4] 懷登和考克斯討論如何提供 Prodigy 和 CompuServe 等線上服務供應商恰當的誘因以規範內容。他們意識到過度監管可能有害新線上服務的發展，也體認到 CompuServe 和 Prodigy 不僅創造自己的內容，還依賴數百萬用戶提供的素材。根據史崔頓證券公司案的裁決，

這些供應商不會有動機採取任何措施以規範第三方內容，因為任何規範都會觸發對所有第三方內容的責任。兩人知道，期望供應商確保每個用戶上傳的每則貼文都符合社會標準，是不切實際的。懷登和考克斯還不知道他們的法案會是什麼樣子，但知道他們想防範史崔頓證券公司案變成通用的法律。他們大致的想法是要讓網路公司——和網路服務的訂閱者——更有力量，能找出管理他們社群的規則，並訂定防止未成年人存取線上色情和其他有害素材的最佳方法。「我們想做的，是確保最適合清理網路的人會採取行動。」考克斯說：「我們知道他們現在沒有動機這麼做。」[5]

考克斯和懷登都說，他們都是在了解史崔頓證券公司案之後才發現了這個問題，網路公司並沒有向他們提過這個問題。這種鮮少有人注意的問題是非常罕見的情況，讓考克斯和懷登在草擬解決方案時可以從零開始。「國會中沒人聽說過史崔頓證券公司案。」考克斯說。「就算到最後，終於有一些與網路相關的企業開始注意到這個案子，那也是在我們耐心地向他們解釋我們當時的作為、這個案子為何重要之後的事了。產業對這件事的興趣是零。」[6]國會當時正為了起草法案以徹底翻新一九三四年以來的《傳播法》而忙得焦頭爛額——《傳播法》建構了規範電訊傳播的整體架構。這項有六十年歷史的法案，制定了電話服務監管的框架。多數人都認為這項法案需要更新，因應新的傳播技術。哥倆好認為這正是讓科技相關立法得以通過的大好時機。當時，電

訊傳播法辯論的主要焦點，是允許小貝爾電信公司提供長途服務，但交換條件是必須讓競爭對手使用小貝爾的線路、提供足以競爭的在地服務。網際網路當時是個閃閃發亮的新玩意，但大致上而言，線上平台是大家後來才想到的。遊說大軍爭論的重點是固網電話服務的未來。共和黨前國會議員里克・懷特回憶時說：「《電訊法》當時非同小可。」包括 Microsoft 在內等企業的總部就在懷特所代表的華盛頓州選區內。「所有人的焦點都在電話和有線電視上。網際網路是新東西，選區支持或反對的傾向不太明顯。」[7] 對考克斯和懷登而言，聯邦傳播法的修訂似乎是絕佳的機會，讓他們可以夾帶促進網際網路社群發展的修正案，同時鼓勵服務供應商規範第三方內容。

　　一九九五年五月二十四日，艾因大法官發布史崔頓證券公司案的意見書。當時參眾兩院就電訊改革法已經協商多年，據說只要再幾個月就能通過。要如何在立定新法時納入史崔頓證券公司案意見書，考克斯和懷登只有粗略的想法。他們必須起草一項法案，而且動作要快。兩人會見了一小群志同道合的支持者，包括民主與科技中心的負責人傑瑞・伯曼、Prodigy 的律師之一鮑勃・巴特勒、America Online 的律師比爾・伯靈頓。一九九五年六月一整個月，這群人都經常開會規劃立法內容，要免除線上服務供應商對用戶內容的責任，同時鼓勵這些公司為用戶內容訂定以市場為基礎的標準。「這是一種非常真切的使命感。」伯靈頓回憶道。「我

們說，『我們一定得把這件事做對。在產業的萌芽期對產業加以規範，必須非常謹慎。』」[8]

他們遇到一個問題：考克斯和懷登在這場競賽中起步太晚。另一位國會議員已經舉起促進網路合宜行為的大旗，但他的路數不同。參議員詹姆斯·艾克森在一九九五年二月一日提出《一九九五年通訊端正法案》──比艾因大法官在史崔頓證券公司案做出裁決早了近三個月。艾克森對網際網路上色情橫流大為震驚。他把網路上可以自由取得的色情圖片印出來，裝成一本活頁夾，後來在國會山莊大家都知道這是他的「藍皮書」。他會在參議院的衣帽間向同儕展示這本藍皮書，說服他們通過法律打擊網路上的猥褻刻不容緩。[9] 涵蓋範圍更廣的電訊法改革中有一項關鍵提案，是要建立名為「Ｅ級費率」的收費方案，向電話公司徵收費用，作為學校、圖書館存取網際網路的資金來源。艾克森是來自內布拉斯加州的保守派民主黨員，長期以來都與擁護家庭價值的團體同一陣線。他支持Ｅ級費率，但擔心以後兒童使用學校、圖書館的電腦可能接觸到線上淫猥下流的內容。艾克森的立法顧問克里斯·麥克林恩說：「他已經當祖父了，所以他是真的很擔心孩子會接觸到什麼。當時的網路就跟以前的大西部一樣，組織架構尚不完善，什麼東西都可能遇到。」[10]

艾克森採取的作法不是懷登和考克斯正在起草的自由放任法案，而是施加懲罰。艾克森法案的初版修改了一九六〇

年代的電話騷擾法，納入藉由網路進行的騷擾和威脅。[11] 然而，這份草案因缺乏充分的理由而受到批評。一九九五年六月十四日，即史崔頓證券公司案判決大約三週後，艾克森成功地在參議院通過的電訊改革法案中增加了新版本的法案。新版法案因應了對初版法案的一些批評，禁止利用電訊設備故意使十八歲以下未成年人可以取得「有傷風化」的素材。違反這項禁令，最高可罰十萬美元，或高達兩年的徒刑。[12] 刑事懲罰的威脅讓兩黨內的反對勢力都動了起來。參議院將艾克森的提案納入參議院的電訊法六天後，眾議院議長金里奇表示，這個版本「明顯侵犯言論自由」，也「侵犯了成人互相溝通的權利。」[13]

艾克森的法案與公民自由團體有關，但許多言論自由的擁護者認為最佳的行動計畫是讓艾克森法案通過，然後在法庭上挑戰法案。他們相信，法院肯定會以違反第一修正案為由認定法案無效。民主與科技中心的伯曼不同意這種觀點。伯曼是律師，一向擁護公民自由，還曾擔任電子前哨基金會的董事──這個基金會經常在法庭上挑戰侵害公民自由的行徑。在這之前，他曾擔任美國公民自由聯盟的主要立法顧問，這個聯盟經常針對他們認為違憲的法律提起訴訟。一九九四年，伯曼成立了民主與科技中心，活動範圍更集中在華盛頓特區，而且著重的不是提告，而是遊說政府、確保法律從一開始就不違憲。因此，伯曼與 Prodigy、America Online 合作，這些公司把艾克森的法案，還有刑事處罰適用

的不僅是用戶也包括公司，視為對公司存續的威脅。要遵守這項法案，這些公司在實踐上也有極大的困難。服務供應商怎樣才能確定某張圖片或貼文有傷風化？America Online 的律師伯靈頓表示：「巴黎羅浮宮的藝術品也可能被認為有傷風化。」[14] 考克斯和懷登同樣認為艾克森的作法行不通。「艾克森推動的概念是，聯邦政府是這一切的保姆。」考克斯說。「只要你知道網際網路的流量——就算是當時的流量——就會知道這是個荒謬的概念。你可以同情那些想要因應色情內容的人，但這種作法很蠢。」[15] 但是考克斯、懷登和科技公司不能只反對艾克森的法案。一九九五年的網路業比現在小得多，政治影響力也小得多。自從保守派接掌眾議院以來，他們在一年內就開始與家庭價值聯盟對峙。除此之外，《時代》雜誌也在大約同一時間刊登了一篇封面故事，揭露網際網路上日益增加的「線上色情」。

　　當這個臨時團體在構思考克斯－懷登提案的細節時，他們認為這不僅是史崔頓證券公司案的解決方案，也是艾克森法案的替代方案。他們並非只是批評艾克森的法案，而是想用不同的解決方案因應網路猥褻的問題。早期的電腦程式，例如 NetNanny 和 SurfWatch，可以讓父母阻止孩子看線上色情和其他引發非議的網站。考克斯－懷登這夥人把這種「賦權給用戶」的作法視為艾克森提案的主要替代方案。他們認為與其對在網路上貼文的人和服務供應商施加懲罰，不如允許個人和公司自己訂定標準，會更有效、更公平。

　　當艾克森的藍皮書、刑事起訴的威脅吸引了全世界的注意和批評，懷登和考克斯正悄悄地繼續發展他們的版本，同樣是網際網路監管的辦法，同時牢記目標是要鼓勵創新、有責任感地規範內容。懷登、考克斯和他們的工作人員花了數週時間與伯曼、伯靈頓、巴特勒開會，一點一滴完成細節。這夥人在兩個主要目標上達成共識。首先，他們希望鼓勵公司發展互動性線上服務，不必因為第三方內容而承擔責任。其次，他們希望服務供應商能夠像 Prodigy 一樣，自由地為用戶內容制定自己的標準。他們相信，市場會鼓勵公司訂定最適合他們受眾的行為準則。懷登說：「我們對保護平台不至於為了發表在他們網站上的內容而被究責、被告到關門，真的很有興趣。我們也很想讓平台拿掉他們認為不應該出現在自己網站上的內容，但無須對網站上所有內容負責，這樣才能真正鼓勵負責任的行為。」[16] 一九九五年六月三十日，在參議院將艾克森的《通訊端正法》納入範圍更大的電訊改革法案的兩週後，也是艾因大法官在史崔頓證券公司案做出裁決的五週後，考克斯和懷登提出了 H.R. 1978，即《網際網路自由和家庭賦權法案》。這項法案會成為一九三四年《傳播法》的新章節，人稱第 230 條。[17]

　　法案依循懷登和考克斯的兩個主要目標，第 (c) 條主要由兩個部分構成，都放在「保護『好撒瑪利亞人』圍堵、過濾冒犯性素材」的子標題之下。首先是法案核心的二十六個字，現在稱為第 230 條第 (c)(1) 節：「互動式電腦服

務的用戶與供應商，皆不得被視為其他資訊內容提供者提供之資訊的發行人或發言人。」[18]（No provider or user of an interactive computer service shall be treated as the publisher or speaker of any information provided by another information content provider）乍看之下，這句話似乎不至於造成什麼社會變遷——它完全沒有提到要保護公司免於面對數百萬美元的訴訟，或促進第三方內容成長。什麼是「互動式電腦服務」？什麼是「其他資訊內容提供者」？將某人視為「發行人或發言人」是什麼意思？法案本身提供了一些說明。它定義「互動式電腦服務」為「任何資訊服務、系統、存取軟體供應商提供給多位用戶，或讓多位用戶得以存取的一台電腦伺服器，尤其包括讓人得以存取網際網路的服務或系統，且這種系統或服務是由圖書館或教育機構營運或提供的。」[19]這個特定用語不僅涵蓋 Prodigy 和 CompuServe 等封閉式服務；法院後來做出結論，「互動式電腦服務」還包括網際網路服務供應商和網站、應用程式和其他線上論壇。這項法案將「資訊內容提供者」定義為「須為透過網際網路或任何互動電腦服務提供的資訊之產生或開發，負起全部或部分責任的個人或實體。」[20]

　　這種豁免待遇，為線上服務開創新的法律格局。這項法案提供公司全面的保護，免為因第三方提供的文字、圖片、影片或其他內容而引發的主張負責。然而，這項保護的確切範圍，要在法院決定「將互動式電腦服務視為其他資訊內

容提供者提供之資訊的發行人或發言人」意義為何之後，才能底定。如果法院廣義解讀 (c)(1) 節，則這項法案創造的豁免待遇，會比第一修正案對史密斯案中傳播者的保護更廣。根據這種有利被告的詮釋，即使公司對非法、誹謗性第三方內容知情或應該知情，第 230 條也會保護公司。然而，在第 230 條的兩大主要部分中，這個部分在國會和媒體報導中較少受到注意。

這項法案的第二個主要部分是第 (c)(2) 節，當互動式電腦服務的供應商或用戶「出於善意而自願採取行動，限制供應商或用戶認為淫穢、猥褻、淫蕩、骯髒、過度暴力、騷擾或其他引發非議的內容讓他人存取或取得」時，「不論這些內容是否受到憲法保護」，皆禁止對互動式電腦服務供應商或用戶採取的任何行動究責，或給資訊內容提供者「技術手段」限制存取這種素材。[21] 上述「善意」條款旨在鼓勵服務供應商訂定自己的用戶內容標準。雖然第 230 條的這一部分在過去二十年中受到的注意，不如讓傳播中介得以豁免的那二十六個字，但它有助於推動第 230 條成為艾克森提案的替代方案，對減少網路上有傷風化的內容有益。

這二十六個字和「善意」行動條款最初同在考克斯－懷登法案的 (c) 條中，但在整個立法過程中，被分為兩個小節，二十六個字在 (c)(1) 節，「善意」條款在 (c)(2) 節。兩節加在一起，意味著公司不會被視為第三方內容的發言人或發行人，且不會僅因為刪除引發非議的貼文，或儘管沒有刪

除但出善意採取行動規範用戶內容，而失去這種保護。

考克斯和懷登在這項保護中納入了幾項範圍較窄的例外：法案不適用於用戶違反智慧財產法條的線上服務供應商。[22] 例如，如果 YouTube 用戶上傳了一整集的電視劇，則電視聯播公司可以告 YouTube 侵犯版權（一九九八年，國會另外通過了單獨的《數位千禧年著作權法》，提供公司安全保護：如果公司在收到版權所有者的通知後刪除用戶內容，則可免於版權訴訟）。法案也不保護公司免於聯邦刑事執法 [23]，但確實保護供應商免於州法刑事責任。第 230 條的豁免不適用於聯邦的《電子通訊隱私法》——禁止未經授權竊聽、存取已儲存的通訊往來信件——或類似的州法律。[24] 第 230 條還規定，不得將條款解釋為「限制任何州政府執行該州任何與第 230 條一致的法律」，且不能根據「任何與本條款不一致的州或地方法律」提起告訴。[25]

Prodigy 的律師巴特勒回憶說，釐清豁免保護的例外最為困難：太多例外會使第 230 條毫無作用，但無一例外的絕對豁免可能會引起執法部門或產業團體的反對。「刑法必須是例外。」巴特勒說，「智慧財產必須是例外，否則版權團體肯定會殺了我們。這個領域還在發展中，我們憑感覺行事，試著確定所有必要的字眼都放進去了。」這一小群人還確認他們有納入充足的說明，讓法院了解第 230 條確實是要提供廣泛的豁免。

這項法案在開頭先描述促使考克斯、懷登起草法案的事

實發現結果。法案宣稱，網際網路代表「全體公民取得教育、資訊資源的非凡進步」，並提供「真正多元的政治論述得以發生的論壇、文化發展得以實現的獨特機會、智力活動得以活躍的無數途徑。」考克斯－懷登法案觀察到，網際網路服務「對用戶收到的訊息提供極大程度的控制」，並且「在政府規範最少的環境中蓬勃發展，造福所有美國人民。」[26] 這些發現來自民主與科技中心對用戶賦權的報告。為了不讓大家對他們推動目標的意圖感到困惑，考克斯和懷登還在法案中納入一節，描述他們打算通過這項法案推動的「政策」。他們列出許多目標，包括「促進網際網路和其他互動式電腦服務、其他互動式媒體的持續發展」，並「鼓勵技術發展，讓用戶有最大的能力，控制使用網際網路和互動式電腦服務的個人、家庭、學校能收到的資訊。」[27]

當法院嘗試釐清國會在第 230 條這二十六個字中到底想表達什麼時，「發現結果」和「政策」這兩節成為引導法院的地圖。考克斯和懷登希望各方徹底明瞭他們的意圖：他們希望法案強力保護中介機構，這樣就可以保障線上言論、允許創新，並鼓勵公司發展自己的內容規範流程。

即使加上事實發現結果、政策聲明和定義，這項法案的全文也不到九百字。

儘管這項法案做出意義極為重大的聲明，說明對網際網路採取不加干涉的新作法，但在國會山莊幾乎沒有受到任何反對。遊說人士的注意力都集中在電訊法對電話、有線電視

服務的影響。「當時大家在處理的是《電訊法》。」伯曼說，「我們的法案不是爭論的重心；網際網路只是一個註腳罷了。」[28] 懷登和考克斯的提案也幾乎沒有吸引任何媒體注意。法案提出後的一個月內，少數居然有提到這項法案的幾篇報紙新聞，重點也都在艾克森法案。一九九五年七月十八日，懷俄明州卡斯柏《明星論壇報》出版的專欄提到考克斯－懷登法案時，說法案是艾克森提案的替代方案，但形容這項法案禁止聯邦通訊委員會規範網際網路，並將「責任原封不動地交給該負責的人，就是用戶。」[29] 這項觀察雖然正確，但沒有看到更大的全局。這篇專欄文章──以及當時幾乎所有的媒體報導──甚至提都沒提的，是服務供應商和網站可以全然免於訴訟。這二十六個字以及第 230 條的其他部分，都沒有受到注意──事後證明，這對法案的成功至關重要。當艾克森的提案讓公民自由擁護者槓上家庭權利團體時，第 230 條不動聲色地贏得這兩方，還外加科技遊說人士的支持。幾乎沒有證據顯示，或就第 230 條起草人記憶所及，利益集團對這項法案有提出任何強烈反對，甚至連批評都不多。這種漠不關心可能是因為網路業規模相對較小；America Online 和 Prodigy 雖然很大，但與其後二十年內 Google 和 Facebook 壯大的程度相比，只能算是零頭。隨著網路經濟的發展，第 230 條會使個人無法向美國一些最大的公司求償損失。

六月，參議院將艾克森的提案加到參院版的電訊法案

中，隨後定案。但眾議院尚未完成眾院版的電訊法案起草工作。一旦眾議院通過電訊法案，兩院的重要議員會在協商委員會召開會議，綜合兩院版本的不同部分，整理出最終版，然後最終版會由兩院投票決定「通過或否決」。光是為了讓協商委員會能考慮將第 230 條納入最終法案，考克斯和懷登首先就必須說服眾議院同事修改眾院版的電訊法提案。一九九五年八月四日，眾議院會針對眾院版電訊法案的修訂進行辯論、投票，也是他們的機會。當天眾議院的辯論，讓第 230 條的支持者滿懷希望。包括考克斯和懷登在內，九名國會議員談到了考克斯－懷登法案，且都沒有鼓勵同事投票反對法案。僅密蘇里州的民主黨議員帕特·丹納一人，對法案表示了最低程度的保留。丹納說，儘管她強烈支持考克斯－懷登法案，但她仍然擔心兒童會有「無法追蹤」的權限存取淫穢線上素材 —— 她有解決辦法。丹納指出，電話公司必須告知客戶他們撥打的長途電話是打到哪支電話號碼。她在眾議院議事廳告訴懷登說：「我相信，如果電腦線上服務會包括逐項計費，這會是個實用的解決方案，讓家長可以了解他們的孩子在網際網路上存取哪些資料。」[30] 懷登巧妙地回應丹納的建議，承諾他「一定會與在這個領域努力的私人公司討論這件事。」[31]

　　上述的意見交流凸顯出來的，正是懷登、考克斯和他們臨時成軍的科技聯盟在與其他國會議員討論網路規範時面對的情形。丹納的評論顯露出對網際網路的整體本質完全缺乏

了解。電子郵件從來不像，也從來不是長途電話。供應商不會按客戶發送多少電子郵件、存取多少網站向客戶收費——這麼做會引起消費者和主張保護隱私的人強烈抗議。然而，當時的國會議員少有傳統電話服務之外的通訊傳播經驗。「當時是一九九五年。」前華盛頓州國會議員懷特後來說，「那時，電子郵件已經很流行，但再早幾年則尚未如此。國會議員年紀較長，而且也不太注意網際網路。」懷特說，國會整體而言缺乏對網際網路的接觸，可能對他和第 230 條的其他支持者有所幫助。「大家不了解它的影響。」他說。[32]

眾議院辯論的其餘時間，主要是對考克斯－懷登法案的讚美和對艾克森提案的反對。德克薩斯州共和黨議員、在眾議院能源和商務委員會呼風喚雨的喬・巴頓表示，第 230 條「比參議院通過的艾克森修正法案所採用的方法好得多。」[33] 代表矽谷的民主黨議員柔伊・洛夫格倫對此亦表贊同，認為艾克森的法案就像「說郵差在投遞普通棕色信封時，要對信封裡的東西負責。」[34] 兩人在政治上幾乎沒有共同點，但德克薩斯州保守派的巴頓和加州自由派的洛夫格倫，竟然在這項法案上達成共識——法案對新產業施以寬鬆規範，同時也允許公司靈活地隔絕兒童接觸到會引發非議的內容。這樣的兩黨共識，或許可以說明第 230 條為何得以悄然無聲地被國會通過。

眾議院議員強調，第 230 條賦予用戶和公司（而不是政府）保護兒童的權力。懷特在眾議院議事廳向同事發言說，

身為四個孩子的家長，他想保護孩子不受到網路不當的影響，但「我最不希望做出這個決定的人是聯邦政府。」[35] 他們還討論了第 230 條的另一個目標：讓線上服務在沒有過度規範與訴訟的環境中蓬勃發展、創新。維吉尼亞州共和黨議員鮑勃·古德拉特提到史崔頓證券公司案的決定，認為提供網際網路存取的組織不可能「負責編輯會從各種來源進入他們布告欄的資訊」。[36] 考克斯利用他在全院辯論的時間釐清並留下正式紀錄，說他打算讓法案推翻他稱之為「開倒車」的史崔頓證券公司案決定。儘管考克斯承認他的提案是艾克森法案的替代方案，但他也解釋在大有可為的新領域中鼓勵創新、成長的必要。考克斯在眾議院議事廳上表示，第 230 條「會把我們的意願，包括不希望由聯邦政府對網際網路上的東西做內容規範，不希望來一個聯邦電腦委員、由大批官僚規範網際網路等，立定成為美國政策。因為坦白說，沒有上述那種政府的協助，網際網路也已經成長到今天這個樣子了。」[37]

既然在議事廳上無人強力反對，眾議院以四二〇對四的票數，將第 230 條加到眾院版的電訊改革法案中。與第 230 條最初在六月時提案一樣，眾議院以壓倒性多數通過法案一事，幾乎沒有引起任何媒體注意。眾議院投票後隔天，《華盛頓郵報》刊出一篇文章——少數居然有提到考克斯－懷登修正案的文章之一——指出，這項立法「明確禁止政府審查網際網路」，而且「根據的原則是，現在已經有科技能幫助

家長控制孩子可以在網路上找到的東西。」[38] 這篇文章和其他第 230 條在國會完成立法程序時多數的新聞報導一樣，甚至都沒有提及這項法案將為線上服務商提供前所未有的保護。

眾議院持續修訂電訊法案，並在一九九五年十月十二日通過立法。考克斯－懷登的第 230 條提案有包含在眾議院法案中，而艾克森的提案則沒有。伯曼說：「這對我們而言是一次大勝仗。」[39]

科技聯盟或許很樂觀，但戰爭還沒結束。參眾兩院必須在協商委員會進行磋商，將各自的法案整合為最終草案。由參眾兩院高層遴選出來少數幾位參、眾議員組成的協商委員會，負責協調出最終法案；他們完全可以擋下第 230 條。金里奇和柯林頓之間的預算對決，導致聯邦政府在一九九五年十一月停擺，因此協商委員會直到十二月才召開會議——國會在這個月份都趕著要在冬季休會前通過撥款法案。考克斯和懷登都不是協商委員會的成員，因此他們無法在委員會討論時倡議將第 230 條納入最終法案。但第 230 條的支持者、科技業的盟友懷特，是協商委員會的成員。懷特說，因為網路色情引發極大關注，所以原本不可能阻擋艾克森的提案被納入最終法案。一九九五年一整年，國會都在修訂艾克森法案來因應批評者的擔憂，也力圖在公民自由團體挑戰法律這種不可避免的情形發生後，提高法院堅持固守有傷風化條款的可能性。

最終版本的艾克森法案包含兩節,讓科技公司和公民自由團體心生恐懼。第一節禁止「明知收受者未滿十八歲時。」還使用電訊設備傳輸任何「淫穢或有傷風化的內容,無論從事通訊的人是撥打電話或發起通訊。」[40] 第二節禁止個人故意發送、展示描繪或描述「以當代社會標準衡量,明顯會冒犯他人的性愛或排泄活動、器官」的內容。[41] 違反這兩節規定的人將面臨罰款和最高兩年的徒刑,知情但仍允許自己擁有的電訊設備違反這些禁令的人,也會面臨相同刑責。若有人「出於善意,採取合理、有效、適當行動」阻止未成年人接觸這些素材,則被這項法案列為例外。[42]

在兩院協商委員會中,懷特有兩個目標:減輕艾克森禁止妨害風化的刑責,並確保最終法案納入第 230 條。在第一個目標上,懷特只差一點點就成功地修改艾克森的法案,讓法案僅適用於對未成年人有害的內容,但保守派最終擋下他的意圖。艾克森的妨害風化修正條文保留在最終法案中。然而,懷特成功地確保第 230 條被納入最終的電訊法案中。他回憶說,第 230 條在兩院協商委員會的其他議員之間沒有引發什麼爭議,因此只要艾克森的修正條文保留下來,說服同事將第 230 條保留在最終法案中並不困難。「這就像是同一枚硬幣的兩面。」懷特說:「我們希望網際網路是開放的,但也要處理妨害風化這個老問題。當時,很多人對網際網路最大的顧慮就是妨害風化。」[43]

曾擔任艾克森的法律顧問,也是電訊法關鍵人物的麥克

林恩認為，兩院協商委員會將第 230 條和艾克森修正條文都納入，是一種妥協。艾克森修正條文回應家庭價值團體對網路色情氾濫的憂慮，而第 230 條則為科技業提供安全庇護，協助確保公司不需為使用內容負責。他懷疑，若兩者缺一，第 230 條或艾克森妨害風化法案都無法單獨通過。麥克林恩說：「這兩者是共生的。第 230 條對產業讓步，使我們的條文更具吸引力。」[44] 一九九五年底，懷特在他的國會辦公室網站上，宣揚他所謂的「白色網際網路折衷之道」：把考克斯－懷登法案與艾克森法案中一些處罰措施結合起來。懷特的網站當時表示：「連結各網路的網路、所謂的網際網路，正在以驚人的速度成長，且應該在沒有聯邦規範的環境下成長。白色折衷提案確保聯邦政府不會扼殺教育和商務活動在網際網路上的成長與創新。」[45]

　　American Online、Prodigy 等科技公司的參與，使這次談判與國會其他涉及言論自由和公民自由問題的談判有所不同。艾克森和他的支持者不希望社會大眾認為他們是在攻擊大公司，大公司也不希望被看作是在向未成年人兜售下流內容。「與電子前哨基金會打口水戰是一回事。」麥克林恩說：「與 IBM、Sears 為敵，是另一回事。IBM 和 Sears 也不想與色情扯上關係。這種時候就能看出政治為什麼叫做可能性的藝術了；雙方都真心實意地坐下來傾聽彼此。」[46]

　　兩院協商委員會將第 230 條和艾克森的妨害風化修正條文兩者都納入最終法案。由於這兩項提案都涉及網際網路，

並與妨害風化的論辯有關，協商委員會將它們合併到第五章，並借用艾克森初版法案的名稱，將法案命名為《一九九六年通訊端正法案》。協商委員會不向大眾開放，因此無法了解委員會成員決定納入第 230 條的確切原因。但最終法案所附的一份報告至少解釋了部分成員的想法。協商委員會寫道，他們納入第 230 條的目的是否決史崔頓證券公司案，這個案子「對賦予父母權力，決定孩子藉由互動式電腦服務接收什麼傳播內容的重要聯邦政策，造成嚴重障礙。」[47]

電訊法案再次回到參眾兩院的全院會議。因為兩院通過的法案必須完全一樣，所以不能再修改。一九九六年二月一日，《電訊法》（一九九六年版）在眾議院以四一四對十六票通過，在參議院以九十一對五票通過。柯林頓總統在隔年二月八日簽署了這份四萬六千字的法案。第 230 條現在出現在正式的聯邦法規彙編《美國法典》第四十七章中，標題為「私人阻隔、過濾冒犯性素材之保障」。柯林頓總統在法案簽署時的聲明中討論了電話業競爭和廣播電台所有權的問題，但沒有提及《通訊端正法》中與這兩件事相關的任何部分。考克斯和懷登立法成功，推翻了史崔頓證券公司案的裁決。但這項立法還包括艾克森對妨害風化的內容施以刑事禁令，讓公民自由社群起而攻之。

在柯林頓總統簽署《電訊法案》的一週前，懷登贏得了一場激烈的特別選舉，接替因性騷擾醜聞而辭職的參議員鮑勃‧帕克伍德。到了二〇一七年，在勢力雄厚的參議院財政

委員會中，懷登已晉身為民主黨的龍頭。儘管他在參議院屬自由派陣營的立場堅定不移，但他仍然持續尋求兩黨能達成共識的領域。例如，在一九九六年的參議員選舉中，懷登對上共和黨議員戈登・史密斯，選戰非常激烈、分歧。幾個月後，馬克・哈特菲爾德退休，史密斯贏得奧勒岡州另一個參議院席位。儘管懷登和史密斯在一九九六年的選戰殺得你死我活，但兩人很快就被稱為國會的「怪奇雙人組」，在史密斯於參議院任職的十二年間，致力解決奧勒岡州最為關心的問題。考克斯在眾議院服務，直到二〇〇五年小布希總統提名他為證券交易委員會主席。在領導證交委員會近四年後，他搬回橘郡從事法律工作。

考克斯和懷登仍然經常在電話上聊天，也會在科技產業的活動中碰面，兩人都在這些活動中獲頒獎項，表揚他們在科技政策方面的努力。後來幾年裡，考克斯和懷登成為科技界的英雄。然而在一九九六年，社會大眾幾乎沒有注意到他們的成就。媒體報導幾乎沒有提及第230條通過一事。文章和電視剪輯的焦點都在艾克森妨害風化禁令上；法案通過的當天，公民自由團體就已經計畫要在法庭提出質疑。

「贏得良善風俗之役：國會舌戰焦點從捍衛線上科技轉向守護家庭安全，政壇老將痛擊天真的言論自由派系。」

這是一九九六年三月三日《聖荷西水星報》商業版的頭條。當時，《聖荷西水星報》是矽谷科技界的聖經。這篇三千字的文章首先宣稱「在網路世界良善風俗標準的歷史性戰役中，網際網路的言論自由支持者落敗，因為在網路社群短暫歷史上這場堪稱最為關鍵的戰役裡，他們的火力、軍力、後援、計謀皆不如人。」並形容第 230 條只把重點放在「讓家長具有控制能力的軟體上，迴避主要的審查問題」。文章還提到第 230 條也包含在最終法案中，但將新電訊法形容為科技業的慘敗。[48]

從這種媒體報導就可以看出，第 230 條是如何悄悄溜進《美國法典》的。遊說人士和有錢的產業利益集團關心的是本地和長途電話公司之間的戰爭。當媒體報導不追蹤金錢流向時，就會把注意力集中在聳動的話題上，例如某圖書館員可能因為用電子郵件寄與乳癌相關的文章給某位青少年而入獄之類的事情。

就好像第 230 條是隱形的一樣。

另一方面，艾克森的妨害風化修正條文很快成為《電訊法》（一九九六年版）中最顯眼的部分。在柯林頓簽署法案當天，美國公民自由聯盟（ACLU）和另外十九個公民自由倡議團體提起告訴，阻止政府施行艾克森的妨害風化修正條文。柯林頓簽署法案後四個月，費城由三名法官組成的特別合議庭裁定這些刑事禁令違反第一修正案。司法部立即將這

項裁決上訴到最高法院。

　　一九九七年六月二十六日，最高法院一致撤銷艾克森的妨害風化條文。

　　政府主要依據一九七八年最高法院在 *FCC v. Pacifica Foundation* 一案的裁決 [49] 來捍衛艾克森條文。這項裁決允許聯邦通訊委員會處罰一家廣播電台，因為這家電台播放喬治·卡林的單人喜劇表演時，包含了「七大髒話」。在 *Reno v. ACLU* 案中，約翰·保羅·史蒂文生大法官有不同的意見。他在代表全體九位大法官撰文時宣稱，網際網路是一種與電視、廣播電台不同的媒體。廣電頻段受到少數內容創作者的限制、控制，但網際網路可以讓任何人發表自己的想法、創作。「這種動態、多面向的通訊類型，不僅包括傳統的印刷和新聞服務，還包括音訊、視訊、靜態圖片，以及互動式即時對話。透過聊天室，任何有電話線的人都可以成為人形大聲公，發出的聲音比站在任何肥皂箱上傳得更遠。藉由網頁、群組發信、新聞群組，同一個人又可以變身成為單人派報社。」

　　與考克斯和懷登一樣，史蒂文生大法官看出網際網路能藉由吸引大量內容創作者而蓬勃發展的潛力。史蒂文生立論認為，若對故意向未成年人散播猥褻內容的人施以刑事責罰，則同一條法律也會妨礙成年人收到這些素材──但這是憲法允許的。史蒂文生寫道：「鑑於多數訊息潛在受眾的規模，當缺乏可行的年齡驗證流程時，發送者必須知道一名或

多名未成年人可能會看到這則訊息，知道例如一百人的聊天群組中，會有一名或多名成員是未成年人，因此對這個群組發送猥褻訊息是犯法的──這種認知肯定會讓成年人在彼此溝通時備感壓力。」

政府還向最高法院辯稱，規範網路猥褻對正在萌芽的網路相關產業發展實屬必要。政府認為，如果網際網路被冠上淫窟的惡名，顧客就不會留在線上。史蒂文生大法官對這種說法嗤之以鼻，認為「出奇地缺乏說服力」。同樣在與考克斯、懷登如出一轍的立論思路中，史蒂文生寫道，減少對網際網路的規範，對其發展至關重要。「紀錄顯示，網際網路過去的發展著實驚人，今後也將同樣驚人。」他補充道。「從憲法傳統而言，在沒有證據顯示相反的情況為真的前提下，我們假設政府對言論內容的規範比較可能干擾、而非鼓勵想法的自由交流。在民主社會中，鼓勵言論自由的利益高於任何審查制度在理論上或許有，但未經證實的好處。」

最高法院的裁決撤銷了艾克森的妨害風化法律，但不影響第230條。最高法院發布意見書後，《通訊端正法》只剩下第230條。當年臨時成軍的科技聯盟不僅最後成功擊敗了艾克森法案，還確立在面對出自第三方內容的主張時第230條的豁免效力。「諷刺的是，《通訊端正法》成了《傳播自由法案》。」伯曼說：「經歷色情戰役，讓網際網路註定邁向自由。」[50] 科技公司知道他們已經勝利。但在柯林頓總統簽署《電訊法》後的幾個月裡，大家還不知道法院會如何解

釋這二十六個字。只有少數法官遇過與網路有關的訴訟案件，而國會先前從未通過像第230條這樣的法律。法院會對第230條採廣義解釋嗎？或像艾因大法官在史崔頓證券公司案中的決定一樣，只豁免某些公司？

　　這二十六個字有兩種截然不同的解釋方式。如果法院同意艾因大法官對「發行者」和「傳播者」的二分法，則第230條僅意味必須將所有線上服務供應商視為傳播者，且如果他們收到舉報但未能移除相關第三方內容，則會因為這些內容而被究責。但法院也可能做出結論認為，第230條禁止將線上服務供應商視為第三方內容的「發行人」或「發言人」，意思就是除非例外情況適用，否則這些平台對內容完全沒有責任。法規文字和委員會的報告都沒有直接、明確地指出哪種解讀方式優先適用。多虧來自西雅圖一位名叫肯的人，這點很快會被釐清。

　　而網際網路的法律框架，從此將是另一番新氣象。

第二部

第 230 條的崛起

一九九六年二月八日，當柯林頓總統簽署《電訊法》成為法律時，約翰‧佩里‧巴洛正在瑞士達沃斯的一家旅館參加世界經濟論壇。[1]這位前「死之華」樂團的作曲者、電子前哨基金會的創始人，對艾克森修正條文極為不滿。他打了一封電子郵件，寄給數百名朋友。這封電子郵件後來被稱為「網路世界獨立宣言」。在這封致「工業世界政府」的信中，巴洛宣稱，網路世界是一個不受傳統政府法律、規範約束的領域。他寫道：「我們正在創造一個世界，任何地方的任何人都可以在這裡表達自己的信念，不管多獨特都不用擔心被迫收聲禁言或順從。你們對財產、表達方式、身分、運動、脈絡的法律概念，不適用於我們。你們的概念都以物質為基礎，而網路世界裡沒有物質。」這份八百四十四字的宣言如病毒般擴散（按照一九九六年的標準），《連線》雜誌後來將整份宣言重新刊印在一九九六年的六月號中。

巴洛的宣言代表一種新的心態，所謂的網路例外論。這套哲學認為，網際網路與之前的媒體，例如報紙和電視，完全不同──網路上的內容提供者和內容與傳統媒體相比，都呈指數成長。網際網路也比老派媒體更能帶來社會效益。因為網際網路是不同的，所以政府不應該加之以傳統的規範和法律。

網路例外論是第230條的核心。一九九五年八月，在考克斯－懷登提案的簡短國會全院辯論中，考克斯談到讓這項新興科技的驚人潛力得以茁壯之必要：「我們現在談的是網

際網路，不是電話，不是電視或收音機，不是有線電視，不
是廣播，而是一種從技術上、歷史上而言，都堪稱全新的新
科技。」考克斯說：「網際網路令人著迷，有許多人最近
才認識到它在教育、政治論述方面，能讓我們有多大的建
樹。」[2]

網際網路是不同的。

最高法院在撤銷艾克森修正條文時，看起來似乎同意網
路例外論的大致原則。史蒂文生大法官的意見書不至於像巴
洛的宣言那麼極端，但字裡行間都是網路例外論的意味。他
寫道，網際網路使「成千上萬的人得以彼此溝通，從世界各
地取得大量資訊」，而且是「一種獨特、全新的全球傳播媒
介。」[3]

網際網路是不同的。

隨著法院開始解釋還留在《通訊端正法》中的第 230
條，網路例外論在其後幾年中只有益發茁壯。最先解釋第
230 條的幾位法官本可以結論說它只適用於範圍極小的某些
情況。但他們沒有這樣解釋── 他們盡可能廣泛地解讀第
230 條，使它成為網路例外論在美國得以實現的手段。

第四章
說要找肯

一九九五年，正當國會在悄悄起草第 230 條時，肯尼斯・澤蘭突然接到許多電話——大量的電話、憤怒的電話、接起來就馬上被掛斷的惡作劇電話、媒體的電話。這些電話最終匯集構成法庭意見，使全國各地的法官對第 230 條採廣義解釋，讓網站在面對令人同情的原告提出主張時，能豁免於訴訟。

澤蘭是一位中年電影製片、房地產經紀人，當時在西雅圖與父母同住。一九九五年四月二十五日他回到家時，發現答錄機上有掛斷的電話。然後他接到《陸軍時報》記者尼夫・哈德森的電話。[1] 哈德森告訴澤蘭，某個化名為 KEN ZZ03 的 America Online（AOL）用戶正在打廣告賣 T 恤，T恤上有與六天前在奧克拉荷馬市發生的阿弗列・P・穆拉聯邦大樓爆炸案相關的冒犯標語。哈德森告訴他，這則貼文出現在 AOL 的密西根軍事行動論壇上，叫大家打澤蘭家的電話號碼。[2]

澤蘭大惑不解——他甚至沒有 America Online 的帳號，

所以看不到哈德森問他詳情的那則貼文，對奧克拉荷馬市 T
恤也一無所知。澤蘭打電話給 America Online，聯絡到一位
法務部員工，堅稱貼文的幕後主使不是他。這位員工告訴澤
蘭，公司會刪除這篇貼文，但拒絕發布聲明撤銷貼文聲稱的
事項。當晚稍後，澤蘭接到好幾通憤怒的電話，包括死亡威
脅，來電的陌生人顯然都看到了那則貼文。[3]

　　廣告貼文很快消失了。但隔天，America Online 上又出
現了新貼文。憤怒的電話繼續打進來，澤蘭還接到了奧克拉
荷馬市《奧克拉荷馬人報》、密西根州龐蒂亞克《奧克蘭
報》記者的電話。澤蘭向這些記者解釋他與這些貼文毫無關
係。密西根州的記者傳真了一份「廣告」複本給澤蘭。[4]他
收到這份單頁傳真時，看到的是一則單頁布告欄訊息，上面
有自己的名字、電話號碼。貼文在一九九五年四月二十六日
美東時間下午兩點二十三分發布，主旨是「超棒的奧克拉荷
馬 T 恤」，發文者是「KEN ZZ033」，與前一則貼文中使
用的名字只差一個數字。這篇貼文內容如下：

行使你的言論自由

現在就下單，立刻擁有全新的奧克拉荷馬 T 恤！！！

品項＃標語

#520──「就位、卸除裝備、睡死──奧克拉荷馬
　　　　1995」完售

#522 ──「屎事難免……**大爆發！奧克拉荷馬**
　　　　　1995」

#524 ──「親愛的國稅局……支票在卡車上 ── 奧
　　　　　克拉荷馬 1995」

#568 ──「來奧克拉荷馬吧……爆炸讚！」

#569 ──「讓孩子睡死……奧克拉荷馬 1995」只
　　　　　剩少量

#583 ──「麥克維競選總統，決戰 1996」

新發售

#633 ──「女裝在二樓，死寶寶在一樓 ── 奧克拉
　　　　　荷馬 1995」

#637 ──「不用叫救援了，讓蛆接手吧 ── 奧克拉
　　　　　荷馬 1995」

#651 ──「終於有托兒所能讓孩子不吵不鬧 ── 奧
　　　　　克拉荷馬 1995」

＊每賣一件 T 恤我就捐一元給受害者

→每件 $14.95，另加收 $2.00 運費／處理費

→衣服為白色 50 ／ 50 棉 T，黑色墨水印字

→尺寸：S、M、L、XL、XXL

→下單請註明數量和尺寸

→所有訂單在同一天出貨

請致電〔電話號碼已編輯〕說要找肯

由於詢問量高，電話占線時請稍後再撥 [5]

　　澤蘭的電話響個不停、沒完沒了，來電的都是憤怒的 America Online 用戶。澤蘭說，當時他的電話太常有人打進來，已經完全無法發揮電話的功能。因為澤蘭在工作聯繫上用的也是這個電話號碼，所以換一個號碼是不可行的。

　　四月二十七日、二十八日，澤蘭多次致電 America Online，但都被轉到語音信箱。他留下訊息，並持續撥打電話，直到四月二十八日下午，他聯絡到一位名叫潘蜜拉的 America Online 員工。潘蜜拉告訴他，與那些貼文綁在一起的撥接帳號，源自某個區碼為麻薩諸塞州地區的電話號碼，還建議澤蘭聯絡執法單位。他立即致電聯邦調查局的西雅圖辦公室立案，然後再次打給潘蜜拉，要求刪除那則訊息。潘蜜拉向他保證，America Online 很快會刪除那則貼文並讓發文帳號失效。 [6]

　　America Online 上出現更多奧克拉荷馬的貼文，都包含澤蘭的電話號碼。到了四月底，他平均每兩分鐘就會接到一通憤怒的電話。走八卦路線的電視節目《Hard Copy》有一位員工致電給他。 [7] 五月一日，他的麻煩每況愈下，因為奧克拉荷馬市的 KRXO 電台主持人馬克・謝儂，在節目中讀出 T 恤上的標語，把他家的電話號碼提供給聽眾，並鼓勵聽眾打電話給他。 [8] 當時，奧克拉荷馬市才剛在兩週前經歷了

一次國內恐怖攻擊，導致一百六十八人死亡，其中包括十九名兒童，還有數百人受傷。[9]

澤蘭的電話更常響起，來電者的火氣也更大——有些人是奧克拉荷馬市爆炸案受害者悲痛不已的親友。節目播放之後的好幾天裡，澤蘭不斷收到死亡威脅。[10] 他在電話上聯絡不到 America Online 的律師，只好傳真、郵寄信件給 AOL 的律師愛倫·庫許，懇求她「立即收回、不要再列出任何指涉到我名字和／或電話號碼的資料」。當天他沒有收到回應。[11]

由於他的電話全天候響個不停，澤蘭難以入睡。第二天，一位波特蘭轄區的特勤人員與澤蘭進行訪談，並建議他更正媒體中的論述。澤蘭再次致電 America Online，找到了 America Online 的律師珍·邱吉，她表示不知道有信件這回事。她告訴澤蘭，公司會移除這些貼文。[12] 其後兩天，憤怒的電話持續打進來，於是澤蘭向當地警局報案，警方加強監控澤蘭家附近的區域。其中一名警官告訴澤蘭，他跟邱吉談過，邱吉向他保證，AOL 已經清理過貼文並實施了「系統檢查」。[13]

隨著憤怒電話持續不斷地穩定湧入，澤蘭接受特勤人員的建議，向奧克拉荷馬市的日報《奧克拉荷馬人報》的記者說明他的故事。一九九五年五月七日，也就是電話開始打進來後的第十二天，《奧克拉荷馬人報》在 A-16 版刊出一篇報導，標題為〈線上 T 恤詐騙嚇到西雅圖男〉。報導開頭如下：

肯生性隨和，他說自己沒有仇家。

但自從奧克拉荷馬市爆炸案以來，他在全球各地已經有數千，甚至數萬的仇家。

令人沮喪的是，加諸在他身上的憤怒、威脅毫無道理。這都是因為某個喪心病狂的電腦駭客利用技術，害肯這位原本溫和的西雅圖房地產經紀人，變得總是提心吊膽，擔心有人要他的命。

「我在這件事情裡是受害者。」他說，「我成了靶子。」[14]

這篇報導登出後，澤蘭雖然接到一些人打來為先前的電話道歉，但仍然要繼續應付威脅電話。到了下一週，因為長期睡眠不足和情緒消耗，澤蘭去看醫生，醫生開了鎮靜劑給他。[15]

五月二十二日，澤蘭收到 America Online 對他先前去信的回覆——距他將信件傳真給庫許，已經過了二十一天。這封回信日期為五月十七日的信件中，AOL 的律師邱吉寫道，「您提供的資訊不足以讓我們找到您聲稱造成問題的貼文」，並告知澤蘭「您應該要了解，America Online 沒有能力在訂閱者將貼文發布至 America Online 的服務之前，實體過濾每一則貼文。」[16]

澤蘭聘請紐約律師里歐·凱瑟，就是本書第二章中討論過，代表布蘭查德與 Cubby 對 CompuServe 提起告訴的律

師。凱瑟回憶說是他在法學院的前室友，一位在西雅圖執業
的律師，把澤蘭介紹給他的。[17] 一九九五年時，凱瑟是少數
曾嘗試要線上服務商對第三方內容負責的律師之一，所以
是個合乎邏輯的人選。一九九五年六月二十六日，凱瑟寫了
一封六頁的信給邱吉，描述海嘯般的電話狂潮，以及澤蘭承
受了「不容小覷的傷害」。凱瑟提及利澤爾大法官在 Cubby
案中的判決，主張 America Online「因為未能在接獲澤蘭先
生的通知後刪除捏造的素材，所以在法律上要為這些傷害承
擔大部分責任。」[18] 在凱瑟寫信的當下，America Online 主
要的法律辯護出自第一修正案；第 230 條在國會山莊起草，
協商的流程尚未完成。

　　一九九六年一月四日，澤蘭向奧克拉荷馬聯邦法院控
告奧克拉荷馬市的廣播電台 KRXO。一九九六年四月二十
三日，即柯林頓總統簽署第 230 條成為法律近三個月後，
澤蘭同樣在奧克拉荷馬聯邦法院控告 America Online，不是
因為誹謗，而是因為過失。過失指的是被告應盡到注意原告
安全的職責，但被告未能履行職責，導致原告受到損害。例
如，若顧客在百貨公司的濕地板上滑倒，可能會以過失的罪
名對店家提起告訴，主張這家百貨公司至少有豎立「地板濕
滑」標示的職責。為澤蘭打這場官司的凱瑟說：「America
Online 有義務要實施某種程度的注意。」[19]

　　澤蘭主張，當他第一次致電 America Online 投訴這些

貼文時，就已經讓 America Online 注意到這些捏造、有害的貼文，America Online 有義務立即刪除貼文，並通知訂閱者那些貼文是捏造的，藉此降低傷害。澤蘭還在訴狀中主張，America Online 也有職責監控是否有其他關於澤蘭的造假貼文。

奧克拉荷馬法院將案件移交給 America Online 總公司所在地，維吉尼亞州的聯邦法院。這個案件分配到雷根任命的 T・S・埃利斯三世法官手中，當時他五十六歲。許多在維吉尼亞州執業的律師都有埃利斯法官的故事可講：這位海軍飛行員退役的法官，以撰寫長篇大論的意見書、絕不遺漏任何事實或論點而惡名昭彰。[20] 他還會沒日沒夜地開聽證會，把律師留在法庭上直到每一絲、每一毫細節都論辯殆盡。埃利斯曾主審不少備受矚目的刑事案件，包括美國塔利班成員約翰・沃克・林德、前國會議員威廉・傑佛遜、前川普競選總幹事保羅・馬納福特。在判處刑事被告多年期徒刑之前，埃利斯法官經常提醒他們，生活就是「做出選擇，並承擔自己所做選擇的後果。」[21]

埃利斯法官在美國維吉尼亞州東區的亞歷山大地方法院審理案件，法院位於華盛頓特區外圍，四周是一棟棟不起眼的米白色辦公大樓，例如專利商標局總部。然而，亞歷山大法院的案卷卻非比尋常。因為五角大廈和中央情報局都在這所法院的轄區內，所以這裡的法官審理許多國家安全案件。亞歷山大法院也被稱為「火箭法庭」。與許多其他聯邦法院的案件可能拖延數年的情況不同，亞歷山大法院的法官以要

求當事人迅速提出動議、進行證據開示而自豪，也會迅速發布裁決。

一九九七年一月二十八日，America Online 要求埃利斯法官駁回澤蘭的案件。America Online 由派翠克・卡羅姆代表，卡羅姆是備受推崇的第一修正案媒體律師，服務於威爾默、卡特勒、皮克林律師事務所（現名為威爾默海爾），是華盛頓特區最大的律師事務所之一。卡羅姆的書狀中甚至沒有提及史密斯案，反而僅依賴成為法律還不到一年的第 230條。卡羅姆的策略帶有某種程度的風險。美國還沒有任何法院發布書面意見解釋第 230 條，因此卡羅姆完全從零開始。這與標準的誹謗案件極為不同──誹謗案的兩造都會依賴最高法院數十年來關於第一修正案的裁決。卡羅姆無法引用解釋 230 條款的任何案例，因為一九九七年一月時還沒有這樣的案例。卡羅姆必須小心地向埃利斯法官解釋這條法規，以及為什麼他認為這條法規能提供 America Online 如此全面的保護。

卡羅姆在解釋第 230 條時，主要依賴法案的支持者對第 230 條全文所做的聲明。他向埃利斯法官指出考克斯和懷登在法案文字中納入的「政策」部分，並主張「國會體認到，若規範互動式電腦服務供應商的體制，讓供應商可能因為身為他人產生之內容的發行人或發言人而被究責，則必然會導致供應商審查自己網路上的言論內容，以避免究責風險，甚至會導致供應商完全停止提供服務。」[22]

　但這條法規有沒有保護 America Online 免受澤蘭提告？
法規中的二十六個關鍵字眼說「互動式電腦服務的用戶與供
應商，皆不得被視為其他資訊內容提供者提供之資訊的發行
人或發言人。」毫無疑問，America Online 提供的是互動式
電腦服務。因此，卡羅姆必須說服埃利斯法官同意他的兩項
論點：首先，奧克拉荷馬市的貼文是「其他資訊內容提供者
提供之資訊」；其次，澤蘭提告，將 America Online 視為這
些貼文的「發行人或發言人」。卡羅姆寫道，這些 T 恤貼文
是由其他資訊內容提供者，即一位或多位匿名的發文者提供
的；AOL 的角色，他寫道，「僅是他人資訊的傳播者」。23

　對卡羅姆而言，更困難的任務是說服埃利斯法官相信澤
蘭提告，是尋求將 America Online 視為這些內容的發行人或
發言人。凱瑟故意選擇以過失罪名提起告訴──他起草訴狀
時非常小心，避免以誹謗罪名提起告訴；當報紙或其他媒
體刊出虛假或有害的文章時，原告通常都會主張上述行為構
成誹謗。卡羅姆辯稱，依照第 230 條，過失與誹謗的差異不
大。「不論在哪一方面，因為這些訊息而對 AOL 究責，就
是將 AOL 看作如同是這些訊息實際上的來源、發行人（或
發言人）──這條法規就是為了禁止以這種方式看待『互動
式電腦服務』供應商而設計的。」24

　因為埃利斯法官在火箭法庭審理案件，所以凱瑟只有兩
個多星期的時間回應卡羅姆駁回訴訟的要求。凱瑟回應書狀
中的大半篇幅都在論辯說第 230 條根本不會讓 AOL 豁免，

主張第 230 條僅能防止互動式電腦服務供應商被視為第三方
內容的發行人或發言人。另一方面，澤蘭的訴訟從未宣稱
America Online 是奧克拉荷馬市貼文的發行人或發言人；要
判斷這家公司是否有過失，也不需要將之視為發行人或發言
人。然而凱瑟立論主張，過失訴訟僅指控 America Online 是
這些貼文的傳播者或「二次發行人」。[25]

　　區分「傳播者」和「發行人」，是凱瑟的論述重點。他
藉著將 America Online 歸類為傳播者試圖說服埃利斯法官，
因為這場官司沒有將 America Online 視為「發行人」，所
以 America Online 無權享有第 230 條之下的豁免。他主張，
America Online 作為傳播者，只受到 Cubby 案所提供的基本
第一修正案保護。按照這種邏輯思路，如果 America Online
被通知說他們的布告欄上有奧克拉荷馬市貼文，卻未能迅速
刪除，則 America Online 就會因為這些貼文而被究責。在凱
瑟看來，第 230 條並沒有提供卡羅姆宣稱的全面豁免。凱瑟
寫道，這條法規僅推翻了史崔頓證券公司案將 Prodigy 歸類
為發行商的決定，因為 Prodigy 採用了內容政策並保留規範
內容的權利。[26]

　　按照凱瑟的解讀，第 230 條對線上責任歸屬法律做出
的唯一變更，就是將 Prodigy 和 AOL 這樣的網路服務供應
商歸類為「傳播者」；如果他們知道或應該知道有內容會
造成傷害，則要為這種用戶貼文負責。凱瑟寫道，澤蘭的
案件與波魯什的案件不同，因為澤蘭不斷向 America Online

投訴，讓 America Online 收到關於誹謗性貼文的通知。因此，凱瑟立論主張，澤蘭可以控告 America Online 是有過失的傳播者。「AOL 並不如這家公司自己主張的，是因為訊息本身而被究責，而是因為在實際通知後未採取適當措施封鎖貼文。」凱瑟寫道。[27] 他提出理由，認為國會推翻史崔頓證券公司案，僅是意圖讓所有網路供應商都享有 *Cubby v. CompuServe* 案的豁免權。凱瑟的客戶布蘭查德在 Cubby 案敗訴，因為法院裁定 CompuServe 不知道 Rumorville 的內容。如果 CompuServe 收到關於 Rumorville 的投訴但未採取行動處理投訴，案件結果可能就不一樣了。

到二〇一七年，凱瑟表示他仍然相信國會的意圖僅是重申 Cubby 案規則適用於所有網路服務。儘管凱瑟的客戶打輸這場官司，但他仍承認利澤爾法官在 Cubby 案中做了正確的判決。「除非你通知圖書館、報攤、布告欄、網站說，有些東西在某方面具誹謗性或應該要處理一下，不然你不能對他們究責。」凱瑟說。

一九九七年二月二十八日，埃利斯法官舉行了 America Online 動議的聽證會。埃利斯法官和亞歷山大法院的許多法官、律師一樣，對這所法院當地的傳統和程序非常自豪。如果一個案件的主要律師不是來自華盛頓特區這一帶，這位律師通常會與了解火箭法庭的獨特程序、法官通常也認識的「當地律師」合作。因為凱瑟在紐約工作，所以他與約翰・S・愛德華茲合作。愛德華茲是律師，也是維吉尼亞州參議

員，曾在吉米‧卡特總統任期內擔任維吉尼亞州西區的聯邦檢察官（維吉尼亞州分為西區與東區兩個聯邦司法轄區，亞歷山大法院位於東區）。愛德華茲的辦公室位於羅阿諾克，距離亞歷山大約三百二十二公里。

聽證會一開始對澤蘭而言並不順利。埃利斯法官告誡愛德華茲違反當地法院規則，使用傳真機繳交文件。「『當地律師』通常就代表是本地人。」埃利斯說：「羅阿諾克並不完全算是本地，但這次我就通融一下。但如果因此造成不便，要吃苦頭的是原告。」[28] 卡羅姆先提出他的論點，告訴埃利斯法官說，這場官司尋求的是要 America Online 為匿名用戶的貼文負起身為發行者的責任。他說，第 230 條就是為了擋下這類告訴，無論提告緣由主張的是誹謗或過失。埃利斯法官似乎不大能夠接受卡羅姆的觀點，即這條新法律對線上服務提供了如此廣泛的保護。卡羅姆告訴埃利斯法官，任由 America Online 因為用戶貼文而被告，就意味著這家公司「基本上必須要有一整群的調查人員可以差遣、調查投訴，就像報紙一樣。」

「但報紙確實有責任。」埃利斯回應道。

「正是如此。」卡羅姆說：「而當您以報紙內容為由控告報紙時，就是將這份報紙視為內容的發行者⋯⋯如果對象是報紙，這是完全說得通的。」

「如果在我給你的假設中，將報紙替換成 America Online，則可能有人要負起責任。」埃利斯說道。

　「就是這樣，庭上。」卡羅姆說：「很明顯，第230條就是想要移除像America Online這種實體要負的責任。」

　埃利斯說：「好吧，我們設想一下：若現在不是America Online上出現的東西與某些或某位訂閱用戶有關，而是基於某些原因，America Online決定誹謗某人，並開始發表相關貼文。這樣有責任嗎？」

　「有，庭上，可能會有責任。」卡羅姆說道：「因為——」

　「因為什麼？」埃利斯問。

　「根據第230條的規定，互動式電腦服務的用戶或供應商——也就是America Online——不得被視為他人提供之資訊的發行人或發言人。」卡羅姆回答。

　埃利斯繼續針對更多技術性法律問題，對卡羅姆提出質疑，主要討論的是第230條是否可以溯及既往，在國會通過這條法律之前發生的布告欄貼文訴訟是否適用。但逐字稿中可以清楚看出，法官對保護America Online免被究責有所疑慮。凱瑟的口頭辯論比較順利，埃利斯法官只打斷他幾次，主要是為了提出問題澄清或表示同意。「這個案件不僅是誹謗案。」凱瑟告訴埃利斯法官，「原告的電話號碼都被用上了。如果這支電話號碼有被刪掉——這實際上已經直接涉及公然違反隱私的問題——那麼這些威脅要他命的電話就不可能像現在這樣發生了。」

　在火箭法庭上，法官通常會在聽證會結束時宣布裁決，

避免撰寫長篇意見書造成的延遲。在澤蘭的聽證會結束時，埃利斯法官沒有宣布他的決定，而是打算撰寫一份完整的意見書，「主要因為這是前所未見的。」聽證會結束三週後，埃利斯發表了一份近八千字的意見書，包含二十七個註腳。光從埃利斯在口頭辯論時問的問題來看，澤蘭似乎有一定的機會擊敗 America Online 駁回訴訟的動議，讓案件流程往下走，甚至可能進入審判階段。然而，埃利斯與卡羅姆意見相同，同意 America Online 駁回訴訟的動議。埃利斯否定凱瑟認為第 230 條不適用於像 America Online 這種傳播者的論點。埃利斯提出理由說明，傳播者是發行人中的一種「類型」。澤蘭不能以將 America Online 貼上「發行人」的標籤，來避免 230 條款的豁免。「澤蘭意圖將傳播者應負的責任加諸到 AOL 身上，其實是為了後續另一個意圖：讓 AOL 被視為誹謗素材的發行人。」埃利斯寫道。[29] 埃利斯也同意卡羅姆的觀點，就匿名貼文對 America Online 究責，與國會意圖「鼓勵發展規範冒犯性內容的科技、流程、技巧」的初衷互相衝突。「如果因為將傳播者的責任加諸於網際網路供應商，而使這個目標受挫，則企業肯定會先發制人。」埃利斯寫道：「仔細檢視，會發現若要傳播者負責，必然產生這種效果。」[30]

　　埃利斯的裁決，是美國法院首次在白紙黑字的意見書中解釋第 230 條。當其他法院要決定第 230 條是否能保護網路服務免於訴訟時，只能參考這份意見書。因為這份意見書是

地方法院的法官而不是上訴法庭發布的，所以不是具有約束力的先例，因此任何法官（包括亞歷山大法院的其他聯邦法官）在其他案件中可以完全不管它。這種缺乏具約束力先例的情形很快就會改變，因為澤蘭立即將被駁回的告訴上訴到第四巡迴上訴法院。在替澤蘭向第四巡迴上訴法院提交的書狀中，凱瑟主要再次立論重申，澤蘭的投訴將 America Online 視為傳播者而不是發行人：「下級法院的意見書造成一種荒謬的局面：當電腦服務供應商散播誹謗或其他會引發非議的內容，且可以預見這些內容會傷害某人時，若這名供應商已經收到這種情形的明確通知，則供應商應該要有能力避免，或事發時緩解傷害。儘管如此，當供應商未能充分回應相關通知時，國會頒布的這項法案，讓受害方在面對電腦服務供應商時，全然手無寸鐵、毫無救濟之法。國會沒有頒布這種法案。國會所做的是讓電腦服務供應商更容易回應通知，且不至於因為自認為是『發行人』而讓自身暴露在更多風險中。」[31]

　　對許多理性的觀察者而言，埃利斯的裁決不僅對一項晦澀難解的法規做出荒謬解讀，還導致對像澤蘭這樣的原告而言完全不公平的結果，因為原告無法追蹤並對實際發文者提告。對澤蘭而言，不幸的是第四巡迴上訴法院不能以全然不公平或荒謬為由，推翻埃利斯的裁決。凱瑟必須說服法官，埃利斯錯誤解讀第 230 條。卡羅姆則主張埃利斯正確應用這條新法律。他在回應書狀中告訴第四巡迴上訴法院，凱瑟意

圖將 America Online 定位為「傳播者」而非「發行人」，而針對過失而非誹謗提告，是沒有區別的區別。「如果這樣解釋第 230 條，允許澤蘭的『過失』主張成立，則幾乎任何被第 230 條禁止的主張都可以用同樣的方式重新提出。」卡羅姆寫道：「顯然，國會的原意並不是要讓第 230 條所創造的保護就這麼輕易地被掏空。」[32]

第四巡迴上訴法院會審理來自維吉尼亞州、馬里蘭州、西維吉尼亞州、北卡羅萊納州、南卡羅萊納州所有聯邦地方法院的上訴案件。在一九九〇年代後期，第四巡迴上訴法院以比許多其他巡迴上訴法院更保守而聞名，有許多共和黨任命的法官。與其他所有聯邦上訴法院一樣，第四巡迴上訴法院也是由三名隨機選擇的法官組成合議庭審理上訴案件。

有些聯邦上訴法院會在開庭陳述的數週或數月前，通知律師和社會大眾合議庭的三名法官是誰，讓律師可以根據三名法官的一貫理念調整他們的書狀或口頭辯論。例如，有些法官奉行「文本主義」理念，認為他們應該僅根據法規的文字本身解釋法規，不考慮其他因素。有些法官則會更廣泛地考慮立法機關的目的、查看國會議員在法案辯論期間發表的聲明，以及委員會在考慮法案時發布的報告。合議庭的成員組合，對律師會勝訴或敗訴影響至關重大。然而，第四巡迴上訴法院行之有年的政策是不事先公布法官的名字。一九九七年十月二日上午，卡羅姆和凱瑟在抵達第四巡迴上訴法院位於維吉尼亞州里奇蒙的法院進行陳述時，才得知三名法官

的名字。

　　當時，iPhone 還要再十年才問世，所以兩位律師不能迅速搜尋法官的生平履歷。當時甚至連黑莓機都還沒出現，所以他們也無法請同事用電子郵件寄資料給他們。實際上，當時多數人甚至都還沒有翻蓋手機。卡羅姆在法庭書記辦公室一得知法官的名字後，立即衝到法院的付費電話旁打電話，請同事迅速研究這三名法官的背景。

　　第四巡迴上訴法院的首席法官 J・哈維・威金森三世是合議庭的成員。卡羅姆回憶說，一開始他很擔心，因為威金森向來以保守著稱。威金森在雷根政府早期曾擔任司法部官員，後來雷根任命他至第四巡迴上訴法院。[33] 這麼一位保守派人士，可能不會想成為美國歷史上第一位在惡意用戶貼文出現時，給予網路公司廣泛豁免的法官。但是卡羅姆的同事給了他一絲希望：一九七〇年代末期至八〇年代初期，威金森在擔任最高法院大法官路易斯・鮑威爾的書記官並在維吉尼亞大學教授法律後，去了《維吉尼亞州航空報》擔任社論版編輯。也許威金森的報業背景會讓他傾向做出促進言論自由的裁決？威金森的官方生平中，有一個不太顯眼的小細節：他與凱瑟在耶魯大學唸書時就認識彼此，後來一起在維吉尼亞大學攻讀法學院，還一起編輯法學期刊，至今已有幾十年的交情。「我以前老是戲弄他、和他開玩笑。」凱瑟回憶道。

　　另外兩位合議庭法官則較難判斷。唐納・S・羅素先前

是南卡羅萊納州的民主黨州長、聯邦參議員，一九六六年獲
詹森總統任命為聯邦地方法官；一九七一年，再獲尼克森總
統任命為第四巡迴上訴法院法官。[34] 羅素審理澤蘭案時已經
九十一歲了。最後一位法官是泰倫斯・波以爾，以前是共和
黨參議員傑西・荷姆斯的幕僚，審理當時是北卡羅萊納州的
聯邦地方法官，由雷根總統任命。雖然他不是上訴法官，但
是第四巡迴上訴法院和其他多數上訴法院一樣，允許「受到
指派」的地方法官出任合議庭任務，協助減輕全職第四巡迴
上訴法院法官的案件負荷（小布希總統曾提名波以爾為第四
巡迴上訴法院法官，但在國會確認這關被民主黨攔下；小布
希總統再度提名波以爾時，民主黨又故技重施）。[35]

　　因為要對埃利斯的裁決提出上訴的是凱瑟的客戶，所以
凱瑟在口頭辯論中先發言。第四巡迴上訴法院已經清理過澤
蘭案口頭辯論的錄音，而案件中的律師也沒人保留錄音或逐
字稿。卡羅姆回憶說，法官十分猛烈地用各種問題轟炸凱
瑟，尤其是「傳播者」和「發行人」之間是否有所區別這一
點。輪到卡羅姆站到庭上提出論點時，他決定發言內容不要
像一開始計畫的那麼長。他後來回憶說，他在指定時間結束
之前就陳述完畢。

　　到一九九七年下半年，互動式網站和線上服務迅速增
加，是第一次網際網路泡沫的早期階段。雖然法官的決定只
對第四巡迴上訴法院轄下的法院有約束力，但關於第230條
的第一份上訴意見書將會在全國都有極大的影響力，這點已

經日益明顯。如果這三位法官中至少有兩位接受了凱瑟的解讀，則第 230 條對網路公司的保障就非常有限。如果法官同意卡羅姆的觀點，則這些新公司就可以開發依賴第三方內容的新平台，幾乎不需要擔心訴訟的問題。

　　科技界沒有等太久就得知第 230 條的未來。一九九七年十一月十二日，口頭辯論結束過了四十一天後，合議庭發布了一份全員一致的意見書，肯定埃利斯法官駁回案件的決定。法官結論認為，第 230 條可以防止澤蘭控告 America Online 成案。寫意見書的人是威金森，篇幅只有埃利斯法官的一半多。儘管內容簡短，威金森法官對於第 230 條提供給網路公司的保護，明顯採取了極其廣泛的觀點。威金森寫道，第 230 條的目的「並不難辨認。國會體認以侵權為由的訴訟，會對快速成長的新興網路媒體的言論自由構成威脅。因為他人發表的言論而對服務供應商追究侵權責任，對於國會而言，就只是政府換一種形式對言論施以侵入性規範。」[36] 威金森提出理由認為，第 230 條並未阻止原告控告撰寫有害內容的人，他寫道，但國會做了明確的「政策選擇」，讓線上平台免於為用戶發表的任何可怕內容承擔責任。否則，他預測，這會對線上言論產生「明顯的寒蟬效應」。[37]「要服務供應商一則一則過濾數百萬則貼文、找出可能有問題的地方，是不可能的。」威金森寫道，「若每一則由他們的服務重新發表的訊息，都有被究責的可能，則線上電腦服務供應商可能會選擇嚴格限制貼文的數量和類型。」[38]

　　威金森的意見書極為清楚地描述第 230 條獨自一條法規就能促進網路言論自由的特性。考克斯和懷登在第 230 條中納入「發現結果」和「政策」這兩節，意圖之一是強化對言論自由的保護。這兩節說明，第 230 條的目的包括促進網際網路的「持續發展」[39]，並為這種服務維持「充滿活力和競爭的自由市場」。[40] 這兩節還討論了鼓勵技術發展的目標，包括讓「用戶有最大的能力控制」透過網路收到的資訊，以及推動阻擋、過濾等技術。[41] 這兩節也討論了網際網路和相關服務的潛力，可以作為「真正多元的政治論述得以發生的論壇、文化發展得以實現的獨特機會、智力活動得以活躍的無數途徑」。[42] 支持考克斯－懷登法案的民主黨國會議員柔伊‧洛夫格倫在一九九五年的眾議院全院辯論中表示，這項法案保住了「第一修正案和網路上的開放系統」[43]；另一位支持者，共和黨國會議員羅伯特‧古德拉特說，這項法案「不侵犯言論自由或成年人彼此交流的權利。」[44] 從立法歷史可以清楚看出，國會設想第 230 條將成為網路言論的保護機制，而威金森解釋了新法如何提供這種保護。

　　威金森駁斥凱瑟對第 230 條僅適用於發行人，不適用於傳播者的論點。與埃利斯一樣，威金森寫道，對傳播者可以追究的責任「僅是發行人責任中的子項目，或說發行人責任的一種，因此第 230 條也先免除了這種責任。」[45] 這項發現驗證了羅伯特‧漢密爾頓自他的客戶在 Cubby v. CompuServe 案中勝訴後，在會議和出版物中提出的論點：誹謗法沒有把

發行人和傳播者視為兩種不同的身分。威金森提出論點認為，澤蘭以過失罪名控告 America Online，「與一般的誹謗訴訟沒有區別」。[46]

威金森寫道，當像 America Online 這樣的線上服務公司收到可能構成誹謗的投訴時，就「被迫要扮演傳統發行商的角色」，意思就是線上服務「必須決定是否發布、編輯或撤下貼文」，威金森結論指出。[47] 他還體認到當線上服務公司收到投訴後，要他們在實務上為所有涉及誹謗的貼文負起責任的難處。「如果電腦服務供應商必須承擔傳播者的責任，則每次他們被通知說可能有構成誹謗的陳述時 —— 可能來自任何人、可能與任何訊息有關 —— 都將面臨潛在的責任風險。」威金森寫道：「每次通知都需要仔細但迅速地調查與貼出訊息相關的各種情況、對訊息是否具備誹謗的特性做出法律判斷，並當場做出編輯決策，決定是否冒著被究責的風險允許這則訊息繼續發布。」[48] 威金森提出理由認為，凱瑟對第 230 條的解釋，就形同某個憤怒的個人只要向服務供應商投訴，就可以對線上言論進行審查。「當一方對互動式電腦服務上另一方所做的言論感到不滿時，受冒犯的一方只要『通知』相關服務供應商，聲稱這則資訊在法律上構成誹謗。」威金森寫道，「鑑於有大量言論藉由互動式電腦服務傳播，對服務供應商而言，這些通知或許會構成不可能完成的重擔 —— 他們將必須不停地做出選擇來壓制爭議性言論，擔負起讓人望而卻步的責任。」[49]

　　威金森的做法，與第一章中討論過的布萊克大法官一九五九年駁回農民聯盟控告 WDAY 的訴訟如出一轍。布萊克和威金森一樣是在解釋一項法規，只不過布萊克處理的是通訊法案中的同等時間要求。然而，布萊克體認到，原告對同等時間法規的解釋，會使電視台因為擔心被告而對播出的內容更加謹慎。布萊克的論點認為，這種謹慎會使政治言論播出的數量減少。同樣地，威金森意見書的核心，就是擔憂凱瑟對第 230 條的狹義解讀，會導致線上服務審查用戶，或禁止他們在線上貼文。布萊克和威金森考慮的主張都不涉及第一修正案；這兩個案件都需要他們解釋國會通過的法律。然而，他們對言論自由的關切，成為他們解釋這些法律的方針。

　　威金森的裁決，重要性無法言喻。若威金森同意凱瑟的觀點，即第 230 條對線上服務供應商的豁免，不包括他們收到關於第三方內容的投訴或通知的情形，則美國平台的法律環境將會類似其他多數西方國家的法律，讓任何對用戶內容感到不滿的個人或公司都能霸凌服務供應商，迫使供應商拿掉特定內容，否則供應商就會面臨重大的法律風險。但威金森不同意凱瑟的觀點。他結論認為，第 230 條讓線上平台得以豁免於幾近所有因第三方內容引起的訴訟 —— 美國網際網路法律的發展軌跡從此再也不同。

　　國會在通過第 230 條時，是否企圖創造威金森在澤蘭案中提供的全面豁免？絕對就是如此，懷登在二〇一七年這麼告訴我。「我們非常直截了當地說，如果網站的擁有者可能

被追究個人責任，會使創新全面凍結。」懷登說，「這很好理解吧，又不是研究火箭之類的高深學問。」[50]

澤蘭要求第四巡迴上訴法院的所有法官——不僅是三人的合議庭——重新審理此案，但第四巡迴上訴法院拒絕了這項要求。然後，他向美國最高法院請求重審此案，但一九九八年六月，最高法院拒絕了這項請求。威金森法官的裁決使澤蘭一籌莫展，無法就匿名用戶的貼文控告 America Online。威金森對第 230 條的解釋非常廣泛，超過第一修正案對發行商提供的標準保護。對網路公司而言，澤蘭案使第 230 條變成幾乎堅不可摧的超級第一修正案。

凱瑟說，自從威金森發布意見書以來，他曾在社交場合見過他這位大學時代的老朋友。但凱瑟說，他們直到二〇一七年都沒有討論過澤蘭案。凱瑟仍然確信威金森對第 230 條的解釋是完全錯誤的。他仍然相信第 230 條只打算確保線上服務商面對的究責標準，與利澤爾法官在 Cubby 案中應用的是相同的：線上服務商是傳播者，只有在他們被通知後，才須對用戶內容負責。「America Online 使用 CDA（通訊端正法案）為他們的責任辯護；在我看來，這項法案的本意並非如此。」凱瑟表示。凱瑟認為威金森的決定，與保護公司免受訴訟的司法理念系出同門。「威金森這個人非常保守。」凱瑟說：「我確信他做出這個政策決定，只是要讓這些在網路上的公司免於如洪水猛獸般的責任。」[51] 但是澤蘭

案的結果不僅僅關乎法官的觀點是保守或自由。在沒有其他法院可以依循的情況下解釋全新的法規，通常不會得到明確的結果。威金森本可以合理地採納凱瑟對第 230 條的狹義解讀，但他沒有這麼做。他依循的不僅有卡羅姆對國會意圖充滿說服力的論點，還有雖未言明但對網路例外論堅定的基本信念。威金森寫道，國會通過第 230 條，「部分是為了維持網路通訊的強健本質，並且據此將政府對媒體的干預維持在最低程度。」

只要幾個字，就可以精闢地摘要威金森對第 230 條的解讀：網際網路是不同的。因為網際網路是不同的，所以需要根據不同的規則運作。網路例外論在起草、通過第 230 條的過程中都如影隨形，在上訴法院首次對第 230 條做出的解釋中，網路例外論當然也是其中核心。網路例外論也意味著像澤蘭這種令人同情的原告會無計可施，且毫無救濟之法。澤蘭對奧克拉荷馬市廣播電台的誹謗訴訟也以失敗告終。奧克拉荷馬州地方法院駁回這個案子，第十巡迴上訴法院也維持原判，做出結論認為他未能證明廣播有損他的名譽。法官戴爾‧A‧金博寫道，澤蘭在試圖證明憤怒的來電者知道他的姓氏一事上並不成功，因此他也無法證明「有人會因廣播而看輕他肯尼斯‧澤蘭。」[52]

澤蘭很少公開或在媒體上討論他對 America Online 的訴訟結果，我在撰寫本書時也無法聯絡到他。但二〇一一年，在聖塔克拉拉大學法學院慶祝第 230 條問世十五週年的研討

會上，他發表了長達三十八分鐘的演講。出人意料的是，澤蘭並未否定網際網路從本質上就是不同的概念。他回憶自己一九七〇年代初期在 CBS 新聞台工作的情形——那是個電視新聞改變美國人接收資訊方式的時代。對澤蘭而言，問題不在於網際網路是不是例外；他更關心的是這項新科技的基本規則是否公平。「我相信第 230 條的挑戰，是它能否有效地在電腦通訊媒體中，以憲法保障達成這種理想？」澤蘭說，「我認為它還有所不足。」

澤蘭案開闢了對第 230 條廣義解釋的大道，效果超過任何其他法院意見書，將網際網路形塑成我們今日所知的樣子，本書第六章會詳加描述。如果卡羅姆沒有足夠的信心完全依賴這條晦澀、未經驗證的新法規，那麼 230 條款的歷史和網際網路的歷史，都會截然不同。

由於維吉尼亞州的火箭法庭迅速處理案件，澤蘭的案子成為解釋第 230 條的第一份地方法院與上訴法院意見書。即使不受限於埃利斯和威金森意見書的法官，也不能忽視這兩樁法院裁決對第 230 條豁免權的廣義解釋。澤蘭案之後，上百份解釋第 230 條的法院意見書都引用了這個案子。想像一下，如果第一個解釋第 230 條的法院採納了里歐・凱瑟對豁免權較狹義的解釋——若平台知道或應該要知道非法的第三方內容，則法院可對平台究責——會發生什麼情形。這種意見書可能會替全國法官的立場定調，否定線上服務商享有

第 230 條的豁免權。許多訴訟律師都知道，案件事實對案件結果的影響之大，不亞於法律規則。當一項法律規則（例如新法規的範圍）還不明確時，第一個解釋這條規則的案件事實會特別重要。毫無疑問，肯尼斯・澤蘭的故事引人入勝且令人同情。但是，在埃利斯法官對澤蘭案做出裁決前的一個月，佛羅里達州法院有另一樁控告 AOL 的訴訟，涉及甚至更加悲劇性的情況。

　　一名男孩的母親指控理查・李・羅素錄製、拍攝她一九九四年時十一歲的兒子和另外兩名未成年人的性行為，並藉由 AOL 聊天室販售這些圖像和影片。男孩的母親（以假名「無名女士」稱之）在一九九七年一月二十三日對羅素和 America Online 提起告訴，指控 America Online 違反兒童色情法，並犯下允許羅素使用 AOL 的服務散播兒童色情的過失。原告在訴訟中宣稱 [53]，America Online 已經「被通知」有人用它的服務販售兒童色情，也接獲關於羅素的投訴，但沒有禁止他使用 AOL 的服務。一九九七年六月二十六日，在埃利斯法官駁回澤蘭案大約三個月後，但在第四巡迴上訴法院聽審澤蘭上訴口頭辯論的三個月前，佛羅里達的初審法院法官詹姆斯・T・卡萊爾駁回了無名女士對 America Online 的主張。卡萊爾法官大致上依據埃利斯法官在澤蘭案中的意見書提出論點，認為這樁訴訟尋求的是追究 America Online 作為羅素聊天內容的「發行人或發言人」責任，而這是第 230 條禁止的。[54] 無名女士將駁回裁決上訴至佛羅里達

州第四地方上訴法院。一九九八年十月十四日，三名法官組成的合議庭一致肯定維持原判。當時，聯邦第四巡迴上訴法院已經發布澤蘭案的意見書；佛羅里達州上訴法院大致根據第四巡迴上訴法院的論點做出這項結論。然而，上訴法院認為第 230 條的範圍「對社會大眾而言非常重要」，並要求佛羅里達州最高法院檢視這項決定。[55]

二〇〇一年三月八日，佛羅里達州最高法院以四對三的票數做出有利 America Online 的裁決。由查爾斯·T·威爾斯首席大法官撰寫的主要意見書採納了第四巡迴上訴法院對第 230 條豁免權的廣義解釋。事實上，這份主要意見書包含大段引用自澤蘭案意見書的內容。「無名女士聲稱的訴訟原因，箇中要旨的基本論調正是追究過失責任 —— 未能控制用戶在網路上發布據稱非法的貼文。」威爾斯寫道，「這樣發布淫穢文字或電腦色情，與澤蘭案裁決中討論的誹謗性發文如出一轍。」[56] 佛羅里達州最高法院的七名法官中，只有四名認為第四巡迴上訴法院在澤蘭案中的判決是正確的。另外三名大法官持不同意見。他們寫道，第四巡迴上訴法院對第 230 條發布的「解釋是完全不能接受的。」

撰寫不同意見書的 R·弗雷德·路易斯大法官結論認為，國會通過第 230 條只是為了保護線上服務商免於因為他們「實施善意的監控計畫，以杜絕非法、不恰當的素材藉由 ISP 的電子媒介散播出去」而衍生的主張。[57] 根據路易斯的看法，第 230 條並不允許線上服務商躲過第三方內容的

所有法律責任。「透過主要意見書的解釋，所謂的『合宜法案』已經背離行之有年的法律原則，從恰如其分的盾牌，被轉化成極端危險的殺傷性利刃，把科技熱門詞彙與經濟考量看得比人民的安全和普遍福祉更重要。」他寫道。根據路易斯的觀點，澤蘭案意見書的「致命傷」在於把傳播者歸類為「發行人」的子類別。他指出，第 230 條僅防止互動式電腦服務提供者被視為第三方內容的發行人或發言人；他提出理由說明，傳播內容要追究的責任，與發行根本不同。路易斯指出，原告宣稱「AOL 其實知道正在自己的網際網路服務上傳輸的素材，性質是非法的。」[58] 駁回無名女士的裁決，完全與國會制定通訊端正法案的原因背道而馳。「若有 ISP 已經明確察覺，自身服務中正有身分確鑿的客戶在透過招攬買家散播兒童色情，且因為法院對法規的解釋，ISP 享有豁免，什麼事都不用做就可以收割從這種活動帶來的經濟利益，則這項聲稱促進 ISP 自我監管作為的法規，實際上究竟有什麼好處呢？」路易斯寫道。[59]

　　如果埃利斯法官和第四巡迴上訴法院沒有在佛羅里達州法院發布意見書之前，就先對澤蘭案做出裁決，則佛羅里達州法院可能就沒有對第 230 條如此廣義的解讀可以遵循。如果沒有澤蘭案的意見書，佛羅里達州最高法院有可能會出現第四位大法官支持路易斯的觀點，則第 230 條就完全不會是今天的樣子。

　　威金森法官意見書迅速又有力的影響，可以在另一個更受矚目的案件中看到。這個案子是在波多馬克河對岸，與亞歷山大法院相望的另一個法院中審理的。這椿哥倫比亞特區案件的原告，在權力和資源上都比西雅圖某攝影師更充沛。西德尼‧布盧門索是柯林頓總統的白宮首席顧問，曾是《紐約客》、《新共和》等雜誌的政治線記者；他的妻子賈桂琳‧喬丹‧布盧門索是柯林頓總統的白宮研究員計畫主任──兩人是典型的位高權重華盛頓夫婦。馬特‧德拉吉創辦了《德拉吉報告》，是最早的新聞八卦網站之一。眾所周知，德拉吉立場保守，熱衷於挖掘柯林頓白宮的醜事。

　　一九九七年八月十日，一則標題大剌剌地橫跨德拉吉網站頁面頂端：「指控：白宮新貴西德尼‧布盧門索有家暴歷史」。這篇文章引用了一位匿名「共和黨有力人士」的話，聲稱有「布盧門索對妻子施暴的法庭紀錄」。[60] 翌日，布盧門索夫婦的律師小威廉‧奧登‧麥克丹尼爾致信德拉吉，斷然否認對配偶施虐的指控。「這種紀錄不存在，不管是在法庭或任何地方都沒有。」麥克丹尼爾寫道，「這種暴力從未發生過，布盧門索先生沒有『對配偶施暴的紀錄』，這種說法從未流傳過，也從未發生過任何掩飾。」[61] 麥克丹尼爾主張德拉吉知道這些指控是捏造的，但仍然不管三七二十一發布了這些內容──走這一步，可能會讓像布盧門索這樣的公眾人物在對德拉吉提起誹謗告訴時更有勝算。「你沒有採取任何步驟驗證你的指控。就算只做最基本的確認，你也會發現沒有任

何法庭紀錄可以證明你的指控。」麥克丹尼爾寫道。[62]

　　德拉吉關於布盧門索的報導不僅發布在他的網站上，也發布在 America Online 上——America Online 提供《德拉吉報告》給它的訂閱用戶。儘管美國人存取公開網際網路的能力逐漸增加，但仍然有許多人的新聞、資訊來源，是像 AOL 和 Prodigy 這種線上服務，而 AOL 正在迅速鯨吞競爭對手，成為主要的線上服務商。德拉吉與 AOL 之間的交易大幅增加了德拉吉的觀眾群，AOL 宣布雙方合作關係的新聞稿估計，這宗交易將使德拉吉能夠「觸及到潛在觀眾，與他的網站現在吸引到的觀眾相比，高了一百六十倍。」[63]

　　德拉吉的報導迅速席捲全國。在德拉吉發布報導的第二天，《華盛頓郵報》的媒體專欄作家霍華德·柯茲報導稱，德拉吉說他正在撤回這則報導。他告訴《郵報》說：「有人試圖讓我追這則〔報導〕，我可能有點太投入了。我無法證明報導內容屬實。這就是利用我來報導醜事的案例——我想我被操縱了。」[64] 儘管德拉吉公開道歉，但西德尼和賈桂琳·布盧門索夫婦在德拉吉發布報導的十七天後，向德拉吉和 America Online 提告，訴狀長達一百三十七頁。這場官司的受理法院為哥倫比亞特區聯邦地方法院，訴狀列舉了二十一項主張，包括誹謗、侵犯隱私和故意造成精神傷害。他們對每一項主張尋求三千萬美元的補償暨懲罰性損害賠償，以及訴訟成本。[65]

　　兩個月後，America Online 要求法院駁回布盧門索夫婦

對 America Online 的主張。派翠克・卡羅姆再次代表 America Online 出庭。大致上，他提出的是他在澤蘭案中發展出來的，同一套對第 230 條的解讀。但這回，卡羅姆還有另一個問題要處理。布盧門索夫婦的主張指控德拉吉是 America Online 的員工或代理商。第 230 條的豁免只適用於由「另一個資訊提供者」提供的資訊。如果德拉吉是 America Online 的員工或代理商，則他可能不符合「另一個」內容提供者的條件，第 230 條將不會使 America Online 免責。America Online 與德拉吉的關係，比與貼出澤蘭電話號碼的匿名用戶更緊密 —— America Online 與德拉吉簽了合約，為了電子報而付錢給他。然而，卡羅姆主張 America Online 無從控制德拉吉的寫作內容：「他是他自己的老闆。他一個人決定要寫哪些報導、依賴哪些消息來源、何時發布任何一則特定報導或版本。」[66] 布盧門索夫婦主張，若 America Online 發布某個受雇承包商的誹謗言論，則即便是澤蘭案對第 230 條的廣義解釋也不能使 America Online 免責。麥克丹尼爾在反對 America Online 動議的書狀中寫道，澤蘭案沒有涉及「一種情況，就是互動式電腦服務商供應了提供散播素材的人唯一的收入來源，且與此人有合約關係，使互動式服務商有極大的控制權，控制它要送出什麼內容。」[67]

　　這個案子被分派給保羅・弗里曼法官，他是前聯邦檢察官、企業法律事務所合夥人，四年前由柯林頓總統任命為法官。[68] 一九九八年四月二十二日，弗里曼法官駁回布盧門索

夫婦對 America Online 的主張。弗里曼的意見書大量引用澤
蘭案的內容，並結論認為威金森的意見書「對布盧門索夫婦
的主要論點提供了完整答案」。弗里曼表示，America Online
與德拉吉的商業關係，並不改變他認為第 230 條使 America
Online 免責的結論。

　　America Online 不僅支付德拉吉的專欄，而且在一份
新聞稿中，吹噓他們雇用了這位「特立獨行的八卦專欄作
家」，弗里曼提出他的觀察。「因為對與 America Online 簽
訂合約、由 America Online 散播其言論的人，America Online
有權行使編輯控制，因此似乎只有對 AOL 追究與施加在發
行人身上相同標準的責任，或至少像書店老闆、圖書館的責
任，或與施加在傳播者身上相同標準的責任，才算公平。」
弗里曼寫道。「但是，國會做了不同的政治選擇，甚至連在
互動式服務供應商扮演主動，甚至可說是積極地使他人準備
的內容可被取得的情境中，也提供了豁免。」弗里曼看起來
對國會的政治選擇感到有些困惑。「國會與服務供應商群體
有某種默契，在某種利益交換安排中，授予服務供應商免於
侵權責任的豁免作為誘因，讓網際網路服務供應商自我監管
網路中的淫穢和其他冒犯性素材，即使這種自我監管並不成
功或業者根本沒有嘗試自我監管，仍享有豁免。」他寫道。
弗里曼甚至還暗暗嘲諷 America Online，他寫這家公司「充
分利用了國會在《通訊端正法》中賦予的所有甚至更多好
處，且不接受國會原本打算施加的任何負擔。」[71] 然而，弗

里曼無法盡興發揮。第 230 條的文字寫得很「清楚」，他除了駁回布盧門索夫婦對 America Online 的主張之外，別無選擇。

若只迅速地瞥過第 230 條的二十六個字一眼，是寫不出弗里曼的意見書的。他本可以結論認為，德拉吉不是「另一個資訊內容提供者」，布盧門索夫婦可以控告 America Online。就像威金森一樣，弗里曼認識到國會認為網際網路需要一個不同的遊樂場，無論這個遊樂場有多不公平或不合邏輯。

網際網路是不同的。

「上百萬世界各地不同的資訊提供者，能以近乎即時的方式將資訊散播給能存取電腦，因此能存取網際網路的使用者。」弗里曼寫道，「這種可能性在『網路空間』中，為交換資訊與想法創造了愈來愈多機會。」[72]

如果威金森的意見書對原告而言像是警告，提醒大家第 230 條創造了一個新的遊樂場給網際網路，那麼弗里曼的意見書就像最嚴重的火警警鈴大作。布盧門索夫婦對 America Online 提告的案件，似乎是摧毀第 230 條的完美風暴：原告是華盛頓最有權勢的夫婦之一；作家則是惡名昭彰的八卦資訊站，交換、散播政治色彩濃厚的謠言；被告是大型科技公司，付錢買這些謠言，甚至以德拉吉做為賣點來吸引客戶；法官質疑國會最初通過第 230 條的智慧。然而，法官弗里曼仍然駁回了這個案件。第 230 條最初問世時，這條法規似乎成為網路公司一面堅不可摧的盾牌。網路例外論獲勝。

第五章
希姆萊的孫女和
貝久裔達波女孩

　　在第 230 條剛問世的頭幾年，全國其他地區的法院都遵循威金森法官開的先例，對這條法規的豁免採廣義解釋。但美國第九巡迴上訴法院一直到國會通過這條法規七年後，才對第 230 條表示意見。法院對第 230 條的沉默，讓科技公司惴惴不安，密切注意第九巡迴法院如何解讀科技法律。美國分為十二個區域性的司法「巡迴法院」，每個巡迴法院都有自己的上訴法院。當一處上訴法院解釋一條法律後，在這個巡迴法院轄內的所有聯邦法院都必須遵循這項解釋。第九巡迴法院的範圍是美國西部，包括阿拉斯加、亞利桑那、加州、夏威夷、愛達荷、蒙大拿、內華達、奧勒岡和華盛頓州。因為範圍廣大，第九巡迴法院的案量是全美最繁重的聯邦上訴法院之一。這所法院有約四十名法官，不過有些法官已經晉身「資深法官」，審理的案件數量較少。

　　到了兩千年初期，許多頂尖的網路公司都以加州或華

盛頓州為總部，包括 Yahoo!、Google、eBay、Microsoft 和 Amazon。這些科技公司受到第九巡迴法院對網路交易、線上版權和其他科技議題的裁決約束。只要第九巡迴法院的一項裁決，就可能會讓一家公司的商業模式一飛衝天或一敗塗地。影響力更大的，只有美國最高法院對第 230 條的解釋，因為會成為全國先例（至二〇一八年，最高法院尚未審理過需要實施第 230 條的案件）。

第九巡迴法院不乏有人批評。長期以來，這所法院中有不少直言不諱的民主黨任命法官，讓法院以自由派判決聞名。相較於其他巡迴法院，第九巡迴法院的裁決更常被美國最高法院推翻。由卡特總統於一九八〇年任命的史蒂芬・萊因哈特法官，直到二〇一八年去世前都維持審理案件量全滿的狀態。他曾不太光榮地表示最高法院「無法每個案子都找碴」。[1] 在二〇一二年競選總統期間，前眾議院議長紐特・金里奇曾呼籲廢除第九巡迴法院。[2] 然而，第九巡迴法院被推翻的比率，與其他巡迴法院被推翻的比率相去不遠，且歐巴馬總統任命的多數法官都是前檢察官或公司法律師事務所合夥人，他們的理念通常比柯林頓和卡特提名的法官更為溫和。[3]

二〇〇三年的夏天，第九巡迴法院首次在它發布的兩份意見書中用上第 230 條。在這兩個案件中，法院的判決都對原告不利，運用的大致論點都與第四巡迴法院在澤蘭案中採用的相同。但是原告的故事可能比肯尼斯・澤蘭或者

甚至西德尼・布盧門索的故事更令人震驚，被告的行為也比 America Online 更具爭議性。在第 230 條最有關緊要的巡迴法院轄區，這兩份意見書進一步強化了第 230 條的豁免待遇。但這些裁決也讓人用新的眼光看待這條法律，並質疑它是否公正。

　　克里斯・考克斯對於第 230 條出自他手一事十分自豪。但他的熱情略顯含蓄。他認為有些法官做得太過頭，豁免了一些他原本沒有打算讓他們從這條法律受益的被告。他說：「對這條法規誇大的修飾多得出奇。」當被要求舉例說明何謂修飾時，他立刻回答：「巴澤爾。」[4]

　　愛倫・巴澤爾是畢業於常春藤名校的律師，在南加州執業，專精交易法。在一九八〇、九〇年代，她的客戶都是大型企業和娛樂圈名人。九〇年代初期，她是加州一家危險廢棄物管理公司的外部法律顧問。後來她成為這家公司的員工，一路升到管理高層。她在北卡羅萊納州阿什維爾附近買了第二間房子，在阿什維爾開創東南地區的分公司。巴澤爾在加州和北卡羅萊納州之間往返奔波，最終升至公司總裁、執行長的位置。巴澤爾回憶說，她不斷收到媒體採訪的邀約——一九九〇年代初期，女性領導上市公司還很罕見。但她說她都拒絕了，這種宣傳對她而言沒有吸引力。她說她想專心做好工作，而不是在媒體前亮相：「我很保護我的隱私。」[5]

九〇年代中期,當公司的業務逐漸走下坡並申請破產保護後,她覺得更有必要保護自己的隱私。她認為自己可能被幫派盯上了──她經營的畢竟是廢棄物管理公司──因此她搬到阿什維爾並全職在此上班,但仍保留了加州的房子。她拿到北卡羅萊納州的律師執照,並逐漸重新打造自己的法律業務,代表全國各地的藝廊、藝術家、製作公司和古董商。她還擔任當地博物館的董事會成員。[6] 一九九九年夏天,在一位客戶向她推薦總承包商羅伯特・史密斯後,她雇用史密斯替她的房子進行工程。史密斯除了是工匠,也是有遠大志向的電影編劇。史密斯請巴澤爾把他的劇本轉交給巴澤爾的客戶,但巴澤爾拒絕了,後來她說史密斯很生氣。而且,兩人對他工作應得的工資也沒有達成共識。[7] 一九九九年九月十日,史密斯向總部在荷蘭的非營利機構「博物館安全網路」(下稱「MSN」)發送了電子郵件。MSN 經營網站、按照郵寄清單發送電子報,電子報刊載的都是博物館主管會感興趣的新聞,例如藝術品被盜或其他安全議題。當時,阿姆斯特丹國家博物館的安全總監托恩・克默斯負責發布MSN,其中包含他選擇的文章和用戶投稿。

史密斯的電子郵件是從他的 Earthlink 帳戶寄出的,主旨是「被盜的藝術品」。史密斯寫道:

您好:

我是美國北卡羅萊納州阿什維爾的建築承包

商。一個月前，我替一位名叫愛倫‧L‧巴澤爾的女士翻修房屋，她向我吹噓自己是「阿道夫‧希特勒的親信」之一的孫女。當時我忙著完成工作，但仔細回想後，我想她說她是海因里希‧希姆萊的後人。

愛倫‧巴澤爾家的牆上有數百幅古老的歐洲畫作，全都裝在厚重的雕刻木框中。她告訴我這些畫作是她繼承來的。

我認為這些畫作是在第二次世界大戰期間洗劫而來的，理當傳承給猶太族群。她的地址是【已刪除】。

我同時也認為，罪犯的後代雖然不應因父執輩的罪行而受到迫害，但也不應因此受益。

我不知道這件事應該找誰，所以我第一個先聯絡您的組織。如果您願意討論這個問題，請用電子郵件聯絡我：【已刪除】，或致電【已刪除】。

鮑勃 [8]

收到電子郵件後不久，克默斯略為編輯、修改信件內容，然後發表在 MSN 的郵寄清單和網站上。郵寄清單的訂閱用戶注意到相關內容並向克默斯投訴，克默斯將投訴內容也發布在郵寄清單中。「史密斯先生暗示某位家中有古老畫作的女士，是從納粹的戰利品中搜刮了這些畫作收藏──這

種暗示簡直太過份了。」一位波士頓博物館員工寫道。「他
的主張、證據和假設都荒誕不經；公開這位女士的地址，也
非常不尊重她的隱私。」⁹另一位用戶告誡克默斯：「最起
碼的情況是，你欠這位女士一句道歉；最壞的情況是，你私
人財產的一大部分可能最終都要賠償給這位女士。」¹⁰在克
默斯發出電子郵件後，史密斯向身在美國的 MSN 網站特約
編輯強納森·薩佐諾夫發送訊息，顯然對自己的電子郵件被
公開一事感到困惑：「我嘗試想要釐清到底我是怎麼把自己
的郵件貼到〔這個網域〕的布告欄上的。我透過搜尋引擎的
引導，由後門進入 MSN，從未看到全貌。我也不記得讀過
關於訊息布告欄的任何資訊，所以對於這種情況是如何發生
的感到有些困惑。我以前訂閱的每個布告欄都需要申請表、
設置密碼和／或註冊，還有使用說明解釋這是為了攔截廣告
商、怪人和像我這樣笨手笨腳的笨蛋。」¹¹收到投訴後，克
默斯將巴澤爾的個人身分資訊從網站的存檔中移除，並向郵
寄清單訂閱用戶發送了一封郵件，說明他從這次經歷中學到
的教訓。「在此向各位說明，許多訊息都以私下回覆的方式
處理，不在清單中。」他向用戶保證，「回顧、檢討後，我
認為這則訊息也應該不列在清單中，只轉發給〔另一個訂閱
用戶〕建議的那種組織……由衷希望最終沒有人受到傷害，
或未來因此受到傷害。」¹²克默斯說他收到電子郵件通知，
表示 FBI 已經注意到史密斯的郵件。他向 MSN 郵寄清單訂
閱用戶發送了一則訊息：

這封郵件清單訊息中還有另外兩則與納粹盜取藝術品的訊息有關的貼文。那位被指控持有這些贓物藝術品的女士，她的全名與地址都公開在這兩則貼文中。到現在，我想，能說的都已經說盡了。

MSN 在美國的特約編輯強納森・薩佐諾夫已經在跟幾位相關人士聯繫，他們對這件事情可能有一定的重要性。他也有跟最初的發信人保持聯繫。

我們已經通知 FBI 原始訊息的內容。我會持續向各位說明這個案件未來的發展。托恩・克默斯。[13]

巴澤爾表示，有長達三個多月的時間，她對郵寄清單這件事情毫不知情。她有網際網路和電子郵件，但她說她不是那種會 google 自己的人，所以她無法解釋為什麼奇怪的事情開始發生在她身上。她在藝術界和娛樂圈的客戶，開始完全不加解釋地停止與她的業務往來。[14] 二十一世紀開始的兩天後，巴澤爾說她收到一封匿名信，附有原始 MSN 訊息的影印複本。[15] 她大吃一驚。她說她從來沒有聲稱自己與納粹有關。她家中的畫作甚至都不是來自她的任何親戚——她所有的藝術品都是從她的客戶那裡購買的。

突然，過去幾個月的事件對巴澤爾而言似乎不再那麼奇怪了。「我失去了幾乎所有的客戶，現在我知道為什麼了。」她說。她聯繫了當地的地方檢察官辦公室，對方建議她雇用保鏢並搬離北卡羅萊納州。[16] 隔天，巴澤爾寫了一封

電子郵件給克默斯：

> 我的名字是愛倫‧巴澤爾，是北卡羅萊納州阿
> 什維爾的一名律師……
>
> 這種荒謬的誹謗和惡意中傷，讓我感到震驚、
> 憤怒。我非常生氣——你竟然公開我的姓名、地
> 址、電話號碼，讓我和我的財產暴露在危險之中。
>
> 你要怎麼處理這種惡意誹謗？你要怎麼處理已
> 經對我造成並且還在持續造成的傷害？你讓我身處
> 風險中且風險揮之不去。
>
> 哦，對，我代表洛杉磯的藝術家、藝廊和古董
> 商（其實我擁有的所有藝術品和古董都是跟客戶買
> 的，或者是在公開拍賣會上買的）……
>
> 這件事讓我非常沮喪，非、常、沮、喪。[17]

巴澤爾和克默斯之間惡意相向的電子郵件往返從此揭開
序幕。克默斯邀請巴澤爾寄送她「相反的意見」在 MSN 上
發布。克默斯寫道：「如果您有意解決這件事，請務必表達
您的觀點！」但巴澤爾對克默斯提議發布「相反的意見」一
事並不滿意。她在給克默斯的電子郵件中寫道：「鑑於貴
組織與薩佐諾夫先生的關係，您可能已經打探過我的身家底
細，知道我是律師，代表客戶都是藝術界的名人、有名望的
組織，知道我和希特勒的任何黨羽，包括但不限於 H‧希姆

萊，沒有任何關係。」巴澤爾寫道：「您可能也知道我收藏的藝術品，都是一九八四年之後向洛杉磯的藝術代理商購買的，其中幾乎沒有『歐洲』的。」[18]

巴澤爾向 MSN 的贊助商摩斯勒投訴，還聯繫了克默斯工作的博物館，不久後克默斯被解雇了。巴澤爾聲稱克默斯調查了她的背景。[19]

巴澤爾說，電子郵件、謠言繼續四處流竄，使她找不到客戶。在危險廢棄物公司波折不斷地倒閉之後，她一直在北卡羅萊納州重建生活，現在卻突然被打上納粹後裔的標籤。「我再度開始代表娛樂圈的客戶，商務客戶。」巴澤爾說，「生活正開始慢慢重上軌道。然後來這麼個無妄之災，徹底毀掉我的生活，讓我完完全全一無所有。」[20]巴澤爾最後賣掉她在阿什維爾的房子，收掉她在北卡羅萊納州的律師事務所，生活重心完全移回加州。她認為自己的名聲已經支離破碎、無可挽救。她想起接到歐普拉的製作人之一打來的電話，邀請她上節目。「『我不是希姆萊的孫女。你還要我上節目嗎？』」巴澤爾回想她對製作人這麼說。「他們說，『那就算了。』」[21]巴澤爾的朋友鼓勵她提告。他們知道那些指控是假的，而且毀了她的聲譽和事業；他們說，若要問誰的案子是貨真價實的誹謗案，絕對非巴澤爾莫屬。但巴澤爾猶豫不決：她的名譽受損已經是既成事實，她也懷疑自己是否能勝訴。巴澤爾說：「我不想告任何人，因為看來沒有任何好處。法院不喜歡看到原告是律師。我們不應該把自己

的地盤弄得一團糟。」[22] 她沒有太多時間可以做決定——加州法律規定，誹謗訴訟的時效是一年。二○○○年九月七日，她接受朋友的建議，由她的律師霍華德‧弗雷德曼向洛杉磯聯邦法院提告，控告史密斯、克默斯、荷蘭博物館協會、摩斯勒誹謗、侵犯隱私、故意造成精神損害。巴澤爾說她提起告訴不是為了錢，而是為了洗刷她的名聲。「我對自己說，『我要嘛會因為是希姆萊的孫女而出名，要嘛會因為不是他的孫女而出名。』」[23]

　　克默斯根據幾項理由，包括第 230 條，要求地方法院法官史蒂芬‧V‧威爾森駁回這個案子。威爾森認為這項主張毫無道理。他在二○○一年六月五日的書面意見書中，用一頁多的篇幅拒絕駁回此案，對克默斯的主張置之不理。威爾森寫道，第 230 條僅適用於「互動式電腦服務」，如 America Online；博物館安全網路「顯然不是網路服務供應商，因為它沒有能力提供網路存取」，反而「很明顯是法案中所指的『資訊內容提供者』。」他寫道。威爾森將 America Online 這類公司和博物館安全網路這種電子報區分開來，言之成理。但這種區別無法「清楚地」讓博物館安全網路不適用第 230 條的保護。威爾森暗示只有「真正的網路服務供應商」——讓人們連到網際網路的公司——才能享有第 230 條的豁免。然而，第 230 條的文字並不支持這種解讀。第 230 條適用的「互動式電腦服務」供應商、用戶，類型更廣，包括網際網路服務供應商（ISP），但也包括其他

任何資訊服務，只要有提供或能讓大量用戶存取電腦伺服器的都算。威爾森本應詢問博物館安全網路是否屬於這種更廣的「互動式電腦服務」供應商或用戶的範疇。如果是，則下一個更棘手的問題是，與巴澤爾有關的貼文是由其他資訊內容提供者造成的？還是由克默斯編輯史密斯的電子郵件並發布他自己的訊息造成的？

　　克默斯把威爾森不利於他的裁決，上訴到第九巡迴法院。克默斯的律師是拉瑟姆與威金斯律師事務所，全球最大的律師事務所之一。他們主張，國會想要豁免的不僅是網際網路服務供應商（ISP）。史密斯提供了內容，因此是「資訊內容提供者」，他們寫道，而克默斯及他的博物館安全網路提供的是互動式電腦服務。「第 230 條之下的豁免直接明瞭。」眾律師寫道，「即使網站管理員規範、管理由第三方產生的內容，也不能就並非由他們執筆的誹謗性陳述向他們追究責任。」[24] 巴澤爾在第九巡迴法院據理力爭，主張威爾森法官結論認為第 230 條不予克默斯豁免是正確的。在巴澤爾的書狀中，弗雷德曼寫道，第 230 條不涵蓋克默斯助長誹謗指控的作為，例如下新標題；他還寫道，克默斯並非「僅是」史密斯電子郵件的「傳聲筒」，反而是有意識地選擇將這封電子郵件公開發布至郵寄清單和網站上。[25] 弗雷德曼在書狀中寫道：「克默斯是因為他個人、自身的違規行為而被告。他發布、一再發布與巴澤爾相關的誹謗性內容，但都是捏造的，毫無佐證。他從自己的電子郵件收件箱中節錄出這

些內容，且拒絕刊登收回聲明或更正啟事。」[26]

因為這是第九巡迴法院首次解釋第 230 條，所以不僅是科技業緊盯案件發展，這個案子也受到舉國矚目。羅夫・納德創立的消費者發聲團體「大眾公民」在這個案子中提交了一份書狀。「大眾公民」通常代表個人對抗大型企業的利益。捍衛第 230 條，會讓這個組織與美國幾間最大的科技公司站在同一陣線。在書狀中，「大眾公民」明確表達尋求促進個人言論自由權利的立場。「近年來，『大眾公民』痛心地看到愈來愈多公司利用訴訟，阻止一般人在網際網路上表達他們對公司業務運作的觀點。」「大眾公民」的律師保羅・艾倫・列維寫道。[27]

列維的論點主要集中在程序問題上：克默斯是否可以在案件的早期階段，將威爾森駁回他的動議一事上訴至上級法院。但列維也主張，威爾森結論認為國會意圖豁免的對象僅限於網際網路服務供應商（ISP）是錯的；郵寄清單和網站一樣，也有資格享有第 230 條的豁免。列維沒有像克默斯要求那麼高，要第九巡迴法院完全撤銷案件，反而是敦促第九巡迴法院將案件發回原審的威爾森法官，由威爾森判斷第 230 條是否有保護克默斯 —— 要做這種判斷，需要更深入地了解克默斯究竟如何經營郵寄清單。列維寫道：「一個極端是，郵寄清單對社會大眾開放，任何人只要點選『訂閱』訊息送到伺服器，就會被列入清單中；另一個極端是，只有事先已被認定是群組成員的人才可以加入。在這兩種極端之

間，郵寄清單的經營者可能會保留權利，決定是否要讓個別
訂閱者加入清單。」[28]

　　二〇〇二年十一月四日，第九巡迴法院聽取口頭辯論，
案子分給了法官瑪莎‧伯松、羅納德‧古爾德、威廉‧坎
比。與澤蘭案一樣，法官會如何裁決很難預測。儘管三名法
官都是民主黨任命的（伯松和古爾德由柯林頓總統任命，坎
比由卡特總統任命），但他們的司法理念各自不同。伯松和
坎比相當自由，而古爾德是著名的中間份子。正如澤蘭案的
意見書所示，法官的政治傾向不一定與法官對線上言論新世
界的觀點相關。

　　口頭辯論後七個多月，法官發布了立場分歧的意見書。
伯松將案件發回給威爾森法官，坎比也支持這種作法。伯松
在意見書的第一句話就是質疑第 230 條的智慧與公平，以及
網路例外論：「網路世界的技術特性在本質上，沒有什麼理
由要讓第一修正案和誹謗法在網路世界的應用與實體世界中
不同。」[29] 然而，伯松觀察到，國會選擇加以區別。回顧第
230 條的歷史，她結論認為國會「尋求在網際網路世界拓展
第一修正案保護和電子商務利益，同時推動對未成年人的保
護。」[30] 伯松將第 230 條與第一修正案直接連結，為廣義解
釋第 230 條的豁免範圍打下基礎。她寫道，威爾森裁定博物
館安全網路不屬於第 230 條規定下的「互動式電腦服務」，
是不正確的。她強調，第 230 條對互動式電腦服務的供應商
和用戶兩者都適用。她寫道：「毫無疑問，博物館安全網路

為了要使別人可以造訪它的網站、寄出郵寄清單，必須使用某種形式的『互動式電腦服務』存取網際網路。因此，它的網站和郵寄清單都可能適用於第 230 條下的豁免。」[31] 這個結論值得注意，因為多數第 230 條的案件都著重探討被告是不是互動式電腦服務供應商。讓互動式電腦服務的用戶也享有豁免，可能進一步擴大第 230 條的適用範圍。

但伯松的分析沒有到這裡就結束。就算被告是互動式電腦服務的用戶或供應商，也不一定有資格享有第 230 條的豁免——他們還必須證明自己是因為其他資訊提供者提供的資訊而被告。在某些情況中，這一點很容易確定。例如，關於澤蘭的貼文，是由 America Online 以外的人撰寫、開發、張貼的。巴澤爾的案子則較難確定。史密斯寫了電子郵件，但克默斯傳播郵件並做了小幅的編輯修改。伯松寫道，克默斯對史密斯電子郵件稍加編輯，並不排除獲得第 230 條豁免的可能性；否則造成的局面會與第 230 條的主要目標之一互相衝突，即保護對用戶內容進行規範或編輯的線上平台。「因此，『資訊的開發』代表的是比僅編輯電子郵件的部分內容並選擇發布素材更加重要的東西。」她寫道。[32] 伯松也不認為博物館安全網路有因為克默斯選擇在網站和郵寄清單中納入史密斯的訊息，而成為資訊內容提供者。她主張「發行人在選擇過程中使用什麼方式，是納入或刪除，無法影響豁免的範圍，因為箇中差異只是方法或程度上的差異，而不是實質上的差異。」[33]

　　伯松和坎比沒有讓克默斯全然豁免，並駁回整起訴訟，是因為還有一個問題尚待解決：史密斯說他寄電子郵件給克默斯時，沒有預期這封信會被發布在 MSN 上。只有在被告面對的主張是源自其他資訊提供者提供的資訊時，第 230 條才能讓被告豁免。因此，伯松要面對的問題是：史密斯是否提供了這封郵件在網路上發布？「正如我們所見，因為國會注重確保網際網路有自由的思想、資訊市場，所以這條法規與提供特殊豁免給個人——若不是個人，則會被認定為發行人或發言人——有關。」伯松寫道。[34]

　　伯松把案件發還給威爾森法官，好蒐集更多事實來確認克默斯認為史密斯向他提供的資訊是要發布在 MSN 上一事，是否合理。「如果克默斯當初合理地做出結論，比如說因為史密斯的電子郵件是寄到不同的電子郵件信箱的，所以信件不是提供給他，讓他可能可以發表在郵寄清單中的，那麼克默斯就不能利用 230(c) 條款的豁免。」伯松寫道：「在這種情況下，發布出來的資訊就不是第 230 條的意思中所指的，由其他『資訊內容提供者』所『提供』的。」[35]

　　古爾德法官對伯松的裁決，有部分異議。他認為她對第 230 條的解讀對被告太過寬容；這條法規應該只有在被告「沒有在選擇第三方內容時扮演積極角色」的情況下才適用。古爾德寫道，伯松對第 230 條的解釋「讓專門造謠、專挖八卦的人有豁免護身，可以四處散播有害的假資訊。」[36]

　　只要誹謗資訊是由希望這則資訊在網路上流通的人寫的

（換句話說，是心懷目的的人），造謠者有害的行為就能逍遙法外。」古爾德指出。「《通訊端正法》（CDA）的用字或立法歷程中，都沒有暗示國會想要讓 CDA 的豁免擴展到這麼大的範圍。」[37] 第九巡迴法院拒絕了巴澤爾的請求，沒有讓由十一名第九巡迴法院法官組成的合議庭重新審理。古爾德法官對駁回重審一事持不同意見，他寫道：「對在網路上惡意發布過最冷血、殺傷力最強大的誹謗貼文，合議庭的多數法官冷酷地將自動豁免的範圍進一步延伸、擴大，達到其他巡迴法院從未企及的程度。」[38]

這個案子回到了威爾森法官手中。如果他確認，克默斯認為史密斯打算在博物館安全網路上發布他的訊息是合理行為，則第 230 條會豁免克默斯。但威爾森從未對這個問題做出裁決。二〇〇五年，因為不相關的程序問題，威爾森駁回了這宗訴訟：巴澤爾在加州提告的當天，也在北卡羅萊納州聯邦法院提起相同的告訴，北卡聯邦法院因為未能繼續訴訟而駁回此案。根據民事訴訟程序規則，一旦一處法院針對一個案件的案情做出判決，當事人就不能在另一處法院再為同案提起告訴。長達五年的官司草草收場。但是伯松法官的意見書仍然保留在案卷中，且是第 230 條在全國影響最大的區域——第九巡迴法院所涵蓋的地區——中第一個具有約束力的解釋。她的意見書清楚說明威金森法官在澤蘭案中的裁決並非偶然：第 230 條的豁免就是如此強大。

這份意見書吸引舉國目光。《電腦雜誌》寫道，這份意

見書「開闢明路，讓人可以將網路上的內容視為對話，而不必然是白紙黑字的事實。」[39]《美聯社》報導稱，第九巡迴法院裁定「線上發行人可以發布其他人產生的素材，不會因為素材內容而被究責——這與傳統新聞媒體必須為這種資訊負責不同。」[40]儘管對案件的報導沒有呈現第 230 條的所有細節，但媒體強調本案裁決關係重大是完全正確的。伯松法官對第 230 條的解讀甚至比威金森法官的解讀更廣。澤蘭案中的 America Online 是一家線上服務商，正是考克斯和懷登在起草第 230 條、為第 230 條請命時所討論的那種公司。America Online 每天被動地讓上百萬則用戶訊息、電子郵件、貼文流通；而博物館安全網路，相較之下，則只有約一千名成員，且克默斯會精心挑選要放什麼訊息在郵寄清單和網站上。

　　線上服務商是否能享有第 230 條的豁免，應該要取決於其規模和流量嗎？伯松法官認為不然，但克里斯·考克斯認為應該要。他表示他在起草第 230 條時，打算保護的是 America Online、Prodigy、CompuServe 等處理龐大流量並允許用戶張貼內容的公司。他說，博物館安全網路不是他心目中設想的對象：「博物館安全網路是一種雙向的情形：某個陌生人寫信給網站的經營者，信中有誹謗性的內容，而他決定將之公諸於眾。他把信件貼上網站，甚至還增加內容。如果這傢伙不算是在產生內容，那他該死地算是在幹嘛？」考克斯說，好幾份像巴澤爾案這樣的法院意見書讓他覺得

擔憂，因為他認為這些案件中賦予豁免的網站和其他線上服務，其實都參與了有害內容的產生。但他認為，他打算保護的平台，例如 Google 和 Yelp，確實都依賴第 230 條的豁免。因此他認為，即使是巴澤爾案的意見書，也不至於導致國會修改第 230 條：「因為大家抱怨的所有異常現象都是判例法的產物；更簡單的解決辦法是讓法官製造的判例法更臻成熟。」[41]

　　巴澤爾繼續在加州生活、工作，但貼文與她的訴訟仍然持續在網路上發酵。巴澤爾說她與納粹藝術之間難以斬斷的關係打擊了她的生意，不熟的點頭之交還是會問她這件事情。巴澤爾說，她不相信國會的本意是要讓第 230 條豁免像克默斯這樣的被告，也對整套網際網路例外論的前提難以苟同。「為什麼網際網路應該有不同於電視或書的保護？」巴澤爾問道，「為什麼不應該要求相關人士按照職業標準行事？大家都知道什麼是對的、什麼是錯的。」然而，巴澤爾對於伯松法官意見書的諸多不滿之一，與第 230 條的範圍無關。伯松法官把大屠殺期間最有權勢的軍事指揮官之一希姆萊，稱為「納粹政治家」。這樣的描述輕忽了希姆萊造成的浩劫和死亡，顯得昧於事實，巴澤爾說：「我一生中聽過大家用各種方式描述希姆萊，但從沒聽過有人說他是納粹政治家。」[42]

　　在案件被駁回的十多年後回顧這個案件，巴澤爾沒有把聲譽受損歸咎於第 230 條。住在荷蘭的克默斯在決定是否

要在郵寄清單中發布史密斯的訊息時，有沒有分析過第 230 條，她感到懷疑。巴澤爾說，即使她贏得官司，她聲譽的毀壞仍會是永久的。「在我提告前，損失就已經造成。」巴澤爾宣稱。「這起訴訟毫無意義，多數人還是會滿懷惡意。就算我爭取到判決，我又能得到什麼？」[43]

在對巴澤爾做出不利裁決後不到兩個月，第九巡迴法院又對另一名遭受惡意網路攻擊的女性做出不利裁決，再次強化第 230 條在整個美西的影響力。第二個案子比巴澤爾案更受矚目，因為原告本來就是名人。

克里斯蒂安・卡拉法諾，或是更為人所知的藝名崔斯・馬斯特森，是一位女演員。她最著名的角色是在一九九五年到一九九九年間的《星際爭霸戰：銀河前哨》中，飾演貝久族的達波女郎麗塔。和所有《星際爭霸戰》相關的事物一樣，這部電視劇及演員都有忠實的粉絲。一九九〇年代末期，卡拉法諾的照片出現在許多《星際爭霸戰》的網站上。一九九九年十月，卡拉法諾發現家裡的語音信箱中，有兩條充滿汙言穢語的留言。她回到只有她和正值青春期的兒子一起住的洛杉磯家中後，看了家裡的傳真機，發現一張紙條：

> 崔斯，好消息發情的母狗！我會把你操到爽翻天！但我要先幹掉你的孩子，讓你溼答答的小穴興奮起來。我知道你在哪。我會找到你。如果你試圖逃跑。像你這樣的人我很容易就能捉到。今天明天或

很快的某一天我會等著正確的時機和地點。狩獵季
節到了！[44]

　　她收到更多男人傳來的訊息，他們說在Matchmaker.com
上看到她的個人資料。[45] Matchmaker.com 是一個約會網站，
允許用戶建立廣告回應多選題和問答題。當時，卡拉法諾從
未聽說過這個網站。這些訊息讓卡拉法諾驚慌不已，甚至帶
著兒子去了朋友家，並在朋友家過夜。她朋友的男朋友回撥
給其中一通粗俗來電，打電話的人說他是在回覆「崔斯・馬
斯特森 在 Matchmaker.com 上」的資訊。[46] 隔天，卡拉法諾
開車前往警局報案，但由於心情極度不安，她需要找一名警
察陪同她前往警局。到警局後，卡拉法諾和一名警探找到了
Matchmaker.com 上「崔斯・馬斯特森」的個人檔案。她看
到上面不僅有她的姓名和公開照片，還有她家的地址、演出
作品列表和其他個人資訊，包括她與孩子同住的情況。[47] 這
份個人檔案還包括了與卡拉法諾的「Q&A」：

Q：你有過同性戀經驗，或會考慮嘗試同性戀嗎？
A：如果有人能說服我，我可能會嘗試同性戀。
Q：你為什麼聯絡〔Matchmaker.com〕？
A：想找一夜情。
Q：你了解時事的主要資訊來源是什麼？
A：《花花公子》／《花花女郎》。

Q：請試著描述你可能有興趣認識哪種類型的人？

A：強硬、想要主導一切，不只在某一方面而是各
　　方面都這樣。性慾一定要強。

Q：描述一下你是哪種個性？你受哪種人吸引？

A：我算是床上床下都喜歡被男人控制的那種。[48]

　　根據 Matchmaker 的存取紀錄，這份檔案是由某位無名
用戶以「崔斯 529」的帳戶名稱建立的，且這位用戶連上網
際網路的地點顯然是歐洲。[49] 寄信到崔斯 529 檔案中的電子
信箱，會收到自動回覆，上面寫著「你認為你就是真命天
子。證明一下！！」自動回覆中還包含卡拉法諾的住家地址
和電話號碼。[50] 這份檔案在卡拉法諾看到之前，已經被數百
人看過。她的一些粉絲透過口耳相傳聽說了檔案這件事，提
醒她要小心。[51] 卡拉法諾的助理致電 Matchmaker.com，要求
刪除這份個人檔案。Matchmaker.com 的營運總監告訴卡拉
法諾的助理，公司無法刪除這則貼文，因為卡拉法諾不是貼
文的作者。Matchmaker 最後在十一月刪除了貼文。[52] 即使
在 Matchmaker.com 刪除個人檔案之後，還是有人繼續打電
話威脅卡拉法諾。最後她和她兒子暫時逃離洛杉磯地區，住
到旅館和朋友家。[53]

　　二〇〇〇年十月二十七日，卡拉法諾向洛杉磯州法院控
告 Matchmaker 的業主 Metrosplash，以及 Metrosplash 的母
公司 Lycos Inc。她還告了一個男人，因為她原本以為冒牌個

人檔案是這個人貼的，但後來她將此人移出訴訟之外。卡拉法諾提起告訴的罪名不僅是誹謗，還有侵犯隱私、過失、非法使用肖像權（指控網站未經她允許，就將她的照片和藝名用於商業目的）。Metrosplash 將案件從州法院移至洛杉磯聯邦法院。法官拒絕了 Metrosplash 駁回案件的初始動議，允許雙方進行蒐證以發展案件事實。後來 Metrosplash 要求迪克蘭・M・特維茲安法官做出有利於他們的簡易判決，並駁回案件。

　　Metrosplash 提出兩項主要的論點，其一是聲稱第 230 條能使 Metrosplash 豁免於訴訟；其二，即使第 230 條不適用，卡拉法諾的主張也會被第一修正案禁止，因為她是公眾人物，所以她要以自己受第一修正案保護的權利受損為由，提起隱私和誹謗告訴的標準較高。根據第一修正案，公眾人物提起誹謗告訴時，必須證明被告發表的是虛假、有害的陳述，且「真的心懷惡意」，意思就是被告知道陳述是假的，或未必故意地忽視陳述的真假。

　　二〇〇二年三月十一日，特維茲安法官裁定第 230 條不能使 Metrosplash 豁免於訴訟。他同意這家公司的觀點，認為 Matchmaker 符合第 230 條規定的互動式電腦服務。但他裁定第 230 條不保護 Matchmaker 網站，因為它也是「資訊內容提供者」，要對個人檔案的內容負部分責任。[54]「Matchmaker 網站的用戶不僅是貼出他們想貼的任何資訊。」特維茲安寫道，「而是根據 Matchmaker 提出的問題

和用戶提供的答案，讓用戶建立自己的個人檔案。」[55] 儘管特維茲安法官不同意 Metrosplash 關於第 230 條的論點，但他核准這家公司提出的簡易判決動議並駁回案件，因為他同意 Metrosplash 的另一項論點：第一修正案不會讓像卡拉法諾這樣顯眼的公眾人物，對造假的個人檔案提告成功。[56]

　　卡拉法諾將駁回結果上訴至第九巡迴法院，力爭說她已經提供了足夠的事實，讓隱私、誹謗和過失主張能夠進入審判程序。Matchmaker、Metrosplash 和 Lycos 由提摩西・阿爾哲代表，他是頂尖的網際網路律師，後來成為 Google 的副法務長。阿爾哲告訴第九巡迴法院，特維茲安駁回所有主張是正確的，因為卡拉法諾沒有達到必要的法律標準。他還主張第 230 條讓他的客戶豁免。阿爾哲的論點認為，Matchmaker 使用多選題和簡答題一事，沒有讓它失去享有第 230 條保護的資格。「Matchmaker 的問卷，有助於會員從資料庫中便利地建構個人檔案，讓其他會員可以看到。」阿爾哲寫道，「問卷只是替可搜尋的資料庫蒐集資訊的一種方法。如果上訴法院接受地方法院的觀點，則只要互動式電腦服務使用提示、問題或類別時，就會被剝奪《通訊端正法》之下的豁免權。」[57]

　　二〇〇三年六月二日，第九巡迴法院舉行了口頭辯論。合議庭由兩位柯林頓總統任命至第九巡迴法院的法官，西德尼・湯瑪斯和理查・佩茲，以及由吉米・卡特總統任命至內華達州地方法院的法官，小愛德華・C・里德組成。二〇〇

三年八月十三日，在第九巡迴法院對愛倫‧巴澤爾做出不利
裁決的五十天後，再度對克里斯蒂安‧卡拉法諾做出不利裁
決。上訴法院不僅同意地方法院的觀點，認為因為第一修正
案的議題，卡拉法諾的案件不足以進入審判程序，而且結論
認為，第 230 條賦予 Metrosplash 和 Lycos 豁免權。湯瑪斯
法官在為合議庭三位意見一致的法官撰寫意見書時，憑藉的
是伯松法官對第 230 條的廣義解釋。Matchmaker 使用預先
填好的問卷一事，並未讓湯瑪斯法官做出不利被告的裁決。
「毫無疑問，問卷有益於個人用戶表達資訊。」湯瑪斯寫
道，「然而，內容的選擇完全由用戶決定。實際個人檔案的
『資訊』，包括所選的特定選項和簡答題答案的額外資訊。
Matchmaker 在將特定的多選題回應與某一組生理特徵、某
一組簡答題答案和某一張照片連結起來這件事上，甚至連部
分責任都不用負。」[58] 湯瑪斯法官清楚表達對卡拉法諾所處
的困境十分同情。確實，他在意見書一開頭就形容她的案件
涉及「殘酷、虐待狂般的身分盜用」。但他寫道，「儘管這
個案件發生了嚴重、極為可悲的後果，但我們結論認為，
國會意圖讓像 Matchmaker 這樣的服務供應商能夠豁免於訴
訟。」[59]

　　二〇〇三年夏季進入尾聲時，第 230 條似乎成為氪石，
專剋考慮對網站或網路服務供應商提起訴訟的原告。在加
州、華盛頓州和美西其他地區，法官受到第九巡迴法院對第
230 條廣義解釋的約束。上述兩案意見書，在第九巡迴法院

轄區以外的地方也產生迴響。兩個案子原本似乎都是限制第
230 條適用範圍的完美風暴：巴澤爾的職業生涯因為她被指
稱是納粹後裔而全毀，被告還做了有意識的選擇，將謠言散
播到全世界；卡拉法諾和她的孩子收到粗野的威脅，因為擔
心自身安全而逃離市區。

　　如果愛倫‧巴澤爾和克里斯蒂安‧卡拉法諾都無法攻克
第 230 條，誰能呢？

　　她倆的裁決，讓美國的科技公司信心滿滿，認為即使第
三方內容已經在合宜和合法邊緣遊走，仍然可以向全世界提
供這些內容且規避究責。這項原則很快就會成為商業模式發
展的基礎。

第六章
花之子與兆元產業

　　對於矽谷而言，早期的第 230 條法院意見書來得正是時
候。隨著產業從二〇〇〇年和二〇〇一年的網路泡沫中緩慢
復甦，企業家也勒緊褲帶開發新的商業模式。有既深且廣的
工程師、計算機科學家人才庫做為後盾，加上創投又開始對
科技業感興趣，科技公司開始發展出新服務。由此誕生的這
一輪網際網路創新，是真正的雙向體驗。這些新網站和線上
服務不僅向用戶提供文字和圖像，還讓用戶分享自己的內
容。即使是較傳統的網站也變得更具互動性：新聞網站讓大
家在他們的報導下面留言評論，電子商務網站鼓勵用戶對產
品發表真實使用心得。

　　有些網站，尤其是線上消費者評論網站、維基百科、社
群媒體、搜尋引擎等，都以第三方內容為中心構建自身的營
運。從前沉默不語的消費者，現在有了消費者評論網站作大
聲公，可以警告其他消費者提防企業的詐欺和失信。維基百
科徹底革新美國人接收資訊的方式。社群媒體網站創造了數
十億美元的財富和成千上萬的就業機會。搜尋引擎開始成為

網際網路的入口。這些網站讓網際網路變成似乎沒有盡頭的鄉民廣場。

當然，許多對中介機構的保護遠低於第 230 條的國家，其中居民同樣也能存取社群媒體和其他互動服務。然而，這種類型的企業中最成功的公司都在美國誕生。科技業長久以來都說，第 230 條在促進這種競爭優勢方面發揮了關鍵作用。產業團體網際網路協會（Internet Association）委託進行的二〇一七年經濟研究發現，在二十一家最大的數位公司中，有十三家總部位於美國。不算中國（中國多數網際網路存取權限都不對境外公司開放）的話，前十六大家網路公司中有十三家總部位於美國。經濟學家克里斯汀・M・迪彭在研究中寫道，成功案例分布如此不平均，至少部分要歸功於第 230 條和《數位千禧年著作權法》，明定線上服務商在被告之前，必須有收到通知，且有機會刪除侵犯版權的用戶內容。迪彭寫道：「在各種原因中，確定性更高帶來的效果，就是有助於美國的網路中介機構在商業上取得成功。許多美國網路界的公司都是世上最成功、最具創意的公司。」[1]

迪彭的研究估計，如果國會或美國法院減弱對中介機構的法律保護，美國每年將損失四百四十億美元的國內生產毛額，和四十二萬五千個工作機會。[2]

如果沒有第 230 條，任何一位用戶只要在網站上發布一則評論、照片或影片，都會對這個網站造成微小但真實的風險，網站可能會被告到關站大吉。把這個小風險乘以數十

億用戶投稿時，企業就會開始注意。正如亞努潘・錢德寫道，「事實證明，第 230 條對新一代矽谷企業的崛起至關重要」：

> 這些企業面臨哪些風險？網路企業為全球用戶提供平台，面對的危險是部分用戶利用這些平台的方式是違法的，使網路企業可能害自己因為助長、教唆非法活動而被究責。想像一下平台用戶的行為可能對這些平台帶來的各種不利罪名：如果有人利用 Yahoo! 財經散布、捏造有關上市公司的謠言，Yahoo! 可能會被究責；如果某個心懷不軌的用戶在 Match.com 上貼出與另一個用戶有關的誹謗資訊，Match.com 可能會被究責；如果某位房東在 Craigslist 的招租訊息中註明他偏好把房子租給特定種族的人，Craigslist 可能會被追究公平住房法規之下的責任；Amazon 和 Yelp 可能會因為用戶評論大軍中少數幾位所寫的誹謗性評論而被究責。[3]

僅是通過第 230 條，並不足以為這些新的網站模式開闢前路。如果第四和第九巡迴法院較狹義地解讀第 230 條的豁免，這些網站就不可能存在——至少不會以目前的形式存在。澤蘭案對第 230 條的廣義解釋是這些互動性網站成功的催化劑。如果有機會、就算只有一絲機會，能以用戶貼文為

由成功告倒這些網站，他們的商業模式就根本不可能存在。網站無法檢查數百萬上傳的文字、圖像、影片；但如果他們沒有事先過濾每一分、每一毫的第三方內容，就可能被追究損害賠償至傾家蕩產。如果法院當初對第 230 條採取較有限的解讀，這些網站就不可能以目前的形式存在。想想里歐‧凱瑟對第 230 條較狹義的解讀：只要網站和其他線上服務商一收到通知，說明可能有有害內容，就可以對這些廠商追究責任。這會讓對用戶貼文感到不滿的個人或企業向網站寄發移除要求，而若網站不立即移除貼文，可能就要面臨代價高昂的訴訟。如果獲得一星評論的餐廳通知網站說，這則評論是假的、是惡意中傷，但網站沒有移除這則評論，則在由於這則評論而提起的誹謗訴訟中，第 230 條不會保護這個網站。這些網站都因為用戶內容而面臨許多可能導致毀滅的訴訟，而第 230 條提供了近乎全無死角的保護。

要論哪個被告在與第 230 條相關的法院意見書中被討論最多次，絕對非 Ripoff Report（譯注：無中文譯名，按照其網站性質，下稱「爆料報告」）莫屬。顧名思義，這個網站有超過兩百萬則與企業有關的貼文（通常稱為「報告」），其中許多是在控訴企業未能兌現對消費者的承諾。這個網站的所有報告都由顧客撰寫，在站主簡單檢查過沒有明顯違規的內容後，發布到網站上。橫跨網站置頂空間的標語是「奸商別想逃！真相大聲說！」（Don't let them get away with it! Let the truth be known!）網站的首頁警告造訪網站的人說這

個網站基本上沒有規範：「雖然我們鼓勵，甚至要求作者只提出真實的報告，但爆料報告不保證所有報告都是真實或準確的。消費者該做的功課還是要做。」[4]

在 Google 上搜尋這些公司的名稱時，這些報告通常是最先跳出來的搜尋結果前幾名。從網站成立到二〇一七年，已經有將近九十億次訪問。[5] 看看二〇一七年七月對一家醫療補充劑廠商的評論：一位名叫「理查」的用戶表示，這間公司「耍你，這是他們的工作。他們除了自己之外，根本不管別人死活。」當有機會列出業務類別時，理查選了「有組織犯罪」。[6]「爆料報告」體現了某種線上言論自由的絕對主義觀點：好的、壞的、怪異的，都行。要了解「爆料報告」的屬性，就必須了解網站創辦人艾德・馬格森。

與艾德・馬格森兩小時的電話對談並不是一次直線式的經驗，而是以 8 字形路徑遍覽馬格森人格的疲憊旅程。電話一接通，他就開始劈頭大罵那些不顧第 230 條保護，對他公司提告的企業，然後狠批沒告成功的某幾位律師。我們簡短地談到他創辦公司的緣由。然後他停下來回答工人的問題──工人正在替他位於亞利桑那州的家安裝窗簾，擋住美麗的景色。「有人會問：『蛤？你偏執狂嗎？』」馬格森說，「我說，『不，我忙著做生意。』」以此為契機，他談起二〇〇七年有人燒毀了他另一個家的經驗。還有他收到的數百封恐嚇信。還有攻擊爆料報告的俄羅斯駭客。然後他接到現在正與他交往的女性來電，接著他說十幾年前在高中時期她

是他的女朋友——如果我岔題了請打斷我，他在對話中途這麼說。[7]（要打斷他似乎是不可能的。）

從這次電話交談、公開文件和新聞報導中的各種事實裡，我整理出按照時間順序排列的爆料報告簡史：一九六○年代，艾德‧馬格森在長島長大；二十幾歲時，創立了「花之子」，一家雇用嬉皮、學生和銀髮族在全國大街小巷賣花的公司。一九七三年，《坦帕論壇報》對他不斷發展的業務做了長篇報導，標題是〈花之子老闆看好資本主義〉。儘管馬格森的生意充滿自由戀愛的氛圍，但他對花卉大盤商而言是個難纏的顧客。「這是我從我父親那裡學到的——他是精明的消費者，絕不接受次等貨。」馬格森說：「如果東西有問題，他會把東西拿回店裡去。他什麼話都說得出口。」有些城市會有分區巡邏人員或其他政府官員開罰單，說在街上賣東西違反了當地的使用分區規定。馬格森與當地政府間的不和引起了媒體注意。[8]後來，馬格森進軍紐約的房地產開發業。他認為，在他嘗試創造低收入住房時，正好槓上當地政府官員的反猶太主義。

一九九○年期間，馬格森搬到亞利桑那州的梅薩，照顧年邁的父母。他經營室內跳蚤市場，認為當地政府官員阻撓他取得做生意必須購置的房地產，使他再度勃然大怒。馬格森堅信他的問題都源於腐敗的政府官員。他甚至考慮收購一家當地的廣播電台或電視台，讓他可以暢所欲言。然後，有一位顧客建議他架個網站。當時，馬格森甚至連電子郵件地

址都沒有。他回憶說：「我說，『我幹這事太老了，』我搞不懂網路。」[9] 但他聽從了這項建議。一九九七年，他創立了網站 mesaazcorruptionreport.com（亞利桑那州梅薩腐敗報告.com）。他在網站上公開自己的故事，也讓用戶投稿。

　　梅薩網站很快有了能見度，馬格森也很快就見識到網際網路的威力。他在經營室內跳蚤市場時，曾與商業改進局合作，但他質疑這個組織是否真的有協助教育消費者。他在為低收入住房努力時，一直幫助被企業惡意對待的人發聲。有了揪出腐敗的梅薩網站經驗後，馬格森看到網際網路在幫助消費者發聲的力量。因此一九九七年下半年，他架設了「企業改進局」網站，讓消費者發布對企業的投訴。他說，這很快導致商業改進局威脅要告他商標侵權，因此一九九八年，他創立了「爆料報告」，網址為 www.ripoffreport.com。馬格森討論爆料報告的使命時難掩滿懷的激動與熱誠，就算是最野心勃勃的科技公司也不常見：「以前在二十世紀，反正顧客就是得當心。如今，反而是賣家得更當心。每個人都是批評家。臉皮薄的人不會說什麼。現在他們往電腦前一坐，你就會知道他們的感受了。」儘管第四巡迴法院裁定澤蘭案意見書的時間，是在馬格森創立爆料報告前的幾個月，但他表示這兩件事情沒有關聯。他說，當時他不知道第 230 條是什麼，對科技法律一無所知——或者更精確一點，他對科技一無所知。「我當時不懂網際網路是啥。」他說，「我還在學如何移動該死的滑鼠。」[10]

一九九〇年代末期，爆料報告網站透過口耳相傳，大受歡迎。America Online 將爆料報告列為頂尖消費者網站之一。《亞利桑那共和報》為馬格森的網站做了一篇專題報導。隨著 Google 開發出複雜的搜尋演算法，爆料報告上的貼文成為消費者在網路上研究某些企業時，最先看到的內容之一。馬格森第一次見識到自家網站的威力，是他收到一家大型汽車變速箱公司的要求，請他刪除一則消費者評論。這家公司提議給他五萬美元，他拒絕了。從馬格森創辦網站以來，他維持的一貫政策就是反對移除整篇用戶貼文。在某些情況，例如有明顯的騷擾行為時，網站可能會修改報告或評論中的個人資訊，或其他極易引發非議或高度危險的內容。[11] 這不是說爆料報告對憤怒企業的投訴置之不理——所有企業都有機會在網站上免費發表反駁意見。網站還提供企業宣傳方案：對爆料報告上的評論不滿的企業，只要支付費用就可以加入方案，讓爆料報告聯絡投訴這家企業的作者，給企業解決投訴的機會；然後，爆料報告會更新評論的標題，並可能增加企業如何處理投訴的說明。這種做法通常可以改善這間企業在 Google 上的搜尋結果。

爆料報告還提供 VIP 仲裁方案，替投訴者聯繫獨立、中立的仲裁人，對評論中被指控為虛假的陳述進行調查。如果在蒐集證據後，仲裁人確認評論中的事實主張是假的，爆料報告會根據仲裁人的辨識結果修正不實之處，並在標題中說明這則貼文已透過爆料報告的仲裁程序做了編輯。但爆料報

告不會刪除整篇貼文。即使消費者發表一則評論，然後稍晚要求爆料報告刪除這則評論，網站仍然會貫徹一直以來的不刪文政策。爆料報告經常收到這種要求，但它都會拒絕，因為怕消費者要求移除貼文是因為受到被評論的企業威脅。消費者可以用增加新評論的方式來更新報告——例如企業如何解決投訴的說明——但他們無法刪除已經發布的貼文。[12] 馬格森準備了一封電子郵件範本，長度近三千字，當消費者在網站上發布評論後提出刪文的要求時，他就會用這封電子郵件回應。這封郵件提醒消費者，在提交評論之前，他們已經打勾同意讓這則貼文永遠張貼在公開網站上。電子郵件解釋道：「我們永不刪除任何報告的政策可以保護消費者。企業騷擾發布報告的消費者沒有任何好處——我們永遠不會把報告下架。如果企業以為向消費者施壓，就能讓報告被移除，有些企業就會藉由訴訟或騷擾向消費者施以沉重壓力。但是，提告或騷擾消費者不會有任何好處，因為報告不會因此改變。」[13]

當爆料報告吸引愈來愈多的評論者和讀者時，也引起了企業的憤怒。變速箱公司以為提供賄賂可以解決他們在爆料報告網站上的問題，但許多公司另有打算——他們以為提告或威脅要提告，可以迫使爆料報告刪除負面評論。認為這種威脅會有效的人，顯然沒有花什麼時間跟馬格森談過話——他邊笑邊講他收到過的無數威脅。爆料報告吸引了為數驚人的正式投訴，多到網站甚至沒有維持官方統計，記錄過去二

十年間收過多少訴訟、官司威脅。截至二〇一七年，馬格森估計公司已經花了超過七百萬美元的法律費用。[14] 直到二〇一七年中，儘管爆料報告在幾椿初步裁決中敗訴，但這個網站從未在美國法院輸掉任何一場因為用戶評論而起的官司。爆料報告最後能在案件中勝訴，主要都是因為第 230 條。當被問到如果第 230 條沒有變成正式法條，爆料報告是否仍能運作時，馬格森很快回答道：「當然不行。」他說，「那我早就沒生意做了。」並補充道，「網際網路上一半的東西甚至都不會存在，因為每個人都宣稱它是假的。」[15]

例如，二〇〇六年三月二十七日，田納西州居民史賓塞・蘇利文在爆料報告上貼出對 Global Royalties Inc. 的評論，這家公司總部位於安大略省，是一家寶石投資經紀公司。蘇利文的評論署名為「黎安」，聲稱 Global Royalties 是一場「騙局」，並將評論歸類在「詐騙高手」的標籤下。[16]大約兩個月後，蘇利文往他在爆料報告上的貼文中增加更新，說明 Global Royalties 曾威脅他要提告；他的回應則是「我在此聲明，我手邊沒有任何資訊顯示 Global Royalties 有以最佳的經商之道做生意。」但他指出，他與「Global Royalties 的兩位相關人士打交道的經驗……都不怎麼正大光明。」[17]大約一週後，蘇利文再次更新了他的評論，回報說他被這家公司律師的威脅，並警告任何考慮找 Global Royalties 投資的人，先聯繫加拿大皇家騎警：「我認為任何正當的商業活動都可以承受刑事單位的查核，不會有任何問

題。」[18] Global Royalties 宣稱，在向蘇利文解釋那篇貼文是「出於誤解」後，蘇利文有要求爆料報告刪除貼文，但爆料報告拒絕了。[19]

Global Royalties 公司及負責人布蘭登・荷爾在亞利桑那州聯邦法院，對爆料報告的母公司 Xcentric Ventures LLC 和馬格森提起誹謗訴訟。斐德列克・馬東法官一開始以未能提出足夠事實為由駁回訴訟，但允許原告修改訴狀。[20] 在修改後的訴狀中，Global Royalties 稱 Xcentric 和馬格森對產生、開發蘇利文第一篇貼文「誹謗的部分」要負「完全的責任」，特別指出爆料報告網站提供「詐欺高手」作為報告的類別之一 .Global Royalties 還聲稱，Xcentric 和馬格森利用對評論的投訴「作為脅迫企業和個人向 Xcentric 支付企業宣傳方案費用的籌碼；這項方案提議協助調查、解決貼文中的投訴。」[21]

爆料報告採取行動駁斥修改過的訴狀。援引第九巡迴法院在巴澤爾案和卡拉法諾案中的裁決（亞利桑那州位於第九巡迴法院的轄區，轄區內的法院受巡迴上訴法院裁決的約束）：「因為蘇利文先生的報告（無論是一份、三份或更多份）在蘇利文先生產生報告之前，不包含任何內容，所以《通訊端正法》（CDA）完全適用於出自這些內容的任何及所有主張；儘管蘇利文先生可能要為內容的準確性負責，但被告完全不對這些第三方內容的準確性負責 .」爆料報告的律師這麼寫道。[22] Global Royalties 辯稱，巴澤爾案支

持他們的立場，第 230 條沒有賦予爆料報告豁免權。Global Royalties 寫道：「在巴澤爾案中，第三方（史密斯）提供了內容，但聲稱從未有意將之發布在被告的網站上。在我們的案件中，第三方（史賓塞）原本提供了內容作為發布之用，但後來指示說把內容下架，不再維持發布狀態。被告拒絕照做。」[23]

馬東駁回訴訟，認為蘇利文的貼文和史密斯在巴澤爾案的電子郵件有很大的差異。根據馬東的說法，即使蘇利文後來要求爆料報告刪除貼文，他也已經將這則評論上傳到爆料報告網站，打算發布評論，公之於眾。「蘇利文顯然有意讓他的訊息出現在網站上。」馬東寫道，「當作者後來改變心意時，網站營運商是否有責任撤回內容，是另一個問題——巴澤爾案沒有處理這個問題。」[24] 馬東承認，爆料報告可能會助長誹謗性內容。但他寫道，僅僅是助長誹謗貼文，不會使第 230 條的保護消失：「畢竟，原告沒有聲稱被告有特別徵集蘇利文的貼文，或者是專門徵集針對 Global 的任何貼文。他們也沒有聲稱被告修改了蘇利文的評論，或者有以任何超出最被動程度的方式參與（提供了可能的標題清單）評論的撰寫。除非國會修改這條法規，否則被告是否拒絕移除素材，或他們如何利用這些素材來為自己謀利，從法律的角度而言都是不相關的（儘管在道德上可能不是如此）。」[25]

Global Royalties 案代表對爆料報告提告的常見結果：原告的律師試圖有創意地辯稱爆料報告以某種方式參與了用戶

評論，因此無權享有第 230 條的保護；爆料報告要求法院駁回案件，並援引愈來愈多的類似訴訟，這些訴訟中的法官認為第 230 條有保護像爆料報告這樣的網站。法官勉強同意爆料報告的論點，駁回案件。儘管爆料報告在法庭上戰果輝煌，各家企業仍然持續以訴訟威脅這個網站。爆料報告的律師安妮特‧畢比首當其衝地成為這些威脅和投訴的目標。畢比外向、樂於助人的態度，使她成為憤怒企業打電話或寫信來要求移除貼文時的理想陪襯。在進入法學院之前，畢比在爆料報告早年有往來的一家律師事務所當法務助理，不過她當時所做的工作與爆料報告無關。畢比在攻讀法學院期間仍繼續為這家律師事務所工作。等她畢業後在準備律師資格考試時，馬格森請她為幾個較小的專案提供服務，不久後就聘請她成為公司的專職員工。[26]

當她接到憤怒的企業或企業律師來電、來信時，會把自己定位為教育者，平靜地向他們解釋第 230 條為何——這些人通常從沒聽說過這條法規。「當我向他們說明第 230 條時，他們通常都不喜歡這條法規。」畢比說。[27]畢比經常要大家去看爆料報告網站上所謂的「法律議題」頁面，其中有一部分解釋第 230 條如何保護網站免於面對因用戶評論而起的訴訟，並提供了第 230 條案件的例子，多數內容都以網站上一篇八千三百字的文章為基礎，解釋第 230 條如何保護網站免於因用戶評論而起的任何訴訟。這個網頁的標題是「想告爆料報告嗎？」並解釋了爆料報告絕對反對移除用戶貼文

的立場：「對於允許用戶發表評論的任何網站而言，調查、驗證每一則貼文，在成本上、實務上都是不切實際的，因此法律（至少在美國）不要求網站營運商對用戶發表的內容是否準確負責。」然後網頁開始解釋第 230 條，並詳細回顧控告爆料報告和其他網站，但最後都被駁回的案件。「那麼，CDA 關你什麼事？」網頁接著問。「嗯，很簡單——如果有人在爆料報告上發布有關你的假資訊，CDA 會禁止你因為其他人所寫的陳述而對我們究責。如果你想告作者，儘管告，但你不能僅因為我們提供了言論得以發布的論壇就告我們。」

爆料報告已經成長到有大約十四名員工，外加獨立的約聘員工，透過企業宣傳方案和類似的服務維持公司運作。馬格森說，由於法律費用的關係，他從網站獲得的淨收入不多（「我用我的狗的命發誓——通常我根本不會這樣做。」）馬格森說，他經營這個網站是因為當他知道自己有幫到顧客避免詐騙、敲竹槓時，感到很高興；但鋪天蓋地的法律威脅、官司和不堪入目的電子郵件，讓他身心俱疲。[28]「我已經六十五歲了。」馬格森感嘆道，「我應付不來。我愈來愈胖，這樣下去我會害死自己。」[29]

爆料報告開創了線上消費者直言評論的先河，但它仍然是一家相對較小的公司。相較而言，Yelp 在線上用戶評論商業化方面更臻成熟，進化成擁有數千名員工、價值數十億美元的公司。儘管 Yelp 上的評論不一定像爆料報告上的許多

貼文那麼尖銳，但如果沒有第 230 條，Yelp 的商業模式也不可能存在。

　　二〇〇四年，羅素·西門斯和傑瑞米·斯塔普曼創立了當時只被當成副業的 Yelp；契機是先前斯塔普曼在尋找醫療服務時，難以找到有用的線上評論。在網站初步試營運幾回後，他們訂定一星到五星的評分格式，讓用戶對餐廳和其他當地店家評分。[30] 這種完全把重點放在用戶評分的形式，使 Yelp 與競爭對手有所區別。很多網站長期以來都會讓用戶評論店家，但這些用戶評論通常都放在專業評論下方。正如《紐約時報》二〇〇八年的觀察，Yelp 能夠脫穎而出，是因為「吸引了一小群狂熱的評論者」。[31] Yelp 對評論者而言是全然互動的體驗，讓實際去過店家的人評價評論是否有用。二〇〇六年，Yelp 為網站上前幾名的評論者成立「菁英小組」，讓他們在 Yelp 的個人資料上冠上尊榮感十足的稱號，並邀請他們參加活動。[32]

　　因為 Yelp 愈來愈重要，店家——還有競爭對手——試圖裝成顧客發布捏造的評論欺騙系統。與爆料報告一樣，Yelp 不會僅因為被評論的對象不開心而移除用戶評論。但與爆料報告不同的是，Yelp 允許用戶刪除他們發布的評論。Yelp 沒有人力在數百萬則評論發布之前先篩選、驗證內容的準確性，因此它開發了一種演算法來評估評論的品質，決定店家的主頁是否要包括這則評論，或是要將這則評論放逐到「目前不建議參考的評論」的單獨頁面中。[33]

隨著 Yelp 吸引創投的投資，它涵蓋的地理範圍和讀者群也愈來愈大。[34] 二〇〇九年，Yelp 拒絕 Google 以約五億五千萬美元收購的提案 [35]，此後也沒有另找大公司收購，而是繼續獨立營運，並擴展到世界各地的市場，吸引數百萬用戶和評論者。它還開發了智慧型手機用的 app，整合地理定位功能，讓用戶可以找到自己附近的店家。二〇一二年三月 Yelp 上市，首日交易收盤時，公司市值估計為十四億七千萬美元。[36] 至二〇一八年三月，Yelp 在全球已累積一億五千五百萬條用戶評論。二〇一八年的前三個月，Yelp 的廣告收入為兩億一千四百萬美元，比前一年成長百分之二十，員工人數超過四千人。[37] 隨著 Yelp 成為網路上訪客人數最多的網站和 app 之一，用戶平均評分只要有一點點變化，都可能左右當地店家的命運。一項研究 Yelp 網站餐廳數據的報告結論指出：「從三星升級到三星半，晚上七點這一輪所有訂位全滿的可能性會增加百分之二十一；從三星半升級到四星，訂位全滿的機率會再增加十九個百分點。」[38]

因為 Yelp 可以讓店家高朋滿座或關門大吉，所以它收到了許多聲稱用戶評論不準確的法律威脅。Yelp 長期以來一直依賴第 230 條保護自己，就跟爆料報告一樣。二〇一一年，在一場關於第 230 條的會議上，Yelp 的法務長勞倫斯·威爾森表示，公司每天收到數百，有時甚至數千起投訴，而第 230 條就是 Yelp 的護身符：「大致而言，我們比較傾向讓評論留在網站上而不是把評論下架，因為對於你的汽車技

師是否有好好維修你車上的散熱器一事，我們沒有立場做事實性判定。」[39]

　　儘管第 230 條提供廣泛保護，有些憤怒的店家仍然對 Yelp 提告，聲稱負面的消費者評論有損他們的生意。例如二〇一一年九月，「莎拉 K」在 Yelp 上對道格拉斯・肯吉在華盛頓州的鎖匠店給了一星評論：

> **這是我目前為止找鎖匠遇過最糟糕的經驗。不要找這家店。**我剛剛從長途差旅飛回來，完全沒睡，下了飛機就得開車去上班。我累到把鑰匙鎖在車裡了。等我發現這件事時，我打電話給「雷德蒙行動鎖匠」。接電話的先生告訴我，他們會盡快派技師過來，並報價五十美元，感覺很合理：服務費三十五美元，鎖十五美元。技師打電話說他會在三十分鐘內到我辦公室。一個小時過去了，什麼也沒發生。我回撥電話給這家公司問技師預計抵達的時間，但稍早接我電話的人十分粗魯地回應我，說他不負任何責任。技師終於出現後，他試圖向我收三十五美元的服務費和一百七十五美元的鎖費。在嘗試跟他討價還價，說他遲到報價又不正確之後，他給我打了八折。據說鎖的價格是十五美元起跳——狗屁。**打電話找這家店，風險自負。**我甚至不需要新鑰匙；我只是要把車鎖打開。[40]

莎拉 K 發表評論後約一年，「雷德蒙行動鎖匠的D.K.」回應 Yelp 上的這則評論，寫說「Yelp 發布與我們公司有關的假評論。」[41] 莎拉 K 回應說：

> 最近才有一位朋友告訴我，說這家公司一直在嘗試聯絡我朋友清單上的其他人，詢問關於我原始評論的事情。一年前，我也收過這家公司還有 Yelp 發來的類似簡訊，要求確認這則評論，這家店則直接要求我移除評論，因為我一定是搞錯公司了。因此，我在此澄清：我沒有在這家店的競爭對手那裡工作，我也不喜歡這種騷擾。我已經向 Yelp 肯定，這篇評論評的確實是雷德蒙行動鎖匠，我還有收據以資證明。我現在要就此向 Yelp 發出正式投訴。[42]

業主肯吉在沒有律師幫助的情況下，在華盛頓州聯邦法院對 Yelp 提告，說它誹謗、違反華盛頓州的《消費者保護法》和聯邦的《敲詐勒索及腐敗組織法》。在訴狀中，肯吉辯稱第 230 條「完全不適用」，因為他「告 Yelp 不是為了第三方的陳述」，而是因為「Yelp 的陳述是可以據以採取行動的，因為它們傳達的是事實的陳述，而不是由第三方資訊內容提供者所做的陳述。」肯吉寫道。[43] 肯吉聲稱 Yelp「重新發布」Google 上的評論，顯然是試圖避開第 230 條。

地方法院法官理查‧A‧瓊斯不同意這種觀點。他以一

份長達五頁的命令駁回案件，並做出結論認為，第 230 條能
讓 Yelp 豁免，且肯吉「缺乏非描述性、具體的事實內容，
連隱諱地暗示他的主張讓他有權獲得救濟都嫌不足。」[44] 肯
吉上訴至第九巡迴法院，上訴法院維持地方法院駁回的原
判，沒有舉行口頭辯論。與地方法院一樣，第九巡迴法院也
迅速駁斥肯吉避開第 230 條的企圖。「簡而言之，內容的散
布、傳播，不等同於內容的產生、開發。」瑪格麗特・麥
基文法官在合議庭三位法官意見一致的意見書中寫道。[45] 麥
基文寫說，肯吉未能解釋 Yelp 如何「產生」系爭評論，還
寫說「CDA 中的豁免範圍大到得要求聲稱有這種情形的原
告，說明哪些事實可能暗示被告是在第三方身分掩飾下捏造
出相關內容的。」[46] 麥基文還駁斥肯吉主張 Yelp 的五星評
分架構有助於產生用戶評論的內容，因此第 230 條不適用的
說辭，以及 Yelp 將陳述內容提供給搜尋引擎，構成「重新
發布」的主張。麥基文解釋說：「這些形容方式雖然表面上
很有吸引力，但已經過度擴大解釋『資訊內容提供者』的概
念，使 CDA 的豁免條款變得毫無意義。」[47] 可能是因為肯
吉的論點使麥基文感到沮喪，她在意見書中指明，這場官司
「挑戰創意性訴求的極限，努力要規避第 230 條。」[48]

　　儘管肯吉不成功的訴訟，與其他意圖規避第 230 條的嘗
試相較之下簡單很多，但這個案子仍然有用，因為它讓第九
巡迴法院做出有約束力的裁決，認定第 230 條適用於 Yelp
的核心功能。設想一下，如果沒有第 230 條，Yelp 要如何運

作──在史密斯案和 *CompuServe* 案的第一修正案保護下，像 Yelp 這樣的線上平台一旦知道或應該知道用戶發布了誹謗性內容，就可能因為用戶的誹謗性評論而被究責。在對 Yelp 而言最有利的情況中，當公司收到評論對象的投訴時，有兩種選擇：立即移除評論，或者賭賭看花大筆律師費在法庭上能不能贏得誹謗訴訟。這樣的發展，可能會造成任何人如果對自己在 Yelp 上的評論或評分不滿，反正會吵的孩子有糖吃，只要大鬧一番就可以讓評論被移除；這也會降低消費者在 Yelp 上找到完整店家評價的能力。若沒有第 230 條，Yelp 的下場甚至會更慘：法院可能會認定，因為大家都知道 Yelp 充斥著負面、作假的評論，所以這家公司應該對任何誹謗性的用戶貼文都知情。這種對史密斯案的解讀，意味著只要一有誹謗性評論貼出來，Yelp 就要被究責，因此在收到投訴後移除評論，無法讓 Yelp 開脫責任。要避免究責，Yelp 可以先過濾、檢查每則用戶貼文是否包含誹謗，但這種過濾的成本極其龐大。Yelp 剩下的唯一選項，是完全禁止用戶評論，但這就與 Yelp 成立的初衷完全背道而馳──沒有用戶評論，還要 Yelp 做什麼？

　　正如爆料報告和 Yelp 改變了消費者意識，維基百科也改寫了參考文獻的規則，提供免費、從群眾募集而來的百科全書條目，對幾近所有想得到的主題加以解釋（如果有某個想得到的主題還沒有維基百科條目，維基百科的用戶可以自己創立一個條目）。至二〇一七年，英文版維基百科上

有超過五百萬篇文章[49]，是網際網路上訪問次數第五高的網站。[50] 維基百科完美體現了網際網路的雙向本質。它不是只刊出有關某個主題的靜態文章，而是允許任何可以上網的用戶編輯、更新、改進相關條目，也讓其他人檢查條目成果。很少網站能像維基百科一樣，從線上群眾協作中得到如此驚人的益處。

「維基」的概念——允許用戶社群合力產生工作成果——起源於維基百科創立的五年多前。維基的創辦人沃德‧坎寧安自豪地表示，他從來不怎麼熱衷於閱讀或寫作。[51] 一九九四年夏天，主要在波特蘭活動的軟體工程師坎寧安，在伊利諾州大學主辦了一次會議。他召集了大約一百名軟體工程師來開發模式語言——這是一種開發軟體程式、解決問題的新方法。與會者展示逐漸完成的工作，並提出建議改善彼此的工作。會議結束後，坎寧安與一位伊利諾州大學的研究生聊天，這位研究生讓他看了被稱為「全球網路」的東西。坎寧安對利用這個所謂的「網路」合力開發模式語言非常著迷。回到波特蘭的家中後，坎寧安與一位在波特蘭創立網際網路服務公司的前同事會面。這位前同事幫坎寧安設定電腦和撥號網路連線，讓坎寧安用自己的網站 c2.com 現身網路世界。[52]

坎寧安在 c2.com 模式儲存庫中發表約五個軟體模式，讓他有五百多人的開發工程師社群可以看到。但這是靜態體驗：訪問者可以看到模式、寄電子郵件給坎寧安，但他們無

法編輯模式或創造自己的模式。因此，坎寧安開始修改他的網站程式，建了一個表單，讓用戶自動發表自己的模式，並編輯其他人發表的模式。坎寧安對合作的速度感到驚訝。他考慮要把新工具取名為「快速網路」（QuickWeb），但最後選擇了 WikiWikiWeb（「WikiWiki」在夏威夷語中意為「非常快」）。這個名字很快就被縮短為「維基」（wiki）。[53]

「這是公共空間。」坎寧安後來回憶道，「你可以像去公園一樣進入這個空間。出於對彼此的尊重，你喜歡這個公園，並且想讓露營區變得比以前更好。」[54]

維基很快在模式語言社群中流行起來。每天，這一小群工程師都會在維基上發表數十個新頁面。有約五年的時間，「維基」的概念僅限於這一小群技術人員，直到吉米‧威爾斯和拉里‧桑格出現。吉米‧威爾斯是芝加哥一家期貨交易公司的研究主管，拉里‧桑格則是哲學系研究生，兩人一直在經營同儕審查的線上百科全書 Nupedia。桑格身為網站主編，負責管理十分累人的同儕審查流程，因此 Nupedia 少有新文章。[55] 二〇〇一年初，桑格有位在坎寧安模式語言社群的朋友，告訴他維基這回事。桑格覺得這似乎是增加 Nupedia 文章數量的好方法。他向 Nupedia 的郵寄清單發送電子郵件，標題為「我們來做維基」，提議創造「維基」作為附帶的小專案：「Nupedia 使用維基，是因為這是開發內容最『開放』、簡單的終極格式。我們偶爾會聊到有沒有辦法以更簡單、更開放的專案取代、補充 Nupedia。在我看

來，維基似乎立刻就可以實施，需要的維護很少，而且大致
而言風險非常低，也可能有極佳的內容來源。所以據我所
知，幾乎沒有什麼缺點。」[56]

　　二〇〇一年一月十五日，經營 Nupedia 的小團體註冊了
Wikipedia.com 的名稱。維基百科最初的 wiki 中，用的是另
一個工程師的坎寧安程式碼版本。[57] 坎寧安說他對維基百科
使用他代碼中的某個版本沒有意見，但當時，至少與他的維
基社群創建的新模式語言文獻相比，他懷疑從群眾募集條目
的百科全書能有多大用處。在成長的過程中，坎寧安有一套
世界百科全書，但他發現用處有限。「我會一篇文章只看兩
段，然後就跳去看下一篇文章。」他回憶道。[58]

　　不到一個月，用戶就在維基百科上發布了一千篇文章。
二〇〇一年九月二十日，《紐約時報》做了維基百科的長篇
專題報導，讓維基百科首次廣為人知。報導讚嘆網站的公共
性質，並觀察認為維基百科的成就代表「網路可以是豐饒
的沃土，大家得以在這裡相聚、相處，並肩合作。」[59] 桑格
在二〇〇二年底離開了維基百科，威爾斯則繼續擔任領導職
務，希望防止網站變得商業化或編輯變得機構化。他協助百
科變成非營利單位「維基媒體基金會」旗下的自治組織。到
二〇〇四年底，網站上有超過一百萬篇文章，且這個數字在
接下來的十四年中還會增加五倍以上。[60] 維基百科社群訂定
了複雜詳盡的內容政策和指南，涵蓋各種面向，包括要求觀
點中立、禁止騷擾。其他用戶／編輯執行這些政策；如果編

輯嚴重違規，可能會被禁止編輯網站條目。這種決定會由管理員來做，管理員是維基百科的編輯從經常提供內容到網站上的志願者中挑選出來的。網站還設立了其他保護措施，例如由仲裁委員會解決編輯之間的爭議。[61] 這套全面且負責任的程序，聽起來類似考克斯和懷登在撰寫第 230 條時希望看到的自我監管。

　　儘管維基百科社群採用了複雜詳盡的自治機制，但編輯和管理員無法立即察覺數百萬條目中每一絲每一毫的假訊息。二〇〇五年，維基百科編輯系統發生第一次備受矚目的失效。《今日美國》的創始編輯總監老約翰‧席根塔勒發現，四個月前維基百科創建了與他有關的條目，宣稱以下事項：

　　　　一九六〇年代初期，老約翰‧席根塔勒是司法部長羅伯特‧甘迺迪的助理。有一段時間，他被認為直接涉入刺殺甘迺迪家族成員的行動，包括約翰和他的兄弟鮑比。

　　　　沒有證據可以證明上述說法。

　　　　一九七二年，約翰‧席根塔勒移居蘇聯，並於一九八四年返回美國。

　　　　回到美國後不久，他創辦了全國最大的公關公司之一。[62]

　　席根塔勒曾在一九六〇年代擔任羅伯特・甘迺迪的行政助理，還是甘迺迪葬禮上的扶靈人。他從未以任何方式與羅伯特或約翰・甘迺迪的刺殺事件有任何牽扯。在席根塔勒提出投訴後，維基百科編輯移除了這些宣稱內容，但席根塔勒仍然餘怒難消。二〇〇五年十一月，他在《今日美國》上寫了一篇怒氣衝天的專欄文章，批評維基百科「盡是搞破壞的志願者，聰明才智都用在妖言惑眾上。」[63]席根塔勒劍指第230條，說它讓維基百科這種網站得以傳播這種謠言：

　　　　聯邦法律也保護 BellSouth、AOL、MCI 與維基百科等網路公司，免遭誹謗訴訟。一九九六年通過的《通訊端正法》中，第230條明確規定「互動式電腦服務的用戶與供應商，皆不得被視為發行人或發言人」。這條法律術語的意思是，線上服務供應商與紙本媒體或廣播公司不同，不能因為他們散播其他人發布的，對公民的誹謗攻擊而控告他們。

　　　　最近少有人注意的法院裁決表明，國會實際上已禁止網路世界中的誹謗。維基百科網站聲明它不對不準確的資訊負責，但威爾斯最近接受 C-Span 的布萊恩・藍博採訪時，堅稱他的網站不怕問責，數千位志願編輯的社群（他說他只有一名受雇員工）會在幾分鐘內改正錯誤。

　　　　我的經驗顯示不然。我的「傳記」在五月二十

六日發布。五月二十九日，威爾斯的志願者「編輯」
這則條目時，只改正了「early」的拼法。整整四個
月，維基百科將我形容為可疑的刺客，直到十月五
日威爾斯將條目從他網站的歷史紀錄中清除。[64]

　　維基百科不要求編輯者使用真實姓名，但它會記錄、公
布編輯者的 IP 位址。席根塔勒知道他本可以對這位匿名的
發文者提起誹謗訴訟，並傳喚網路服務供應商提供這個 IP
位址的訂閱用戶姓名。但他沒有這樣做 [65]，而是某個反維基
百科網站的營運商，根據 IP 位址追蹤到這位匿名發文者，
並公開了他的身分。發文者寄了一封手寫的道歉信給席根
塔勒，席根塔勒沒有告他。[66] 席根塔勒已經洗清了自己的名
譽，但他在《今日美國》上的專欄文章，點出維基百科編輯
系統的缺陷，也指明最早批評第 230 條的主要論點。

　　席根塔勒說第 230 條為維基百科提供了強而有力的保
護，這是正確的。如果維基百科會因為數百萬用戶編輯提供
的龐大內容而被究責，很難想像它要怎麼運作。看看紐澤西
州文學經紀人芭芭拉・鮑爾的例子：網路上許多關於她業務
的陳述讓她不滿，她對二十多名被告提起訴訟，其中包括維
基媒體基金會。她二度修改的訴狀中有四十二項罪名，其中
兩項指控維基媒體基金會誹謗、侵權干涉潛在經濟利益。她
聲稱維基百科發布聲明說她是「最爛的二十個文學經紀人中
最蠢的」，而且「根本沒有白紙黑字的銷售成績」。[67] 維基

媒體基金會要求紐澤西州初審法院駁回對維基的主張，並告訴法庭說，維基百科中關於鮑爾的文章，無論哪個版本都沒有將她描述為最蠢的。但二〇〇六年中期的維基百科條目版本說，她的事務所「被『作家要小心』（Writer Beware，隸屬於美國科幻、奇幻作家組織的一個單位）列為二十個最爛的文學事務所之一；這二十個事務所是他們收到投訴最多的事務所。」[68] 維基媒體基金會在駁回動議中辯稱，第 230 條禁止鮑爾對維基提出不利主張。基金會寫道：「任何一位原告都不會聲稱維基媒體產生或開發了這些陳述的全部或部分內容。這樣的指控不符合維基線上百科全書的本質……即由用戶撰寫、編輯。」[69]

　　鮑爾的律師丹・馬丁反對這項動議。馬丁寫道，「毫無疑問」，第 230 條「禁止對互動式電腦服務的用戶與供應商，像是維基百科，就其他人發布的內容追究任何責任。」但鮑爾的條目是由一位名字列在維基百科管理員清單上的用戶產生的，馬丁寫道，因此這篇文章不是「由其他人」提供的。[70] 維基媒體基金會回應說，儘管維基媒體管理員修改了這則條目，但鮑爾未能證明管理員「要為產生或添加任何讓這場官司可以成立的陳述負責」。維基媒體辯稱，就算管理員產生了所謂的誹謗性內容，原告也「沒有提供任何證據」證明管理員是維基媒體基金會的員工或代理人，而非「某種類型的維基百科網站用戶」。[71] 傑米・S・佩里法官同意維基媒體基金會的觀點。在一份兩頁的命令中，佩里駁回對維

基媒體基金會的主張，並寫說維基媒體基金會是互動式電腦服務的供應商和用戶，因此享有第 230 條的豁免。

從鮑爾對維基媒體基金會提告失敗的案件中可以看到，維基百科極為依賴第 230 條，因為它所有的內容都是由世界各地數百萬用戶提供的，其中有些用戶是具有特別權限的管理員。如果沒有第 230 條，維基百科可能會因為所有由用戶產生、編輯的文章而暴露在究責風險中。即使第一修正案最終會保護維基百科，百科網站也會被迫支付大筆法律費用以說服法院為什麼第一修正案適用。第 230 條提供了明確的規則，讓潛在原告甚至只是嘗試控告像維基百科這樣的網站，都會徒勞無功。

維基媒體基金會前法務長麥克‧戈德溫聲稱，如果沒有第 230 條和《數位千禧年著作權法》的保護，維基百科和其他互動式線上服務可能就無法存在，並結論認為：「今日強健的線上公共場域能夠成真，這些法律不可或缺，它們對下一代線上服務的創業家可能也不可或缺。」[72]

維基百科對人類知識有顯著影響，但這個非營利網站從未打算成為蓬勃發展的企業。第 230 條在經濟上最大的影響，可能可以在社群媒體領域看到。截至二〇一七年七月，美國訪問量最高的二十個網站中，有四個是社群媒體網站：Facebook、Instagram、Twitter 和 LinkedIn（前二十名中的其他網站，例如 Reddit、Imgur 和 Tumblr，都具有社群媒體特

性）。總部位於美國的社群媒體平台，已成為世界各地人們的公共基礎建設。至二〇一七年中，Facebook 用戶超過二十億，Instagram 用戶超過七億，LinkedIn 用戶超過五億，Twitter 用戶超過三億，Snapchat 用戶超過一億六千萬。[73]

　　隨著社群媒體公司吸引愈來愈多用戶，它們也取得驚人的商業成功。至二〇一七年七月，Facebook（也是 Instagram 的業主）、Twitter、LinkedIn 和 Snap（Snapchat 的業主）的員工超過兩萬五千人。[74] 它們的股票市值總額超過五千五百億美元。相較之下，福特和通用汽車當時的股票市值總額約為一千億美元。至二〇一八年中，Twitter 用戶每秒發送六千條，即每年兩千億條推文。[75]Facebook 每分鐘處理超過三百萬則用戶貼文，Instagram 則每分鐘展示超過六萬張新照片。[76] 很難想像如果沒有第 230 條，Facebook、Twitter 和 Instagram（這些公司全都位於美國）要如何運作。第 230 條的共同起草者克里斯・考克斯說：「你絕對要有第 230 條才能有 Facebook。」二〇一一年聖塔克拉拉大學法學院關於第 230 條的會議上，當時擔任 Twitter 法務長的艾歷克斯・麥克吉利夫雷說，第 230 條以及美國著作權法，讓美國在依賴第三方內容的新世代網際網路公司發展上取得領先：「立法確實有助於美國競爭力強勁龐大的成長。」

　　過去十年中，法院裁定社群媒體服務屬於互動式電腦服務，有權享有第 230 條的豁免。應用第 230 條至社群媒體最有影響力的法庭意見書之一，牽涉的不是 Facebook 或

Twitter，而是成立於二〇〇三年的 MySpace，是最早的社群媒體成功案例之一。二〇〇五年，魯柏・梅鐸的媒體帝國新聞集團以超過五億美元的價格收購 MySpace。二〇〇〇年代中期，MySpace 在青少年中特別受歡迎（MySpace 的政策是用戶必須年滿十四歲）。二〇〇六年，MySpace 的報告稱其用戶中約有百分之二十二是未成年人。[77] 在年輕人中這麼受歡迎的 MySpace，成了性犯罪者利用的工具。全國各州的執法官員敦促 MySpace 禁止十六歲以下的用戶使用它的服務，並採取其他措施保護未成年人。「有報導稱，使用 MySpace.com 的年幼孩童成為騷擾、性誘惑甚至性侵的受害者，讓我感到愈來愈擔憂。」二〇〇六年時擔任俄亥俄州檢察總長的吉姆・佩特羅在給 MySpace 執行長克里斯・德沃爾夫的信中這麼寫道。[78]

他說的受害者之一，是德州特拉維斯郡的一名少女。儘管 MySpace 的政策要求用戶必須年滿十四歲，二〇〇五年她十三歲時，她還是建了一個 MySpace 的帳戶。當她十四歲時，一位名叫皮特・I・索利斯的十九歲男子在 MySpace 上跟她打招呼，兩人開始在 MySpace 上互相發送訊息。[79] 女孩給了索利斯自己的電話號碼。他們最後終於在線下見面，索利斯性侵了女孩。[80] 女孩把性侵的事情告訴母親，母親向警方報案。索利斯因二級性侵重罪而被捕。[81] 女孩的母親代表女孩（在法院文件中化名茉莉）控告索利斯、MySpace 和新聞集團。這起訴訟一開始在德州和紐約州的聯邦法院、州

法院審理，最後在德州聯邦法院由山姆・斯帕克斯法官審理。MySpace 要求斯帕克斯駁回案件，理由是第 230 條使MySpace 免受訴訟。茉莉的律師辯稱，第 230 條不適用，因為他們尋求的是追究 MySpace 未能保護兒童免受侵犯者傷害的責任，而不是 MySpace 發布第三方內容的責任。例如，儘管茉莉還不滿十四歲，她仍然可以在 MySpace 上建立個人資料。律師寫道：「毫無疑問，被告知道性犯罪者利用他們的『網路場所』與未成年人往來。他們沒有採取合理措施阻止這種往來。」[82]

　　在駁回動議的聽證會上，斯帕克斯法官似乎難以接受MySpace 應該因為女孩遭受性侵而被究責的論點。「讓我搞清楚。」斯帕克斯對代表女孩及其母親的律師傑森・A・伊特金說，「有個十三歲的女孩撒謊、違背所有指示，後來顯然又不遵守不要提供個人資訊的警告，〔並且〕不與家長溝通。更重要的是，家長也不管教、約束這個未成年人。這個未成年人遭受性侵，你卻希望別人為此付出代價？這就是你提起的告訴？」[83] 伊特金指出，MySpace 本可以採取簡單的保護措施，例如驗證用戶的年齡。「皮特・索利斯因為性侵被究責。」他說，「但我們嘗試要對 MySpace 追究的責任，不是因為 MySpace 公開了電話號碼，而是因為 MySpace 沒有採取安全預防措施分開他們兩人。」[84]

　　斯帕克斯法官仍然沒有被說服。聽證會後不到兩週，他駁回了這個案子，並結論認為第 230 條保護 MySpace 免

受訴訟。他寫 MySpace「這間公司的運作方式如同中介機構，提供論壇讓第三方用戶能交換資訊。」[85] 斯帕克斯法官寫道，正如肯尼斯‧澤蘭沒能以 America Online 未即時刪除奧克拉荷馬市的貼文為由，成功對 America Online 提告一樣，茱莉不能控告 MySpace 未能保護她免遭性侵。[86] 斯帕克斯寫道，茱莉的律師試圖以聲稱這樁官司沒有將 MySpace 視為發行人來規避第 230 條，是「在裝傻」：「很明顯，原告主張的基本依據是，皮特‧索利斯和茱莉藉著在 MySpace 上貼文，得以認識彼此並交換個人資訊，最終發展為親自見面、茱莉遭性侵。原告聲稱，如果 MySpace 沒有發布茱莉和索利斯之間的通訊，包括個人聯絡資訊，則他們永遠不會認識彼此，性侵也絕對不會發生。」[87]

茱莉的律師向美國第五巡迴上訴法院上訴。隨機選出組成合議庭的三名法官簡直是保守派中的保守派。雷根總統任命的威廉‧加伍德法官在一九九三年廢除禁止在學校附近持有槍支的法律。伊迪絲‧布朗‧克萊門法官是小布希總統任命的第一位第五巡迴法院法官，而且據傳她是美國最高法院席次呼聲最高的候選人之一，但最終是約翰‧羅伯茨和山繆‧阿利托獲得任命。[88] 時年四十一歲的珍妮佛‧埃爾羅德法官才剛在二〇〇七年十月，由小布希總統任命為第五巡迴法院法官。

三位法官一致同意斯帕克斯的觀點：第 230 條保護 MySpace 豁免於茱莉的所有主張。為合議庭撰寫意見書的克

萊門寫道：「儘管他們聲稱，他們只是尋求追究 MySpace 未能採取措施阻止茱莉與索利斯通訊的責任，但這些主張都是 CDA 禁止的。他們的指控只是換一種方式宣稱 MySpace 要因為發布通訊內容而被究責，且他們提到 MySpace 的角色時，把它說得像是由線上第三方產生之內容的發行人。」[89]克萊門的裁決有助於剛萌芽的社群媒體業；二〇〇八年她在撰寫意見書時，這個產業的規模不過是今日規模的零頭而已。克萊門的裁決提供了具約束力的聯邦上訴意見書，釐清第 230 條也適用於社群媒體公司。全國其他法院之後在豁免 Facebook 和 Twitter 等其他社群媒體公司時，都引用了她的意見書。這份意見書對第 230 條的發展也很重要，因為它擴大了第 230 條適用的案件範圍。典型的第 230 條主張會牽涉用戶發布的誹謗性評論，但第 230 條本身並不僅只適用於誹謗案件。

　　茱莉的案子比一般的誹謗案更棘手——不是原告的名譽受損，而是十幾歲的女孩遭到性侵。她聲稱，MySpace 甚至沒有採取哪怕是最基本的安全預防措施，保護她和其他數百萬未成年人。不幸的事實可能會改變案件的結果，而上述一切都是不幸的事實。心懷同情的法官可能會採納茱莉律師的論點：MySpace 沒有為未成年人提供足夠的安全保障，而且沒能做到這點，與第三方內容的發布無關。如果克萊門法官和她的同事採取這種立場，全美各地的社群媒體公司都會必須負起法律責任，保護客戶不受即將頻繁訪問這些網站的數

十億用戶傷害。這種義務要如何履行，簡直難以想像。社群媒體關乎的不僅是文字和圖像，而是人與人之間的連結，而這些連結在線上、線下都可能發生。第 230 條的廣義解釋對社群媒體的發展至關重要。

就和如果沒有第 230 條，Yelp 就不可能以今天的形式存在一樣，社群媒體也會無法生存。想像如果 Facebook 或 Twitter 一旦被通知說，有人認為他們的平台上有誹謗性內容，或其他非法內容，他們就會被迫要為任何用戶內容辯護──這會讓人只要對某則 Facebook 貼文或推文不滿，就會寄信給社群媒體公司，要求將貼文刪除。如果社群媒體供應商沒有移除貼文，那它就必須在法庭上為這則用戶內容辯護。這種設想，可能會使社群媒體供應商寧錯殺，不錯放，一收到要求信就會移除任何內容，因為擔心要花大錢打官司或遭判償付高額罰金。

Google 是世界上訪問量最高的網站。如果國會沒有通過第 230 條，很難想像它要怎麼發展成如今的形式。一九九六年一月，當拉里・佩奇和謝爾蓋・布林還是史丹佛大學的研究生時，就開始將這個搜尋引擎當作研究專題進行開發，比柯林頓總統簽署第 230 條成為法律早了一個月。二〇〇四年 Google 上市 [90]，並將業務擴展到遠超出搜尋引擎的範圍。至二〇一七年年中，Google 的母公司市值突破六千億美元 [91]，是通用汽車市值的十倍多。即使公司已發展出許多

其他業務領域，但搜尋引擎仍然是 Google 營運的核心，且 Google 持續稱霸線上搜尋市場。二〇一七年，Google 在全球線上搜尋市場的市占率超過百分之八十，搜尋量每年超過一兆兩千億次。[92] Google 代表的是現代的網際網路公司：公司無與倫比的成功不是源自公司創造的內容，而是源自它能夠將用戶與第三方內容連接起來。法院認為第 230 條涵蓋了 Google 及其競爭對手提供的搜尋結果，使 Google 能成為網際網路的門戶，並防止對搜尋結果不滿意的人霸凌公司，迫使公司擋掉某些網站。

　　例如，碧翠絲・法赫里安對於消費者給她的人才經紀公司的某則評論感到憤怒。不出所料，這則評論是由名為「Hg」的用戶發布在爆料報告上的。二〇〇八年十二月二十九日的貼文稱，「碧翠絲・法赫里安的『超級藝術家經紀公司』、新世界管理公司，不是真正的經紀公司，是詐欺管理公司，偷錢、說謊、犯罪。加州比佛利山莊。」[93] 法赫里安控告 Google 誹謗，主張 Google 散播爆料報告的內容給用戶，「毀了」她的事業。加州初審法院駁回她的案子，加州上訴法院維持原判，並指出法院「已經多次認定 Google 符合享有保護的互動式電腦服務的定義。」[94] 法院寫道，即使法赫里安已通知 Google 搜尋結果有誹謗性內容，且 Google 未能將其刪除，第 230 條仍然會擋下她的訴訟。「如果電腦服務供應商要被追究傳播者的責任，則他們每次收到任何人通知說有陳述可能涉及誹謗時，都可能會被究責。」聯席法

官約翰‧L‧西格引用加州最高法院一次引用了澤蘭案意見書的裁決，寫道：「每次通知都需要仔細但迅速地調查與貼出訊息相關的各種情況、對訊息是否具備誹謗的特性做出法律判斷，並當場做出編輯決策，決定是否要冒著被究責的風險允許這則訊息繼續發布。」[95]

想像一下，如果 Google 要為搜尋引擎列出的，似乎無限多的網站負法律責任，會是什麼光景 —— 這其實不難想像，因為全球其他地區大部分都是如此。只要看看歐洲就可以了解 Google 和其他線上服務在沒有第 230 條的世界中如何運作。

第七章
美國例外論

　　隨著美國的法院持續對第 230 條採廣義解讀，美國基於第三方內容的新產業也逐漸成形，主要集中在矽谷。第 230 條催化了這種以美國為主的成長。當然，我們不可能把整個行業的成功歸因於單一一個因素。但在看過其他國家的法律後，很明顯地，以不受拘束的第三方內容為基礎的產業，只可能在美國出現。正如傑克·巴爾金的觀察，「剛萌芽的 Google 或 Facebook 如果被當成它們平台上無數連結、部落格文章、貼文、評論、更新的發行人，可能無法在接踵而至的誹謗訴訟中存活下來。」[1]

　　第 230 條是美國獨有的法律。儘管其他國家有為網路中介機構提供有限的保護，但少有保護能像第 230 條如此全面而堅定。美國傾向幾乎絕對的言論自由權利，可以追溯到開國之初一種情有可原的憂慮：人們擔心若言論和新聞自由不保，會無法制衡政府權力。一七七四年，第一屆大陸會議在著名的〈致魁北克居民的信〉中，表達了這種感受：

　　我們要提到的最後一項權利是新聞自由。它的重要
性在於除了推動真理、科學、道德和藝術全面的
進展之外，還能傳播政府管理上的自由主義情懷，
能便利溝通人與人之間的思想，以及之後促進他們
之間的團結；與此同時，仗勢欺人的官員會感到羞
恥或受到嚇阻，從而採取較高尚、公正的處事方
式。[2]

　　第 230 條反映了美國認為言論自由優先於隱私等其他價
值觀的強烈偏重。這種價值是美國獨有的，正如諾亞·費德
曼在二〇一七年寫道：

　　在美國，只有當仇恨言論的目的是煽動立即的暴
力，且實際上很可能會導致暴力時，才能加以禁
止。美國這種寬容的態度極不尋常。歐洲人不認
為仇恨言論是有價值的公開表述，也保留禁止仇恨
言論的權利。他們認為仇恨言論有損公民平等和參
與。種族主義不是一種思想，而是一種歧視；背後
理念的差異在於個人自我表達的權利。美國人極為
重視這種古典的自由主義權利，重視到我們會容忍
可能使他人不平等的言論。歐洲人重視集體的民主
和所有公民充分參與其中的能力，重視到他們願意
限制個人的權利。[3]

　　可以肯定的是，消費者可以在世界各地的網站上發布他們的想法和創作。但這些網站面對的是更大的訴訟風險，因此它們必須對用戶內容施加更多控制，避免被告。在美國，線上中介機構有強健的自由來傳輸用戶內容並決定要不要規範用戶內容、如何規範用戶內容。因此，許多依賴用戶生成內容的頂尖平台，例如 Google、Facebook、Yelp、維基百科和 Twitter，總部都在美國，一點也不讓人意外。Facebook 和其他以用戶內容為重的公司，也提供服務給許多其他國家的居民，甚至包括那些對平台的法律保護比美國薄弱得多的國家；但很難想像這些企業能在美國以外的任何地方創立、設立總部。當這些公司剛起步時，根本沒有資源在歐洲、加拿大和其他地方打用戶內容的官司。第 230 條發揮了育成的作用，使他們能夠開發以用戶內容為基礎的商業模式，不必擔心訴訟和規範。

　　美國的第 230 條提供的非凡豁免，與中介機構在其他國家面對有限得多（或根本不存在）的保護形成鮮明對比。結果就是這些司法轄區內的網站和其他服務，對用戶內容必須更加謹慎，且它們往往別無選擇，只能預先篩選或擋下內容，或者在收到投訴後立即刪除任何文字或圖像。但只要政府沒有採取第 230 條等保護措施，不管網站多小心謹慎地規範第三方內容，仍可能會被究責。不認同西方民主價值觀的政府可能會追究線上中介機構的責任、要他們對非法用戶內容負責，這點毫不出奇。例如，伊朗的《電腦犯罪法》第二

十一條規定，若網路服務供應商未能擋下「造成犯罪」的用戶內容，會被處以嚴屬的刑事懲罰。[4] 土耳其法院曾多次因為用戶影片批評阿塔圖克而禁止 YouTube。[5] 俄羅斯法律要求搜尋引擎擋下連到「不可信」或「不相關」結果的連結。[6] 再看看中國，當監管機關對內容有意見時，就會關閉網站和平台。例如，二〇一八年四月，中國監管機關下令關閉社群媒體平台「內涵段子」；隔天，平台母公司的執行長公開道歉：「產品走錯了路，出現了與社會主義核心價值觀不符的內容。」[7] 在二〇一八年六月的一份報告中，言論自由倡議團體「美國筆會」描述中國的法律和審查技術，為社群媒體築起「防火長城」：「中國的法律體系徵召國內的社群媒體公司，積極參與對自家用戶的監控和審查。中國企業別無選擇，只能按照政府的要求經營。」[8]

想像一下 Facebook 或 Twitter 的執行高層僅因為某用戶激怒了美國政府官員而道歉的光景。這樣公然對言論自由出征，在美國是難以理解的，不僅因為有第 230 條，還因為有第一修正案對言論自由的保障。但即使是像歐盟、加拿大、澳大利亞等普遍認同美國民主價值觀的司法轄區，也沒有像美國以第 230 條提供線上中介機構極高程度的豁免。

Delfi 是愛沙尼亞最大的網站之一。與許多新聞網站一樣，Delfi 允許用戶在文章下方發表評論；多數用戶發表評論時都會用假名。[9] Delfi 意識到某些評論可能引發非議或違法，因此開發了一種系統，允許讀者認定某則用戶評論為

「leim」（愛沙尼亞語中的「嘲笑」），Delfi 就會很快移除這則評論。Delfi 的軟體還會自動移除包含公司認定為淫穢詞語的貼文。一經被評論者要求，Delfi 就會迅速移除誹謗性評論。[10] Delfi 網站向讀者說明，每位用戶都「要為自己的評論負責」，且 Delfi 禁止「不符合良善作為」的評論，例如威脅、侮辱、仇視、煽動暴力或其他違法行為。[11]

　　二〇〇六年一月二十四日，Delfi 刊出一篇題為〈冰路計畫毀於 SLK 之手〉的文章（冰路連接愛沙尼亞島嶼和大陸，SLK 是愛沙尼亞的渡輪營運商）。其後兩天，讀者在文章下面留了一百八十五則貼文，其中約有二十則評論具威脅性或攻擊性，涉入其中的人士在法庭文件中僅標識為「L」，是 SLK 唯一或最大的股東。這些評論包括「在你自己的船裡被燒成焦炭吧，變態猶太人！」還有「我往〔L的〕耳裡撒尿，然後往他頭上拉屎。」[12] 大約六週後，L 的律師要求 Delfi 刪除這二十則評論，並尋求約三萬兩千歐元的賠償。Delfi 接獲要求後立即刪除評論，但拒絕賠償 L。[13]

　　幾週後，L 在愛沙尼亞哈爾尤縣法院對 Delfi 提告。如果這場紛爭發生在美國，L 毫無疑問會輸掉官司。Delfi 經營的是互動式電腦服務，且 L 是因他人產生的內容而控告 Delfi。因此，即使 Delfi 在接獲要求後拒絕刪除評論，第230 條也會擋下訴訟。如果像爆料報告這樣的網站可以享有第 230 條的豁免，則 Delfi 沒有理由不享有同等待遇。但因為這場紛爭是在愛沙尼亞法院搬演、受愛沙尼亞法律管轄，

240

第 230 條無用武之地。愛沙尼亞法律中與第 230 條最接近的是《資訊社會服務法》，基礎為歐盟二〇〇〇年的《電子商務指令》。

　　這份指令訂定了國家法律在規範網路商務時必備的架構，規定對「只是管道」的資訊服務供應商，不得因藉由其服務傳輸的資訊而對其究責。如果某項服務沒有「發起傳輸」、「選擇傳輸的接收者」以及「選擇或修改傳輸中包含的資訊」，則這項服務就符合「只是管道」的認定條件。[14]這份指令還提供更有限的保護給「託管」，指出如果「供應商對非法活動或資訊其實並不知情，且就損害賠償而言，沒有意識到讓非法活動或資訊顯而易見的事實或情況」，或「供應商在得知或意識到上述情況後，迅速採取行動移除或關閉對資訊的存取」，則不得因供應商儲存用戶內容而對其究責。[15]因此，這項指令為中介機構提供了某種保護。真正中立的管道不會因傳輸用戶內容而被究責。但託管和儲存用戶內容的服務，如果對非法內容「其實知情」且沒有迅速移除內容，則可能會被究責。但與第 230 條一樣，這些保護措施的實際效果，取決於法院如何解釋。

　　縣法院一開始駁回訴訟，結論認為《資訊社會服務法》和歐盟指令使 Delfi 豁免。[16]但塔林上訴法院將案件發回更審，裁定縣法院錯誤解讀歐盟指令。[17]縣法院重新審理此案，結論認為收到通知後移除評論對 L 的保護「不夠」，裁定 L 獲賠約三百二十歐元。[18] Delfi 提起上訴。塔林上訴法

院和愛沙尼亞最高法院均維持對 Delfi 不利的裁決。最高法院立論認為，Delfi 評論系統「的本質並非純然是技術的、自動的、被動的」，因為除其他原因外，評論被「整合」到 Delfi 的新聞報導中。[19] Delfi 將這項裁決上訴到歐洲人權法院，人權法院會判定歐盟國家法院的裁決是否符合〈歐洲人權公約〉。Delfi 辯稱，法院的判決違反了公約第十條保障的言論自由權。

　　歐洲對言論和表達自由的態度比美國保守得多。美國憲法第一修正案簡潔地說：「國會不得制定有關下列事項的法律：確立一種宗教或禁止信教自由；剝奪言論自由或出版自由；或剝奪人民和平集會及向政府要求伸冤的權利。」開國元老用簡短的幾行字確立了宗教、言論、新聞、集會和請願自由的權利。

　　相較之下，〈歐洲人權公約〉第十條的篇幅長了約三倍，主要是因為有許多限定條件。第十條一開始先提供言論自由的權利給歐洲人，但條文指出這種自由須受限於「法律規定的形式、條件、限制或處罰，且是在民主社會中為了國家安全、領土完整或公共安全、預防脫序或犯罪、保護健康或道德、保護他人的名譽或權利、防止洩露以機密形式收到的資訊，或維持司法之權威和公正所必要的。」儘管美國法院已發布意見書，說明一些與上述條文類似的第一修正案例外，但很明顯地，〈歐洲人權公約〉第十條的文本讀起來既像人權聲明，也很像小字印刷的合約。

　　歐洲法院由七名法官組成的裁決單位（稱為「分庭」）同意愛沙尼亞最高法院的觀點，駁回上訴。法官裁定〈歐洲人權公約〉不保護 Delfi，一部分是因為它是「專業發行人」，應該能夠預見經營開放的評論系統所衍生的潛在責任。[20] 他們認為〈歐洲人權公約〉第十條不保護 Delfi，提出的理由是「要顧及保護他人名譽和權利的正當目標」。[21] Delfi 再次將這項判決上訴到歐洲人權法院全部十七名法官面前。全院（大法庭）只審理具有特殊法律意義的案件，就像美國最高法院一樣。大法庭同意審理 Delfi 的案子。一旦大法庭同意審理，這個案子就不再只是新聞網站和公司管理高層間的紛爭，而變成了一次考驗：〈歐洲人權公約〉中自由表達的權利，在網際網路時代可以擴展到什麼程度？

　　由二十八家媒體組織和公司組成的聯盟上書給大法庭，強調提供強大、明確的保護給線上中介機構，有多麼重要。媒體集團和公司著重說明線上平台在促進言論自由方面扮演的角色日益重要。「用戶評論已成為網路媒體不可或缺的一部分。」媒體聯盟寫道，「傳統報紙可能每期用一到兩頁的篇幅刊登讀者來函，從他們收到可能達數百封的來信中選擇一小部分刊出；線上媒體則讓讀者可以在多數報導下面回應、評論。新聞網站上每天都會出現數以千計的評論，為讀者提供發表意見的空間，激發對各種問題的論辯，讓媒體從『僅是』報導新聞的空間，轉變為報導、討論新聞的線上社群。」[22] 媒體公司指出，美國實施第 230 條的經驗，是

歐洲應該效仿的成功案例。這些公司寫道:「這種明確的做法鼓勵對科技業的投資,並在線上媒體業界創造了一個充滿活力的創意市場。科技業觀察家將 Facebook、Twitter、YouTube、TripAdvisor 等公司的活躍,歸功於第 230 條營造的環境。」[23]

　　儘管媒體聯盟倡議訂定類似第 230 條的保護,但大法庭結論認為,第十條不能防止 Delfi 因用戶評論而被究責。十七名法官中有十五名投票維持愛沙尼亞最高法院對 Delfi 不利的裁決。為了確認不利 Delfi 的裁決是否符合公約,大法庭將匿名發文者發表評論的「脈絡」、Delfi 為擋下誹謗而採取的步驟、評論的匿名作者是否可以代替 Delfi 被究責、判決對 Delfi 的影響等等也納入考量。[24] 儘管大法庭認為這則新聞有「平衡報導」,但他們結論認為,由於 Delfi「積極徵求評論」並對用戶評論訂定規則,「必須認定 Delfi 對用戶評論實施了相當程度的控制」,其角色「不只是被動、純粹技術服務的供應商。」[25] 法官指出,要辨識貼文作者必須採取的措施「是否有效充滿變數」,讓 L 難以控告匿名發文者。[26]

　　大法庭裁定 Delfi 不僅有責任在收到投訴後移除誹謗性評論,而且有責任採取保障措施確保這些評論立即移除,與美國法院形成鮮明的對比。大法庭法官確認 Delfi 並沒有「完全忽視其責任,要避免對第三方造成損害」,但這些措施沒能滿足 Delfi 的法律義務。[27]

　　大法庭裁決的關鍵是，Delfi 是主要的新聞機構，大法庭認為這種地位讓 Delfi 有義務「採取有效措施，限制仇恨言論、暴力煽動言論的傳播。」[28] 大法庭沒有明確說明 Delfi 應採取的具體步驟，但寫說 Delfi「通知後下架」的流程應該「要有可以快速回應的有效配套程序。」[29] 法官指出，歐盟成員國仍然可以通過法案，對網路中介機構提供額外保護，但大法庭的角色僅限於「確認所採用的方法及其產生的效果是否符合《歐洲人權公約》。」[30]

　　兩位持不同意見的法官寫道，主要意見書期望網站找到並刪除某些用戶內容，形同以寒蟬效應威脅線上言論。「後果很容易預測。」異議法官寫道，「為了防止各種誹謗，或許還有各種『非法』活動，所有評論從發布那一刻起就必須受到監控。因此，活躍的中介機構和部落格營運商會有相當的動機，停止提供評論功能，對究責的恐懼也可能會導致營運商做額外的自我審查。」[31] 兩位異議法官引用巴爾金的警告說，對平台施加法律責任可能會導致對用戶言論的「連帶審查」。「政府不一定總是直接審查言論，但藉由向控制技術基礎設施的一方（網際網路服務供應商等等）施加壓力、責任，政府會創造出一種最終讓連帶或私人審查無可避免的環境。」異議法官寫道。[32] 大法庭的裁決成為國際頭條新聞，有些觀察家批評這項判決會助長這種「連帶審查制度」。全球數位權利組織 Access 立即批評大法庭的裁決是「令人擔憂的先例，可能會迫使網站審查內容。」[33]

　　大法庭的 Delfi 裁決顯示，對於追究中介機構的責任，美國和歐盟法律體系的做法截然不同。歐盟缺乏第 230 條強而有力的保護，究責標準充其量只類似 *Cubby v. CompuServe* 中的第一修正案保護，即如果線上平台知道或應該知道非法內容，則平台需承擔責任。Delfi 案中這個「應該知道」的面向，也許是本案裁決中最讓言論自由倡議者不安的地方。Delfi 不是歐洲版的爆料報告；爆料報告會拒絕刪除整則貼文，只在極罕見的情況下略為編輯內容。Delfi 訂定政策，只要 Delfi 認為某項內容非法或有害，就會立即移除；Delfi 也訂定了用戶投稿政策，甚至會自動過濾某些字詞。然而，即使已經實施這些安全防護，Delfi 做得仍不夠多，沒能滿足大法庭的期望。這樁裁決的完整意義是，Delfi 應該要知道用戶會發布仇恨言論，或至少知道這種情況可能發生，並且因為它是一家大公司，所以應該「立即」移除這些評論。

　　想像一下，如果爆料報告這種網站位於歐洲，要如何運作——不用想像了，不能運作。爆料報告——網頁置頂標語是「奸商別想逃！真相大聲說！」——的大前提將無法發揮作用。任何對自己登上爆料報告不滿意的企業（可能多數被網站爆料的企業其實都很不滿），都可以立即要求移除評論。如果不從，平台會面臨嚴重的法律風險。

　　總部位於丹麥的公司 Trustpilot，是歐洲最受歡迎的線上消費者評論網站之一。Trustpilot 允許被評論的企業舉報違反 Trustpilot 政策的評論。如果評論使用了「指責、誹謗、

暴力、粗俗、性別歧視或種族主義等攻擊性用語」，就可以
舉報。如果有企業舉報評論，Trustpilot 會自動暫時隱藏這
則評論，讓 Trustpilot 的合規人員檢查。如果合規人員確認
投訴無正當理由，系統會讓評論可以再度公開存取。如果合
規人員確認「沒有辦法因應這則評論的問題」，則會永久移
除評論，或繼續調查並要求評論者提供文件。[34] 這種規範在
美國並非聞所未聞；其實許多網站都有大型團隊調查有關用
戶內容的投訴。但就 Trustpilot 的情況而言，它沒有其他可
行的選擇，因為歐洲法律體系假設像 Trustpilot 這樣的線上
平台，要對平台上的用戶貼文負責。Trustpilot 系統特別獨
特的地方（從言論自由的角度來看令人不安），是網站在收
到投訴後，會自動暫時移除評論，反映出法院在 Delfi 案關
心的重點，就是即使有害或非法用戶內容只是有可能發生，
線上平台仍然要迅速因應。

　　隱私和言論自由經常互相衝突。即使網站上的資訊是真
的──因此不是誹謗──仍然可能侵犯個人的隱私。儘管與
美國憲法相比，歐洲的言論自由保護較為薄弱，但歐洲的隱
私保護卻明確得多。雖然美國法院發現第四修正案禁止不合
理搜查與扣押、第十四修正案「正當程序」條款等法條有保
障隱私權，但美國憲法沒有清楚敘明個人享有隱私權。相較
之下，以〈歐洲人權公約〉價值觀為基礎，並由歐盟法院執
行的《歐盟基本權利憲章》第八條規定，人人「有權保護與

自己有關的個人資料」，且「在為特定目的處理」這些資料時，「必須公正且須基於有關人員的同意，或法律規定的其他合法依據。」[35]

　　歐洲已經藉由資料保護立法，讓這些價值成為法條。一九九五年，歐洲通過一項全歐指令，限制公司蒐集、使用和分享個人資訊的能力，並讓個人有能力要求清除或擋下侵犯隱私權的資料。每個成員國都以這項歐盟指令為基礎訂定隱私法律，並由各國的資料保護監管機關執行。歐洲堅信隱私是基本人權，這種堅定的信念常常與公民的言論自由權互相衝突。二〇一四年五月十三日，隱私與言論自由之間的衝突成為國際新聞：歐盟法院發布對 *Google Spain v. Costeja Gonzalez* 案的裁決。[36] 這個案子更廣為人知的稱號是「被遺忘的權利」案。

　　二〇一〇年，馬里歐‧科斯特賈‧岡薩雷斯對用Google搜尋自己名字的結果感到不安，因為結果中出現《先鋒報》上兩篇一九九八年的文章，內容涉及與社會安全債務有關的扣押程序。住在西班牙的岡薩雷斯要求西班牙的資料保護監管機關命令這家報紙進行技術修正，讓這些文章不會出現在搜尋結果中，或完全刪除這些文章。他還要求監管機關，當用 Google 搜尋他的名字時，禁止 Google 將這些文章納入搜尋結果中。[37]

　　監管機關拒絕命令報紙刪除或修改這些文章，但他們結論認為，資料保護指令允許他們命令 Google 對會侵犯個人

「尊嚴」和一般隱私權的頁面去除索引。Google 在西班牙
法院體系中提出上訴,案子被送到歐盟法院,歐盟法院對
《隱私指令》等歐洲法律擁有最終解釋權(而在 Delfi 案中
做出裁決的歐洲人權法院,則是對〈歐洲人權公約〉擁有最
終解釋權)。[38] 歐洲法院看出在搜尋引擎讓資訊公開的能力
與個人隱私權之間,必須求取平衡。法院寫道,這兩種利益
間的平衡,取決於「系爭資訊的本質、對資料擁有者的私生
活是否敏感、公眾若擁有這項資訊是否有益 —— 這種益處可
能會、尤其會根據資料擁有者在公眾生活中所扮演的角色而
變化。」[39] 換句話說,隱私監管機關在某些情況下,可以命
令搜尋引擎去除某些頁面的索引,讓這些頁面不會在搜尋某
人姓名時出現在搜尋結果中。但去除索引的義務並不是絕對
的,如果透過搜尋引擎得以存取網頁所帶來的公眾利益更
高,就可能壓過去除索引的義務。法院沒有提供太多明確的
指引,說明隱私利益何時會重要到足以去除索引,而是建議
逐案檢視。法院寫道,如果資訊「不充分、不相關或不再相
關,或與搜尋引擎營運商要執行相關處理的目的相比是多餘
的」,則去除索引可能是適當的。[40] 法院裁定,在某些情況
下,例如對隱私的侵犯似乎是有正當理由的,因為「若結果
清單包含對系爭資訊的存取,能為公眾帶來極大利益」,則
個人隱私權可能不構成移除資訊的必要。[41]

　　全球少有法院裁決能像這份意見書一樣,對網際網路產
生如此立即性的影響。搜尋引擎必須開發流程來收受、評估

從搜尋引擎中去除頁面索引的要求。Google 開發了名為「根據歐洲資料保護法要求刪除在 Google 搜尋中加以索引的內容」的線上表格，讓搜尋自己名字後想要刪除某些頁面的人可以提出請求。截至二〇一七年，Google 都表示會告知請求者，Google「將在個人的隱私權與公眾知情的利益和資訊發布權之間求取平衡」。在做平衡測試時，Google 會考慮「結果是否包含與您有關的過時資訊，以及這些資訊是否關乎公眾利益——例如，我們可能會拒絕移除關於金融詐騙、瀆職、刑事定罪的某些資訊，或政府官員的公開行為。」

　　儘管這個過程後來被稱為「被遺忘權」，但資訊並沒有完全刪除。即使請求成功，網頁仍然會保留在網站上；唯一有變化的是搜尋結果。儘管如此，這項裁決還是給在歐洲營運的搜尋引擎創造了大量工作。歐洲法院做出裁決後一年半，Google 回報說他們收到了近三十五萬份請求，要求去除超過一百二十萬個網頁的索引。在當時有處理完成的請求中，約百分之四十二的網頁已經被取消索引。[42] 例如，Google 核准一位芬蘭寡婦的請求，對寡婦亡故的丈夫犯下性犯罪的指控去除索引；另外一位愛爾蘭公民在家庭暴力指控中無罪開釋的新聞文章，Google 也去除了文章的索引。Google 拒絕的請求，包括將關於某位網路安全公司員工離職的新聞文章從搜尋清單中拿掉，因為 Google 結論認為，「這些資訊與他目前在公眾生活中的專業角色密切相關。」[43]

　　搜尋引擎去除索引的決定立即受到批評。例如，Google

去除一篇 BBC 文章的索引，這篇文章寫的是美林前執行長史丹利‧歐尼爾在銀行財務問題中所扮演的角色。《獨立報》稱這次去除索引證實「人們的憂慮，就是儘管歐盟立法者保證關乎『公共利益』的資訊不會受到影響，但有錢有勢的人可以利用歐盟的裁決替自己在網路上的名聲漂白。」[44]在 Google Spain 案發布裁決約兩年前，傑佛瑞‧羅森在一篇文章中描述「被遺忘權」會對線上言論造成「寒蟬效應」，因為它會將巨大的潛在究責風險加諸在平台上：「我可以要求將資訊下架，而證明這項資訊屬於新聞、藝術或文學等例外領域的沉重負擔，將再度成為第三方的責任，使諸如Google 這樣的公司變成歐盟的審查長，而不是中立的平台。而且因為這是 Google 不想扮演的角色，所以若某位歐洲用戶 google 的人曾抗議過糟糕的部落格文章或狀態更新，搜尋結果可能會是一片空白。」[45]

儘管受到批評，歐盟官員大致上還是樂見被遺忘權。二〇一六年，歐洲議會頒布了《一般資料保護規則》，取代一九九五年的隱私指令並於二〇一八年生效。新法規明確訂出被遺忘權，或「清除權」，要求控制歐洲居民資訊的企業在某些情況中，一經要求就要刪除資訊。儘管這項新規定包含一些例外情況，例如「行使言論和資訊自由權」[46]，但整體而言，它大幅擴展被遺忘權，遠超出搜尋引擎去除索引的範圍。

二〇一二年，當歐洲立法者開始制定新的隱私法規時，歐盟司法專員薇薇安‧雷丁在慕尼黑的一次演講中，試圖盡

量降低人們對被遺忘權影響資訊獲取和言論自由的擔憂。「被遺忘的權利當然不是絕對的權利。」雷丁說，「在某些情況中，把資料保存在資料庫中是合法、具法律正當性的利益。報紙存檔庫就是一個很好的例子。顯然，被遺忘的權利並不足以構成完全抹殺歷史的權利。被遺忘的權利也絕不能優先於言論自由或媒體自由。」[47] 儘管知道歐洲監管機關在制定新的隱私規則時，至少有將言論自由納入考量，讓人覺得很受鼓舞，但最終的法規仍然對線上言論自由造成莫大威脅。法規開宗明義地訂下基本假設，表明資料控制者必須一經要求就刪除個人資料，除非有適用的例外。

　　史丹佛大學的達芙妮・凱勒曾在 Google 擔任律師，也是全球中介機構責任法規領域最重要的專家之一。她寫道，新的歐洲資料保護法規「無意但嚴重破壞了」隱私和資訊權之間的平衡，「結果會產生強大的新工具，任由濫訴的主張者對社會大眾隱瞞資訊。記錄權力濫用的部落客會被消音，小店家可能找不到顧客，全都因為有人偷偷向私人科技公司提出指控。」[48] 凱勒覺得，這項法規對「言論和資訊自由權」開出的例外大有問題，原因很多，包括它對線上平台而言不夠清楚。「說某個汽車技師不誠實的推文、Yelp 上關於拙劣醫療流程的評論，或者批評 Etsy 或亞馬遜個別商家的貼文，可能不在例外範圍之列。」她指出，「描述家庭暴力的個人部落格文章可能也不在例外之列。」[49]

　　正如第 230 條是美國獨有的法律一樣，被遺忘權也是歐洲獨有的法律。當隱私和言論自由之間發生角力時，歐洲比美國更可能採取以隱私為主的政策 —— 被遺忘權的核心正在於此。它透過規範 Google 和其他中介機構來限制個人的言論自由權，最終目標是保護生活受到早該作古的線上資訊 —— 例如多年前曾遭逮捕的新聞 —— 糾纏的個人。但被遺忘的權利是有代價的。了解這些代價，有助於理解第 230 條在形塑美國網際網路產業時發揮的獨特作用。美國的法院長期以來一直認為 Google 和其他搜尋引擎是互動式電腦服務，對於第三方內容享有第 230 條的豁免。第 230 條禁止法院指示 Google 去除搜尋結果的索引，除非內容違反智慧財產權法（例如侵犯版權）或聯邦刑法（例如兒童色情）。

　　在美國，要讓 Google 去除搜尋結果的索引，相對困難。Google 表示將移除非法內容，包括兒童性虐待圖片和侵犯版權的內容，也保留刪除「敏感個人資訊」的權利，例如社會安全號碼、銀行帳號、簽名圖片，以及未經同意分享的裸照或性意味明顯的圖片 —— 但這都只是 Google 美國標準規則中小小的例外；Google 要的是「整理全球的資訊，讓資訊隨處都能存取、都能使用」。[50] 如果沒有第 230 條，Google 對於刪除請求一事根本無法採取如此大膽的立場 —— Google 會不能僅依賴自己的判斷和價值觀確認是否要去除搜尋結果的索引，而是必須考慮立法機關或法院設定的所有要求。

　　實務上，這代表在美國用 Google，會比在歐洲用 Google

獲得更多資訊。假設某位求職者面試工作已經面試到最後一關——這位求職者十五年前因為在前一位雇主那裡盜用公款而被定罪，某篇關於這樁犯罪的報紙文章仍在網上流傳。對於這位求職者而言，歐洲的做法更有利。在歐洲，求職者或許能夠說服 Google 根據被遺忘權移除文章，理由是發布十五年前的報紙文章侵犯了求職者的隱私，害處遠超過將這篇文章保留在線上的任何好處。但如果 Google 同意了這項請求，潛在雇主將被剝奪取得可能有用的資訊，決定雇用誰的機會。想像雇主正在考慮兩個資歷大致相同的人。其中一人曾因盜用公款而被定罪，可能會讓另一人大占上風。即使定罪發生在十五年前，但在評估求職者整體性格時，這件事仍然有一定的影響力。

要折衷歐洲被遺忘權與美國第 230 條的價值和效果，是不可能的。天差地遠的訟訴結果，展現出認為個人隱私與表達、訊息流通自由孰輕孰重的不同觀點。

對線上中介機構加諸愈來愈多的法律義務，不僅僅是歐洲法律體系古怪的傾向。其他普遍認同西方民主價值觀的司法轄區，例如加拿大和澳大利亞，都沒有相當於第 230 條的規定。《加拿大權利和自由憲章》（相當於美國憲法的《權利法案》）保障「基本自由」，其中包含「思想、信仰、意見和言論自由，包括新聞和其他傳播媒體的自由。」但在這項保障之上還有一個重要的限定條件：這些權利「僅受法律

規定的合理限制，且這些限制在自由、民主的社會中可以清楚展現其正當性。」這樣的限制條件並不特殊或特別具爭議性。儘管美國憲法第一修正案沒有包含明顯的例外，但美國的法院早已發現第一修正案的言論自由權利有許多例外和限制，例如淫穢、煽動立即的暴力。但加拿大就像〈歐洲人權公約〉一樣，清楚聲明言論自由可以受到限制，以此奠定脈絡的基調，讓法院在這種大環境中同意原告尋求就第三方內容對線上服務究責的主張。

這些原則在一樁控告不列顛哥倫比亞省寄養父母協會聯合會的訴訟中，變得更為清晰。這個聯合會致力於改善不列顛哥倫比亞省的寄養服務，並經營線上論壇。[51] 二〇〇二年二月，化名「D 柏蘭」的聯合會論壇成員發布關於聯合會前主席麗莎・卡特的評論。儘管加拿大法院的意見書沒有直說 D 柏蘭發布了什麼，但形容內容「算得上是誹謗」。這則評論造成的傷害足以讓卡特要求聯合會關閉線上論壇。[52] 一位聯合會董事會成員表示，不久後，他要求站主暫時關閉論壇。站主沒有關閉線上論壇，而是把論壇轉為僅限閱讀的布告欄，這樣用戶就無法再發布新評論。然而，已經發布的評論，包括有關卡特的評論，沒有被刪除。大約兩年後，卡特得知 D 柏蘭的貼文仍然在網上。她就 D 柏蘭的評論和另一個網路論壇上的貼文，對聯合會和其他被告提起誹謗訴訟。初審法院法官駁回卡特對聯合會的主張，並結論認為除了其他理由外，相關貼文是「無辜且非蓄意的」。[53] 但是不列顛

哥倫比亞省上訴法院的三名法官組成的合議庭判定可以對聯合會究責，意見一致地將案件發還初審法院，針對關鍵問題做進一步事實調查。

上訴法院寫道，「很難看出」這則評論在通知後兩年多的時間裡「維持公開狀態」，不是因為，或至少部分是因為聯合會的疏忽造成的。畢竟，董事會成員有被通知貼文這件事，也嘗試要解決問題。約翰・E・霍爾法官寫道：「聯合會在這件事上沒有採取有效步驟移除冒犯性評論，而且似乎也沒有適當追蹤、確認有採取必要行動。」[54] 聯合會上訴失敗，因為聯合會已經被通知但未採取適當行動。聽起來有點耳熟？不列顛哥倫比亞省法院的邏輯，與利澤爾法官在Cubby 案中的裁決如出一轍。線上服務面對因第三方內容而起的訴訟時，受到的保護有限；但如果供應商知道或有理由知道據稱有害的內容，就會失去這種保護。因此，加拿大對線上平台的保護，與第 230 條出現前的美國法律更為相似。

其他國家的法院也強制執行史崔頓證券公司案的規則：僅因為網站有能力規範第三方內容，就要網站負責。與第230 條出現前的美國一樣，這條規則讓網站有誘因對第三方內容採取不干涉的態度。

以安東尼・史考特・布里西亞尼的案子為例：他經營澳大利亞線上交流論壇 ZGeek。二〇〇五年，布里西亞尼化名「海盜」在 ZGeek 上發表與律師加百列拉・皮西奧內里有關的貼文：加百列拉向澳大利亞法院提供陪審團員不當行為的

相關資訊，讓強姦十六歲少女的一對兄弟沒被定罪。這篇標題為「本週工具」的貼文寫道：「加百列拉‧皮西奧內里，你就是個大工具，應該好好實踐『他媽的閉嘴』的口訣。」[55] 布里西亞尼當天還另外開了標題為「嘴砲說壞話」的聊天串，大講皮西奧內里的壞話，還慫恿更多用戶評論她。[56]

文章下面是匿名用戶對皮西奧內里的評論，有人批評她，還給她取粗俗的稱號。大約四年後，皮西奧內里發現了這些貼文，她寫信給布里西亞尼，要求他道歉並移除這些貼文。布里西亞尼移除了二〇〇五年的貼文[57]；但二〇一〇年，他發布皮西奧內里以法律威脅他的貼文，不過沒有指名道姓說是皮西奧內里。這讓論壇上又是一陣對皮西奧內里的惡毒評論。「好吧，這智障的程度真的破表。」化名「RedMaN」的用戶寫道，「老實說，沒有人在乎這傢伙。他們原本從哪個洞裡爬出來的，或許應該爬回去。」[58] 皮西奧內里以誹謗罪名控告布里西亞尼，不僅因為他以「海盜」帳號名稱發布的貼文，還因為其他用戶的貼文。

澳大利亞首都領地最高法院大法官約翰‧伯恩斯寫道，澳大利亞法律允許就布里西亞尼所寫的貼文，以及其他 ZGeek 用戶的貼文，追究布里西亞尼的責任：「網際網路內容站主在某些情況下，可能因他人發布的事項而替代性地被究責，因為管理者未能將第三方發布的誹謗性素材，從公開展示空間中移除。得追究替代性責任的情境，必須是站主在被告知有相關素材後未能刪除相關素材，且站主必須是發行人，而不

僅是被動地協助素材公開展示。」[59] 伯恩斯結論認為，布里西亞尼是發行人，而不僅是被動的管道。伯恩斯觀察發現，「他自己題為『本週工具』的貼文，引發對原告的討論，他積極參與進行中的討論，且他有能力隨時移除這些來自 ZGeek 的貼文。」[60] 在分析貼文本身涉嫌誹謗以及對皮西奧內里造成的傷害後，伯恩斯判給她八萬兩千元的賠償。二〇一六年，澳大利亞首都領地最高法院的上訴法院維持原判。[61]

　　與不列顛哥倫比亞省的案件結果一樣，澳大利亞對布里西亞尼的裁決，至少就其他用戶貼文這一部分，在美國根本不可能發生。毫無疑問，第 230 條會保護他不必為任何其他用戶貼文承擔法律責任。

　　美國並不是世界上唯一保護線上中介機構的政府。網站和其他線上服務供應商對源自用戶生成內容的主張，在整個西方世界都享有一定的豁免權。美國的獨特之處，在於這些公司獲得的豁免十分強大。許多司法轄區，例如歐盟、加拿大和澳大利亞，會保護對有害用戶內容完全不知情的線上中介機構。但一旦他們收到通知（或在某些情況中他們應該知情），就可能會面臨誹謗告訴或甚至刑事罪名。第 230 條與上述邏輯最根本的不同之處，在於它對中介機構是否知道或應該知道用戶發布的內容全不在意。這種不尋常的保護為線上服務提供了喘息的空間，讓他人在他們的服務上創造內容，不必擔心五年後某項法院裁決會使公司玩完。

　　二〇一〇年，美國國會體認到這種差距，通過了《妥

善保護本國恆久固有之憲法承傳法案》（原文為 Securing
the Protection of our Enduring and Established Constitutional
Heritage Act，取其縮寫簡稱為 SPEECH 法案）。國會制定
這項法案是為了因應「誹謗觀光客」的問題，就是有人會在
對誹謗被告保護相對較弱的國家（例如英國），對美國被告
提起誹謗訴訟，然後要求美國法院執行判決。《SPEECH 法
案》禁止美國法院允許原告根據外國誹謗判決徵收美國資
產，除非被告「能得到的言論與媒體自由保障」至少與第一
修正案的「程度一樣高」。[62]《SPEECH 法案》還明確禁止
美國法院執行針對互動式電腦服務的誹謗判決，除非法院確
定判決與第 230 條「一致」。「這項法規的目的，是確保誹
謗觀光客不會試圖藉由控告第三方互動式電腦服務而非冒犯
性言論的實際作者，對言論造成寒蟬效應。在這種情況下，
服務供應商可能會將據稱有冒犯之嫌的素材下架，而不是打
官司。」法案的發起人，眾議員史蒂夫・科恩在法案通過前
在眾議院議事廳這樣表示。「提供豁免可以打消不健康的
誘因，避免平台在不當壓力下將素材下架。」《SPEECH 法
案》為在海外擁有愈來愈多顧客的美國線上平台，提供強大
的保護。原告仍然可以要求法院扣押被告的外國資產，來規
避第 230 條，但如果第 230 條擋下原告的主張，原告就不能
碰位於美國的任何現金或其他資產。

　　儘管大家在現代網際網路的發展初期，就已接受美國與
世界其他國家之間的差距，但到二〇〇八年，美國法院開始
質疑網際網路到底應該多例外。

第三部

逐漸被侵蝕的第 230 條

在第 230 條實施的第一個十年中，第 230 條從龐大電信法中不起眼的小條文，進化成線上言論、線上創新最基本的保護之一。但條款也開始招致批評。每次有線上平台勝訴——也就是有令人同情的受害者敗訴——法官都會質疑提供如此全面、前所未有的保護給網站，箇中的智慧何在。當全國數十個州級法院、聯邦法院採納第四巡迴法院對澤蘭案的裁決後，大致上而言，法官都被困在對第 230 條保護的廣義解釋中，進退不得。美國最高法院從未受理過需要它解釋第 230 條的案件，因此澤蘭案其實就是圭臬，所有法院的金科玉律。儘管如此，第 230 條仍有兩個關鍵的含糊之處，使法官得以著手蠶食條款賦予的豁免。要理解這些含糊之處，請再看一次第 230 條的二十六個字：「互動式電腦服務的用戶與供應商，皆不得被視為其他資訊內容提供者提供之資訊的發行人或發言人。」

首先，這些平台只有在資訊是「由其他資訊內容提供者提供的」，才能豁免。如果原告能夠證明網站其實就是資訊內容提供者，那麼這個網站就不會獲得第 230 條的豁免。其次，即使第三方要為訴訟中所有系爭內容的產生負責，第 230 條也僅禁止法院將平台視為「發行人或發言人」。如果原告能夠證明訴訟源於被告不是發行也不是發言的行為（例如違背承諾或未能警告危險），那麼法院可能會判定第 230 條不能擋下訴訟。

以下兩章解釋法院如何利用這兩種邏輯，拒絕讓許多平台享有豁免。如果第 230 條的第一個十年代表條款的範圍擴大，那麼第二個十年則代表了緩慢但穩定的侵蝕。

第八章
無法無天的國度？

　　第 230 條的簡潔是它最大的優勢之一。其他美國法律
——通常遠不如第 230 條有效——在《美國法典》中占據了
數百頁的篇幅，需要極為專業的律師團隊來解析。相較而
言，第 230 條大部分的效果都集中在二十六個字上，少有例
外或警語。但它的簡短也留下空間，讓一些法院對它豁免的
範圍設下重要限制。也許第 230 條最令人煩惱的遺漏是缺乏
對「開發」和「負責任」這兩個詞的定義。只有當互動式電
腦服務被視為是「由其他資訊內容提供者提供」的資訊之發
行人或發言人時，豁免才適用。第 230 條將資訊內容提供者
定義為「須為資訊之產生或開發，負起全部或部分責任」的
任何人。平台是否只有在內容是由平台自己產生並上傳時，
才要對內容的「開發」「負責任」？或平台只是鼓勵第三方
產生內容就要負責任？若平台架構網站的方式會導致第三方
必須發布非法文字或圖像，怎麼辦？第 230 條的文字沒有提
供太多答案。法院只能依靠見解各自不同的字典定義，和
一般常識對「負責任」和「開發」這兩個詞的解釋來解讀條

文。

在第 230 條問世後的第一個十年中，法院很不願意做出「互動式電腦服務商的行為如同第三方內容的開發者」這種結論。甚至第五章中討論過的博物館安全網路，它的主要負責人對關於愛倫·巴澤爾的信件略加編輯後傳播出去，也能獲得第 230 條某種程度的保護。這種情況在二〇〇八年、二〇〇九年開始發生變化，兩處聯邦上訴法院發表的意見書，對「負責任」和「開發」這兩個詞語採取更廣義的解讀，從而縮小了第 230 條豁免的範圍。

> 「徵求單身亞裔學生或專業人士一名，男女不拘。」
> 「房東一家為基督教家庭，出租樓下的房間，徵求
> 女性基督教徒一名。」
> 「徵求亞裔或歐洲女性。」
> 「黑人穆斯林請勿洽詢。」
> 「徵求有責任感的白人或拉丁裔同性戀者」[1]

以上是二〇〇三年十一月出現在很受歡迎的室友配對網站 Roommates.com（也稱為 Roommate.com）上的廣告。刊登在 Roommates.com 上的這些廣告引發爭議，最後導致的法院意見書，讓一些法律學者預言將導致第 230 條的消亡。後來事實並非如此，但這些爭議首次有力地證明，第 230 條實際上無法提供網站刀槍不入的豁免保護。

Roommates.com 網站除了要求貼文者在廣告中描述他們正在尋找的室友類型（在開放式的「附加評論」欄中描述）外，還會對新用戶提出諸如性別、性取向、年齡等各類具體問題，並請用戶提供「與您生活方式相關的詳細資訊」。網站也讓用戶聲明偏好哪一種性別、性取向、家庭狀況的室友。[2] 二〇〇三年，反對住房歧視的非營利組織聖費爾南多谷公平住房委員會和聖地牙哥公平住房委員會在一樁聯邦訴訟中主張，Roommates.com 違反了聯邦和加州的住房歧視法。聯邦的《公平住房法案》禁止房屋銷售或租賃廣告表明基於種族、性別、家庭狀況、宗教等特徵的「偏好、限制或歧視」。這兩個委員會主張 Roommates.com 違反了《加州公平就業與住房法案》，這個法案還禁止針對性取向的歧視。此外，這樁訴訟還包括其他一般性指控，如不公平的商業行為和過失。[3]

這個案子分給柏西·安德森法官，他原是律師事務所合夥人，兩年前由小布希總統任命至洛杉磯聯邦法院。[4] 委員會要求安德森法官發出臨時禁制令，禁止 Roommates.com 網站散播歧視性廣告。委員會在動議中辯稱，與租賃房仲當面問的問題相較，Roommates.com 網站的歧視性問題不應得到額外的法律保護。原告寫道：「被告收錢，是為了提供許多洛杉磯和聖地牙哥的地產業者已經在提供的服務：篩選房客。房客在註明自己對某間空房有興趣之前，必須回答許多與自己相關的問題。這些問題由被告撰寫，沒有第三方參

與。」[5] 委員會主張，230 條絕對沒有為 Roommates.com 這樣的網站提供任何保護：「國會從來不曾打算讓網際網路成為房東、房屋廣告代理、房仲可以偷渡上個世紀初用語的地方，貼出寫著『白人之家』、『僅限白人男性』、『偏好亞裔』、『基督教男性優先，女性禁入』等明顯具冒犯性字樣的『標語』，疏遠、羞辱只是想在城中找地方住的人；要在城市裡找房子已經夠難了。CDA 與言論自由無關，也不能凌駕於公民權利法之上。」[6]

代表 Roommates.com 的律師是第五章討論過的提摩西‧阿爾哲，專精網際網路相關法律，在卡拉法諾的訴訟中成功為 Metrosplash、Lycos 辯護，打贏官司。二〇〇四年八月，阿爾哲提出動議尋求簡易判決，要求安德森駁回訴狀。阿爾哲將 Roommates.com 的廣告描述成普通的用戶生成內容，涵蓋在第 230 條的範圍內。「建立個人檔案、選擇檔案中資訊的，都是用戶。」他寫道：「原告沒有指出 Roommate 網站方做的陳述有任何偏好。網站的問卷只是一種蒐集標準資訊的方法，建立方便的、可搜尋的資料庫。」[7]

二〇〇四年九月十三日，安德森法官在洛杉磯法庭就阿爾哲的動議舉行聽證會。委員會的律師蓋瑞‧W‧羅茲在聽證會先發言，強調許多廣告中列出的偏好是違法的。

「但這是第三方做的選擇。」安德森法官說。[8]

「這是他們做的選擇。」羅茲回答：「但是呢，當他們做出這樣的選擇時，就等同忽視了公平住房法。我認為呢，

就算他們不是真的被迫，也算是被鼓勵做出這種選擇；陷害他們這樣做的就是被告。被告在網站上沒有關於公平住房法的資訊，只有用相當強制性的字眼說，『選擇你的偏好。』」[9]

羅茲主要論點的核心就在這裡：儘管 Roommates.com 沒有真的寫出那些具歧視意味的廣告，但網站的設計、提問會鼓勵打廣告的人產生違法內容。羅茲主張，這種鼓勵代表廣告不是由其他資訊內容提供者提供，因此不適用第 230 條的豁免。阿爾哲引用克里斯蒂安・卡拉法諾訴訟中，第九巡迴法院對他當事人的裁決來反駁上述論點——因為洛杉磯位於第九巡迴法院轄區，所以安德森法官的判決會受限於第九巡迴法院對第 230 條的解釋。阿爾哲說：「卡拉法諾案的情況非常相似：網站列出多選題，用戶回答這些多選題，點選提交鍵，搜尋資料中就會產生個人檔案。」[10] 阿爾哲的論點似乎讓安德森法官猶豫不決，法官要求羅茲區分這起訴訟與卡拉法諾案的差異。「卡拉法諾案是約會服務。」羅茲說，「與住房無關。尤其是被告設計的下拉選單，就是這些資料建立的格式，包含了歧視性言論。」[11]

顯然，這種區分沒有說服安德森。聽證會結束時，他說他「暫時」結論認為，第 230 條有保護 Roommates.com 免於任何主張。[12] 八月後半時，他發布了一份九頁的命令，同意阿爾哲的簡易判決動議。對安德森而言，這樁案件就是直截了當地應用第 230 條的核心保護措施。Roommates.com 是

互動式電腦服務；住房委員會控告的是由 Roommates.com 發布、完全由第三方貼文者製作的廣告。安德森寫道，有些非法內容是對問卷的回應這件事並不重要。他指出，儘管 Matchmaker 的廣告用了問卷，但第九巡迴法院仍做出對克里斯蒂安‧卡拉法諾不利的裁決。「第九巡迴法院在卡拉法諾案中的判決，讓人不得不結論認為，不能因為 Roommate 用戶選擇的暱稱、用戶自由撰寫的評論，或用戶對多選題的回應，而追究 Roommate 違法〔《公平住房法》〕的責任。」[13] 安德森認為，儘管原告無法從這個網站違反公平住房法而獲得損害賠償，但他們仍然可以對製作有歧視嫌疑廣告的人提告。

委員會將安德森的裁決上訴到第九巡迴法院。二〇〇六年，這起上訴案件被隨機分派給由三名第九巡迴法院法官組成的合議庭，其中的資深法官是史蒂芬‧萊因哈特，第五章中有提到他是由卡特總統任命的自由派法官。其他成員還包括出生於羅馬尼亞的艾歷克斯‧科辛斯基，父母是大屠殺的倖存者。雷根當政時，他曾在白宮任職；一九八五年，時年三十五歲的科辛斯基被雷根任命至第九巡迴法院。[14] 合議庭最後一位法官是桑德拉‧西格爾‧伊庫塔，曾擔任科辛斯基的法官助理，二〇〇六年初由小布希總統任命至第九巡迴法院。[15]

進入第九巡迴法院的案件中，有些只要看看合議庭的三位法官是誰，就能相對容易地預測結果。例如，在刑事案件

中，萊因哈特法官和志同道合的自由派同事可能會承認被告
享有廣泛的公民權利，而像伊庫塔這樣的保守派則更可能與
政府持相同觀點。第九巡迴法院也有些法官較難預測，例如
科辛斯基。儘管他是共和黨任命的法官，通常遵循保守原
則，但當他認為政府越界時，他會毫不猶豫地批評政府，或
者發展出自己獨特的解決方案，難以按照黨派或政治哲學歸
類。例如，在關乎注射死刑合憲性的意見書中，科辛斯基主
張回歸斷頭台、電椅或行刑隊。「當然，行刑隊可能會很混
亂，但如果我們願意執行死刑，就不應該逃避我們手染人血
的事實。」他宣稱：「如果我們這個社會無法承受行刑隊執
行槍決時的血光四濺，那我們根本就不應該執行死刑。」[16]
在科辛斯基的前法官助理公開指控他性騷擾不久後，科辛斯
基於二〇一七年十二月辭去第九巡迴法院的職務。[17]

　　Roommates.com 的訴訟案不是那種觀察者根據合議庭成
員就可以輕鬆預測結果的案件類型。有人可能預期，自由派
法官會允許原告以住房歧視為由提告，但自由派法官也可能
支持保護言論自由。而像科辛斯基這樣的法官會傾向哪種判
決就更難預測了──他是共和黨任命的法官，卻採取極端自
由主義的立場，讓大家有時會覺得他與法院中最自由派的法
官是同一國的。

　　二〇一七年，科辛斯基在採訪中表示，在被任命為
合議庭法官後，他其實無法一眼就看出案件會有什麼結
果。他提到自己必須仔細考慮第 230 條的豁免範圍，以及

Roommates.com 的行為是否適用。科辛斯基回顧第 230 條的歷史和 Roommates.com 的爭議，最後釐清 Roommates.com 的某些行為不在國會當初頒布第 230 條時意圖涵蓋的範圍內。「在我看來，Roommates 做得夠多，這是它與管理布告欄的被動網路服務供應商的不同之處。」科辛斯基說，「困難的地方，或說真正需要深思熟慮的地方，是如何在意見書中表達這一點，才能既針對範圍外的事項對網站究責，同時又不至於對應享有第 230 條豁免的事項造成究責風險。」[18] 伊庫塔希望對網站追究的責任完全只限於用戶內容，而萊因哈特則試圖讓網站對任何歧視性的用戶貼文負責。科辛斯基持中庸觀點，他寫的意見書也折衷了上述兩種極端的立場。

二〇〇七年五月十五日，在聽取口頭辯論後約五個月，合議庭的三名法官發布了意見書，推翻了地方法院的部分裁決。每位法官都寫了一份單獨的意見書，但由科辛斯基執筆的決定性意見書結論認為，Roommates.com 明確鼓勵用戶違反公平住房法的問題，或發布這些資訊並允許用戶透過搜尋歧視他人等行為，不受第 230 條免究責保護。[19]「想像一下，比如有個網站 www.harrassthem.com，標語是『想陰誰？我幫你』，鼓勵訪客提供他人的敏感個資和／或誹謗性資訊，發布在網路上並收取費用。」科辛斯基在合議庭主要意見書中寫道，「要張貼資訊，網站會請用戶回答目標人士的姓名、地址、電話號碼、社會安全號碼、信用卡、銀行帳戶、母親婚前的姓氏、性取向、飲酒習慣等問題。此外，網

站還鼓勵發文者提供受害者的醜事，並說明這些資訊可以以謠言、猜測或捏造為本，不需經過證實。」[20]科辛斯基寫說，www.harassthem.com 與在卡拉法諾案受到第 230 條保護的 Matchmaker.com 不同，www.harassthem.com 明確要求提供非法用戶內容，因此，他結論表示，追究 Roommates.com 提出非法問題，並發布問題答案的責任，與法院幾年前在卡拉法諾案的裁決不見得相左：「卡拉法諾案沒有考慮 CDA 是否保護這種網站，且我們不認為卡拉法諾案的意見書可以解讀為賦予 CDA 豁免給那些積極鼓勵、尋求他人提供侵權、非法溝通內容並從中獲利的人。」[21]

然而，科辛斯基不認為 Roommate 網站應對全部有歧視之嫌的廣告內容負責。他寫道，「附加評論」區中的陳述不是 Roommate 網站產生的，網站沒有尋求特定類型的內容。相反地，Roommate 網站告訴用戶「我們強烈建議您花點時間，用一兩段話描述您本人、您對室友的期望，讓自身檔案更有個人特色。」[22]儘管這些不拘格式的回應往往包含了廣告中最引人非議的部分（例如希望避免「神經病或任何服用精神藥物的人」），但科辛斯基結論認為，網站涉入這些廣告的程度「不足以」對網站究責。[23]「Roommate 的開放式問題，代表會員無需提供任何特定資訊。Roommate 確實沒有提示、鼓勵或尋求某些會員提供的挑釁資訊。」科辛斯基寫道，「Roommate 也沒有使用『附加評論』區中的資訊來限制或引導用戶存取招租物件清單。」[24]

　　伊庫塔同意科辛斯基的觀點，認為第230條免除Roommates.com因「附加評論」區導致的責任，因此科辛斯基的裁決成為合議庭的意見書。但萊因哈特不同意對「附加評論」的裁決，並在部分異議中提出理由，認為第230條不應免除Roommates.com在廣告任何部分的責任。Roommates.com使用「附加評論」區的所有內容，加上住房檔案、偏好，綜合成一份廣告，因此網站應對全部內容負責。萊因哈特寫道：「Roommate尋求素材、將素材整理為整份資訊不可分離的一部分，並將這份資訊選擇性地發送給特定客戶。因此，將Roommate尋求、引導的素材分割、細切成一小塊一小塊，是說不通的。」[25]另一方面，伊庫塔法官警告，科辛斯基的意見書會有限制第230條豁免範圍、與第九巡迴法院先前的意見書（例如卡拉法諾案）互相衝突的風險。她指出，第九巡迴法院已經裁定，「網站經營者不會因為尋求特定類型的資訊，或因為選擇、編輯、重新發布這類資訊，而變成資訊內容提供者。」[26]

　　這三種意見，代表三種對第230條豁免範圍截然不同的看法。伊庫塔法官的意見代表第九巡迴法庭的現狀：對於第三方內容引起的主張，網站享有廣泛豁免權。萊因哈特法官的意見是要號召全盤改變——只要網站與用戶張貼非法內容的決定有任何關聯，就要對網站究責。科辛斯基法官在決定性意見書中折衷兩者，要求網站為特地透過問題尋求而來的內容負責。即使這種中庸立場，也在全國性媒體報導中被稱

為是第 230 條判例法的「大翻盤」。[27] 藉由對愛倫・巴澤爾和克里斯蒂安・卡拉法諾的不利裁決，第九巡迴法院一度似乎認定網站享有廣泛保護。Roommates.com 案的裁決，與上述這種對第 230 條的詮釋完全矛盾，引發美西地區——許多大型線上中介機構總部的所在地——對豁免範圍的疑問。

　　Roommates.com 本可以要求美國最高法院檢視合議庭的意見書，但成功的機會很小；最高法院每年都會收到上千份這類請求，但核准的不到一百份。Roommates.com 網站轉而提出請願，要求以全院庭審的方式重審案件。如果大多數不需迴避、積極任職的第九巡迴法院法官投票同意全院法官聯席重審，則合議庭三名法官的裁決就會失效，如同合議庭從未做過裁決一樣。有十一名第九巡迴法院法官的全院庭審審理了這起上訴案件，並發布新的意見書。[28] 電子前哨基金會（簡稱 EFF）了解在第九巡迴法院轄區中維持對中介機構強大的保護有多重要，也敦請法官以全院庭審審理此案。EFF 在書狀中寫道，科辛斯基的意見書不是對第 230 條的清楚解讀，而是與國會「在政策上持不同意見」：「從法規文字和立法歷程都可以清楚看到，通過 CDA 230，明顯是為了讓互動式電腦服務商免於因行使出版商通常會施加的編輯控制而被究責。CDA 230 絕對沒有試圖要讓網路訊息的託管廠商負責，而是打算明文訂定一種涵蓋範圍廣、反對規範的方式，鼓勵線上創新技術的發展。」[29]

　　第九巡迴法院核准了全院聯席重審的請求。巡迴法院的

全院庭審與三名法官組成的合議庭不同，不受這個巡迴轄區先前裁決的限制，意思就是這十一名法官不必遵循卡拉法諾案和巴澤爾案中對第 230 條的廣義詮釋。如果全院庭審認為這些案件的決定對被告過於友善，完全可以推翻這些決定。

與三位法官組成的合議庭一樣，全院庭審的十一位法官的政治背景各自不同，十分多元。庭審成員包括科辛斯基（當時他是首席法官，因此每次全院庭審都會出席）和萊因哈特，但不包括伊庫塔。其他法官還有保守派的卡洛斯・T・比亞、潘蜜拉・萊默和 N・蘭迪・史密斯；自由派的則有威廉・弗萊契和理查・佩茲；以及中庸派，如小米蘭・D・史密斯和貝瑞・G・西爾弗曼。庭審成員還有 M・瑪格麗特・麥基翁，由柯林頓總統任命，在西雅圖一家大型律師事務所創立了智慧財產權業務部門，客戶包括任天堂和亞馬遜。[30] 二〇〇七年十二月十二日，全院庭審舉行口頭辯論，約四個月後發布意見書。

科辛斯基再度執筆撰寫主要意見書，另外十名法官中有七名與他持相同觀點。科辛斯基的全院庭審意見書達成的最終結論，與他先前的意見書相同 —— Roommates.com 會因為提出有歧視之嫌的問題、要求訂閱者回答這些問題才能使用服務、將問題的答案展示出來而被究責，但對「附加評論」部分則無責任。科辛斯基在這份意見書中最常被引用的段落中宣稱，第 230 條「的本意不是要在網路上創造一個無法無天的國度」。

　　科辛斯基總結認為，對「開發」據稱有歧視之嫌的廣告，Roommates.com 至少負有部分「責任」，因為廣告是網站提出問題、要求訂閱者回答問題，並讓廣告可供用戶搜尋的結果。第 230 條沒有定義「開發」一詞。科辛斯基寫道，如果某個網站「大幅助長行為中涉嫌非法的程度」，則網站就「開發」了內容，因此不受第 230 條豁免的保護。[31]

　　科辛斯基裁決的另一重點，是他對「責任」一詞的廣義解釋。Roommates.com 辯稱，因為最終撰寫、散播這些歧視性廣告的是用戶，所以該被要求負起責任的只有用戶——科辛斯基不同意這種論點。「電影院的放映人員可能是電影出現在銀幕上之前，按下最後一個按鈕的人，但這點肯定不會使他成為電影唯一的製作人。」他寫道，「藉由合理使用英語，Roommate 至少要為每個訂閱者的個人資料頁面『負起部分責任』，因為每個訂閱者頁面都是 Roommate 和訂閱者之間的合作成果。」[32] 因此，科辛斯基寫道，委員會這場官司中討論的問題和回應，並不完全是由「其他資訊內容提供者」提供；對於相關控訴，Roommates.com 不能主張享有第 230 條的保護：「由於 Roommate 要求訂閱者提供資訊作為存取網站服務的條件，並提供一組有限、事先帶入的答案，它變得不再只是他人提供之資訊被動的傳播者，而成為資訊的開發者——至少是部分資訊的開發者。而且，第 230 條僅在互動式電腦服務商沒有『產生或開發全部或部分』資訊的情況下，才提供豁免。」[33] 科辛斯基用房屋仲介來打比

方：「房屋仲介不能詢問潛在買家的種族，雇主不能詢問潛在員工的宗教信仰。如果當面或透過電話提出這種問題是非法的，那麼以電子的形式在線上提問，不會神奇地變得合法。」[34]

和他先前對這樁案件的意見書一樣，科辛斯基分別考慮了第 230 條是否適用於對 Roommates.com 的三項控訴：（一）提出有歧視之嫌的問題；（二）開發並展示有歧視之嫌的偏好；以及（三）「附加評論」區有歧視之嫌的言論。他對這三個議題的結論都沒有改變。

第 230 條沒有保護 Roommates.com 豁免於因要求顧客在註冊時回答這些問題而產生的主張。科辛斯基寫道：「誘導第三方表達非法偏好，CDA 不會給予豁免。Roommate 自己的行為——發布問卷並要求回答——完全出於網站自身，因此第 230 條不適用這些行為。」[35]

同樣地，科辛斯基寫道，對於 Roommates.com 開發、展示偏好而提出的主張，Roommates.com 也無法享有第 230 條的保護。他指出，網站要求用戶列出他們尋找的室友須具備哪些特性，例如性別、性取向，以及家中是否有孩子。「然後，Roommate 會把這些答案還有其他資訊，公開在訂閱者的個人資料頁面上。」科辛斯基寫道：「納入這些資訊，顯然是為了幫助訂閱者決定進一步研究哪些物件、跳過哪些物件。此外，Roommate 本身也利用這些資訊，引導訂閱者避開某些物件，即提供住房的個人所表達的偏

好，與訂閱者的答案不相符的物件。」[36] 科辛斯基暗示，第
九巡迴法院先前不利於卡拉法諾的裁決，不全然與法院對
Roommates.com 的結論一致──Roommates.com 可能會因為
用戶廣告而被究責。畢竟，第九巡迴法院在卡拉法諾案中結
論表示，任何約會個人檔案「在用戶主動產生之前，都完全
沒有內容。」[37] 科辛斯基認為，法院不利於卡拉法諾的裁決
說到底是正確的，但法院沒有必要對第 230 條的豁免做出如
此廣泛的聲明。由於這是全院庭審，科辛斯基可以修改合議
庭三名法官在卡拉法諾案的邏輯。他寫道：「我們認為，卡
拉法諾案的結果毫無疑問是正確的，而背後更合理的邏輯
是：該案中據稱誹謗的內容──捏造卡拉法諾生性淫蕩的暗
示──完全是由惡意用戶產生、開發，網站不曾提示或幫
助。」[38] 根據科辛斯基的觀察，相較於卡拉法諾案中的約會
網站，Roommates.com 鼓勵用戶發布有歧視之嫌的廣告，並
「盡情地使用」廣告。「Roommate 不只是提供一個可用於
正當或不正當目的的框架。」科辛斯基寫道，「Roommate
在開發具歧視性的問題、答案和搜尋機制的工作，與網站涉
嫌違法的罪名直接相關。」[39]

　　正如在最初的意見書中，科辛斯基在結論繼續指出，第
230 條保護 Roommates.com 免於因不限格式的「附加評論」
區被究責：「原本的評論寫的是什麼，Roommate 就發布什
麼；網站沒有提供特定說明，指示說自行撰寫的內容應該包
括什麼，也沒有要求訂閱用戶輸入歧視性的偏好。」[40]

先前曾主張應就「附加評論」區的內容對 Roommates. com 究責的萊因哈特，是完全同意科辛斯基全院庭審意見書的七名法官之一。萊因哈特沒有另外撰寫單獨的協同意見書或不同意見書，主張就不限格式的評論欄位對 Roommates. com 究責。然而，有三位法官不贊成科辛斯基的觀點。前科技律師麥基翁撰寫了單獨的意見書，部分反對科辛斯基並主張第 230 條應保護 Roommates.com 免於因使用者內容被究責。比亞和萊默與麥基翁持同樣的反對論調。麥基翁寫道，科辛斯基的意見書可能「讓網際網路的強勁發展降溫」，與國會通過第 230 條的意圖背道而馳。「我擔心的不是杞人憂天般無謂的『天要塌下來了』的憂慮。」她補充道，「主要意見書讓每個互動式服務供應商都會因分類、搜尋、使用我們非常熟悉的下拉式選單，而有被究責的風險，大幅改變了追究網路責任的型態。互動式服務供應商沒有看到國會設想的『穩定』責任，而是只能自己研究、摸索，不知道豁免範圍到哪裡結束、責任範圍從哪裡開始。」[41] 據麥基翁看來，Roommates.com 沒有「產生」或「開發」涉嫌歧視的廣告。「Roommate 所做的只是提供包含標準化答案選項的表格。」她寫道，「列出地理位置、清潔度、性別和居住人數等類別，或是當其他用戶傳達的資訊與特定用戶開列的偏好相符時，將這些用戶的個人檔案傳給這名特定用戶等情形，幾乎算不上是在產生或開發資訊；即使新增標準化選項也不是在『開發』資訊。」[42]

　　科辛斯基同意麥基翁的觀點，即訂閱者才是資訊內容提供者。但他認為，Roommates.com 也是資訊內容提供者，因此不應受到第 230 條的保護。科辛斯基認為，麥基翁的異議未能體認到 Roommates.com 在開發所謂非法資訊方面所扮演的真正角色。「《公平住房法案》（簡稱 FHA）認定提出某些具歧視性的問題為非法，是有充分理由的：非法問題會導引出（也稱為『開發』）非法答案。」科辛斯基在回應麥基翁的不同意見時寫道，「Roommate 不僅問了這些問題，還把回答歧視性問題設為做生意的條件。這與現實生活中的房屋仲介說：『告訴我你是不是猶太人，不然就請你去找另一個仲介』沒什麼不同。若企業把從潛在客戶身上取得這種資訊，作為接受潛在客戶成為有效客戶的條件，則認為企業要為開發這種資訊負責，至少部分負責，一點也不過份。」[43]

　　這個案子發回地方法院後，第三度回到第九巡迴法院。這次要解決的議題範圍較小：確認 Roommates.com 網站的問題、展示和搜索功能是否真的違反了聯邦、州的住房法規。科辛斯基、萊茵哈特和伊庫塔認為，儘管第 230 條不保護 Roommates.com 免被究責，但網站也沒有犯下非法歧視，因為住房法規不適用於室友選擇。因此，官司無疾而終，Roommates.com 最終未被究責。[44] 儘管如此，這樁長達近十年的訴訟，在大多數科技公司總部所在的司法巡迴轄區中，對第 230 條留下了不可磨滅的印記。

毫不意外地，Roommates.com 案的意見書備受矚目；有些人認為這代表舉國對第 230 條的解讀，都會朝狹義解釋的方向改變。意見書問世後不久，影響力十足的《柏克萊科技法律期刊》登出一篇案例說明，認為這份意見書代表網路例外論的殞落：「這些第 230 條判例法的改變，是第九巡迴法院對網際網路、網際網路時代的看法直接造成的。Roommates.com 主要意見書不再認為擴展『網路例外論』是合時宜的；相反地，它認為網際網路只是另一種溝通媒介。儘管第 230 條在描述網際網路創造的機會時，用了『獨特』一詞，但網路並不比任何其他溝通媒介更特別。」[45]

當被問及他的意見書是不是第 230 條的轉捩點時，科辛斯基頓了一下，然後說：「我認為是。」不過他提醒說，法官「都有一種傾向，總認為〔自己的〕工作比其他人想像的更舉足輕重」。[46]然而，關於他的意見書對網路言論自由造成損害的看法，他嗤之以鼻：「這種觀點的意思是，如果允許提告，網路企業會被訴訟成本拖垮，進一步導致網際網路衰落。Roommates 案證明，你可以追究有限的責任，且對網路商務的影響，其實不會比對其他類型商務的影響更大。Roommates 案的餘波沒有真的造成任何嚴重的問題。」[47]

線上平台對這種觀察可能持不同意見。自二〇〇八年的裁決以來，尋求在訴訟中規避第 230 條、告倒平台的原告，經常引用 Roommates.com 案，得償所願的程度不一。奧利·魯伯在二〇一六年為《明尼蘇達法律評論》撰寫的文章中闡

述，科辛斯基的分析可能會對那些本質上比 Craigslist 等傳統網站更具互動性的平台，造成怎樣的傷害；傳統網站經常使用第 230 條的豁免來避免因使用者廣告而遭到究責。根據科辛斯基較新的分析，互動式平台公司可能不像 Craigslist 這麼幸運，它們的性質可能更近似 Roommates.com。如果檢察官提起刑事起訴，這些平台肯定可能因為非法行為而被究責。要區分行為是否屬於例外，界線極難拿捏。如果服務供應商在引導出來的內容上加註品牌名稱；向使用者提供交易工具，例如 GPS 裝置或處理交易的設備；或者設定價格和交易條件，則服務供應商是否仍然算是純粹的發行人，就很難一目了然。儘管如此，CDA 大致上仍然是抵擋民事訴訟的免責金牌，而且在多數情況中，平台公司仍很可能繼續享有這項法案保障的豁免權──至少能部分豁免。[48]

　　回顧在 Roommates.com 裁決後近十年、第 230 條通過後二十年間的發展，科辛斯基表示，國會在通過第 230 條時，可能是對史崔頓證券公司案有點反應過度。他說，今天的網路與一九九六年或二〇〇八年的網路相比，可能更有能力因應某種程度的監管和責任。[49] 科辛斯基指出，230 條款可能不如當年理直氣壯。但他提醒說，這條法規是網路企業和文化中根深蒂固的一部分，廢除法規將「造成很大的破壞」。他也質疑對科技業如此珍視的法律進行如此重大修改的政治現實。「國會做了就是做了。」他承認，「我不認為他們有任何辦法可以拉到足夠的票數廢除這條法律。」[50] 科

辛斯基是對的，Roommates.com 案的意見書沒有導致第 230
條的豁免消失，也沒有導致用戶生成內容通通被移除。但這
份意見書顯示，法官開始愈來愈不願意給予第 230 條的豁
免，而這種不情願是以科辛斯基的 Roommates.com 案意見
書為起點；一年後，第九巡迴法院東邊的聯邦上訴法院發布
了另一份意見書，質疑第 230 條的範圍，顯見這種不情願更
為加劇。

　　總部位於懷俄明州的 Accusearch 經營網站 Abika.
com，為客戶提供一系列普遍認為當屬私密的資
訊：特定手機的 GPS 位置、電話通聯紀錄（手機
撥打或接聽的號碼）、社會安全號碼、機動車輛監
理單位紀錄。[51]Abika.com 自己沒有維護這類資訊
的資料庫，而是將顧客與獲取資訊的第三方研究人
員聯繫起來，顧客可以透過 Abika.com 或透過電子
郵件存取這些資訊。Abika.com 的網站炫耀說，顧
客能夠購買「任何電話號碼、預付費電話卡或網路
電話打出去或接進來的詳細資訊。」[52] 網站廣告宣
傳以下服務：

手機號碼每月通聯活動報告
從最近的帳單（或所要求的帳單月份）中，查找對
外致電的詳細資訊。多數通話活動包括日期、時間

和通話時長。您可以指定每期帳單中特定的日期或
號碼，也可以指定是哪期帳單；通常最近一到二十
四個月的帳單都可以查詢……

座機號碼每月本地或長途電話通聯活動
查找特定帳單期間，從任何座機號碼對外撥打的本
地、長途、本地付費電話。清單包含日期、撥出去
的號碼，也可能包括通話時間長短。[53]

聯邦隱私法保障這種紀錄的機密，並要求第三方在取得
資訊前，要徵得客戶同意。負責監管隱私和資料安全的聯邦
貿易委員會（簡稱 FTC）十分關切透過 Abika.com 可以取得
的資訊類型。Accusearch 將 Abika.com 描述為「人際之間的
互動式搜尋引擎，將尋求資訊的人（搜尋者）與獨立研究人
員聯繫起來，研究人員聲稱只要付費，他們就可以找來上述
的資訊。」Accusearch 表示，只有當顧客使用網站時，它才
會收「管理搜尋費」。[54] 對 Accusearch 和 Abika.com 在交易
中所扮演的角色，FTC 有不同的看法。二〇〇六年五月一
日，FTC 起訴 Accusearch，以及 Accusearch 的業主暨總裁
傑・帕特爾，指控網站違反聯邦法律，從事不公平的交易
行為。FTC 認定 Accusearch 遠非僅是被動的中介機構，聲
稱 Abika.com 網站「使用或導致他人使用虛構的身分、捏造
的陳述、偽造或竊取的文件或其他冒充手段，包括假裝是電

信業者的顧客,誘導電信業者的工作人員、員工或代理商揭露機密的顧客電話通聯紀錄。」[55] FTC 並非控告 Accusearch 或其員工非法蒐集資訊,而是指控網站「使用或導致他人使用」非法手段;這不見得與 Accusearch 聲稱個人資訊是由獨立研究人員蒐集的說法互相矛盾。

聯邦貿易委員會提出動議,要求簡易判決,要求聯邦法院下達禁制令,限制這家公司出售個人資訊。Accusearch 也提出動議要求簡易判決,請法院駁回訴訟 .Accusearch 辯稱,它只是互動式電腦服務商,獨立研究人員要為開發調查報告負全部的責任。因此,Accusearch 抗議說,根據第 230 條,因研究人員的行為導致的任何主張,它應該享有豁免。Accusearch 表示,這些研究報告不是它的網站產生的,「Abika.com 這個以住家為主的網站,經營的是人際之間的互動式搜尋引擎,將尋求資訊的人(搜尋者)與獨立研究人員聯繫起來,研究人員聲稱只要付費,他們就可以找來上述的資訊。」公司的律師在法庭文件中這麼寫著。[56] Accusearch 維持同樣論調,說 FTC 試圖就不是由 Accusearch 產生或開發的第三方內容懲罰它,並聲稱國會通過第 230 條,正是為了防範這種究責形式:「Abika.com 允許獨立研究人員宣傳他們可以提供電話通聯紀錄搜尋服務,且只要研究人員證實可以合法取得訊息,網站也允許搜尋者透過網站要求取得這種資料。但 Abika.com 沒有親自從研究人員以外的任何人那裡獲取任何電話資訊,且只對網站和搜尋引擎

的使用收取行政與搜尋費。」[57]Accusearch 提出的論點偏向
適用第 230 條的豁免，看似直截了當，但它仰賴的許多案
例，卻與它自身的爭端略有不同。例如，Accusearch 多次引
用第九巡迴法院對克里斯蒂安・卡拉法諾的不利裁決——但
卡拉法諾案中的被告經營的是約會網站，是匿名者濫用網
站服務、張貼捏造的卡拉法諾個人資料。這個約會網站比
Accusearch 被動得多；Accusearch 有幫顧客與研究人員牽線。

　　這個案子分給了前海軍陸戰隊上尉威廉・F・唐斯法官，
一九九四年由柯林頓總統任命至懷俄明州聯邦法院。[58]二
〇〇七年九月，在聽取口頭辯論後，唐斯否決了 Accusearch
主張適用第 230 條豁免的意圖。儘管唐斯寫道，他對
Accusearch 聲稱自己是第 230 條中定義的「互動式電腦服
務」的說法「持懷疑態度」，不過他最終結論認為，這項
定義「廣泛到足以」包括 Abika.com 等網站。但唐斯認為，
第 230 條沒有豁免 Accusearch，因為 FTC 沒有想把這家公
司「視為」內容發行人。唐斯這樣描述：「被告宣傳可以取
得電話通聯紀錄、開放下訂，從第三方管道付費購買紀錄，
然後轉售給最終消費者。」[59]唐斯推論認為，即使 FTC 的
訴狀有將 Accusearch「視為」發行人，但這家公司仍不適用
第 230 條項下的豁免，因為它參與了電話通聯紀錄的開發：
「如果被告助長、形塑系爭資訊的內容，則不享有 CDA 的
豁免。」[60]唐斯的結論還認為，第 230 條從來沒有打算保護
像 Abika.com 這樣的網站，提供可能對跟蹤狂有用的資訊：

「原本這條法律意欲反應的政策，目的是嚇阻『藉由電腦跟蹤、騷擾』的行為，現在卻被拿來做為豁免銷售電話通聯紀錄以用於跟蹤、騷擾他人的法源，著實諷刺。」[61]

唐斯不僅否決了 Accusearch 的簡易判決動議，還核准了 FTC 的簡易判決動議，並隨後下達禁制令，限制 Accusearch 銷售以個人資訊為基礎的產品和服務之能力。Accusearch 將唐斯的裁決上訴至美國第十巡迴上訴法院。Accusearch 在上訴中強調，搜尋、彙整報告一事，獨立研究人員負有全部責任。它將自己描繪為中立的中介機構，對研究人員的行為沒有實質控制權。Accusearch 申辯，如果研究人員違反了隱私法規，可以在法庭上對他們問責；然而，國會當初通過第 230 條，就是為了保護如 Accusearch 這種僅為溝通管道的公司。「說到底，地方法院的裁決，是奠基於法院對公開電話通聯紀錄感到的不適。」Accusearch 在呈給第十巡迴法院的書狀中寫道，「地方法院不遺餘力地達成它想要的結果，包括忽視判例法和強加額外的法規文字。CDA 要因應的情況中，還有一些例子是傳播的訊息具攻擊性、性別歧視、種族歧視，且常常是非法的。儘管如此，國會還是選擇豁免用戶與供應商，讓他們不致因為不由自己產生或開發的資訊，而被追究民事責任。」[62]

FTC 敦促第十巡迴法院肯定地方法院否決適用第 230 條豁免的決定，並在書狀中主張，FTC 沒有尋求追究 Accusearch 透過發行或發言，傳播任何第三方資訊的責任，而是質疑

「Accusearch 在顧客不知情或未同意的情況下，購得、出售機密電話通聯紀錄的業務。」[63]

　　這樁案件的結果難以預測，因為它與典型的第 230 條案件不同──自第四巡迴法院做出不利肯尼斯・澤蘭的判決以來，這十年間，美國法院已經遇過數十起第 230 條的案件。在典型的案件中，網站或服務供應商藉由布告欄或評論區等服務，被動地傳播第三方內容；Accusearch 的 Abika.com 則是替用戶與第三方資訊提供者牽線，並收取管理費。尚無法院處理過像這樣的第 230 條案件。原告與被告都努力想把這個案子與其他案件作類比，儘管這種類比並不完美──因為其他案件涉及的線上服務與本案大不相同。唐斯法官在他的簡易判決令中確認，「將 CDA 應用於本案的事實，並不完全符合任何現有的判例法。」這樁案件難以預測、萬眾矚目，還因為它涉嫌嚴重侵犯隱私。Abika.com 不僅承諾提供典型的電話簿資訊，還提供來電、對外致電的詳細資訊，這些資訊一向被視為隱私並受法律保護。這個案件的最終結果會讓世界知道，美國公司是否可以拿這麼敏感的資料做生意。

　　這其中涉及的隱私風險極高，高到加拿大隱私專員珍妮佛・斯托達特聘請美國最大律師事務所之一的盛德律師事務所，向第十巡迴法院提交「法院之友」書狀，敦促第十巡迴法院維持地方法院不利於 Accusearch 的裁決。「貴院的判決若能確定美國的組織不得在未經同意的情況下自由交易個人資訊，將大幅加強美國的隱私保護。」斯托達特寫道，

「這項判決也將為位於加拿大的組織提供必要程度的保證，以便他們繼續將營運活動外包給美國的組織，或以其他方式與美國的組織有業務往來。」[64]

二〇〇八年十一月十七日，第十巡迴法院舉行口頭辯論。這個案子分給了小布希總統任命至第十巡迴法院的三名法官：哈里斯·哈茨、傑若米·荷姆斯、提摩西·蒂姆科維奇。在隔年六月發布的意見書中，合議庭肯定唐斯法官的裁決，即第230條不能保護 Accusearch 免於 FTC 的告訴，但他們的理由卻不太一樣。唐斯法官先前結論認為，第230條不豁免 Accusearch，是出於兩個個別的原因：首先，FTC 的告訴沒有將 Accusearch 視為發行人；其次，即使告訴將 Accusearch 視為發行人，Accusearch 也參與了報告的開發。

三名第十巡迴法院的法官中，有兩人拒絕採納唐斯法官的第一個原因。哈茨法官在主要意見書中表達自己和荷姆斯法官的觀點，認為 Accusearch 唯一可能違反隱私法律的方法，就是在網站上發布個人機密資料。哈茨寫道：「如果 Accusearch 一開始就在不使用網路的情況下經營這套商業模式，這點就顯得無關緊要了。」[65] 儘管哈茨不同意唐斯的第一項結論，但他同意唐斯認為第230條不適用的另一個原因：Accusearch 幫助開發了這些報告。哈茨的裁決與科辛斯基不利 Roommates.com 的裁決，都取決於同一個問題：開發的定義是什麼？Accusearch 敦促第十巡迴法院對這個詞採狹義定義，指出字典將「開發」定義為「製造新東西」和

「無中生有」。Accusearch 解釋說，資訊源自於電話公司，因此它沒有製造任何新東西或從無中生出任何東西。

然而，Accusearch 的狹義定義對哈茨法官而言不夠充分。他指出，第 230 條將資訊內容提供者定義為要為資訊的「產生或開發」負責的任何人。Accusearch 的說法基本上就是將開發與內容的產生劃上等號。哈茨辨析，根據這種解釋，「開發」一詞甚至根本沒有必要納入法規條文中，因為國會已經把「產生」納入；法院在解讀法規條文時，會試著要讓每個字詞都有意義。

哈茨自己對「開發」一詞的歷史做了一番研究。他追溯這個詞的根源，是古法語「desveloper」；他把這個字粗略地翻譯為「打開包裹」（「Veloper」的意思是「包裹起來」，而「des」是否定前綴字頭）。他指出，其他字典對 develop 的定義都「離不開把東西拿出來的動作，讓東西『可以看見』、『活躍』或『可用』。」[66]「因此，沖洗照片（譯註：「沖洗照片」的英文為「develop photos」）是透過化學過程，讓潛影曝光而讓人可以看見。」哈茨解釋，「開發土地是掌握土地中未被利用的潛力，從事營造或開採資源。同樣地，當機密電話資訊透過 Abika.com 而讓大家都可以看見時，這些資訊就是被『開發』出來了。」[67] 儘管哈茨結論認為，Abika.com 網站「開發」了涉嫌非法的資訊，但他仍然必須判斷網站的母公司 Accusearch 是否要對這樣的開發「負責」。如果 Accusearch 至少需部分負責，則第

230 條就不適用。

因為第 230 條沒有定義什麼是「負責」，所以哈茨又去查字典，字典把這個詞定義為「行為在道德上經得起檢視」。因此，哈茨結論認為，要為內容開發至少部分「負責」，「這個人必定不僅是這些內容中立的傳輸管道。」他寫道，「只有平台以某種方式明確地鼓勵開發內容中具冒犯性的部分」時，才要為開發冒犯性內容「負責」。[68] 哈茨解釋，典型的網路布告欄通常不對具冒犯性的第三方內容「負責」。例如，「儘管有高速公路可用，有助於銀行搶匪逃脫，但我們通常不會認為，修建高速公路的人要對逃跑的銀行搶匪使用高速公路一事『負責』。」[69] 但是哈茨指出，Accusearch 與高速公路或網路布告欄等「中立管道」是不同的──Accusearch 尋找顧客需求，並與研究人員協調：「這家公司明知道紀錄的機密性受法律保護，還向研究人員付費取得電話通聯紀錄，大幅助長了研究人員的非法行為。」[70]

第九巡迴法院發布 Roommates.com 案全院庭審意見書的時間，只比哈茨提出意見書的時間早了幾個月。哈茨十分仰賴科辛斯基的邏輯，並於最終結論認為，Accusearch 對內容的責任甚至「比 Roommates.com 的責任更明顯」。他主張，「Roommates.com 可能有鼓勵用戶發布具冒犯性的內容，但冒犯性貼文是 Accusearch 的生存之道，它也毫不含糊地尋求這些資訊。」[71]

蒂姆科維奇法官贊同 Accusearch 不應享有第 230 條的

豁免，但他不贊同哈茨的邏輯。蒂姆科維奇寫道，與其嘗試
判定 Accusearch 是否應為開發報告負責，法院應否決第 230
條的豁免，因為 FTC 的告訴並未將 Accusearch 視為資訊發
行人，而是尋求對 Accusearch 的「行為而非它所提供的資訊
內容」施加懲罰，因此第 230 條不適用：「CDA 沒有提及
要對發行人或發言人在獲取資訊時的行為賦予豁免；而且其
實已經有其他法院明確將兩者區分開來。」[72] 蒂姆科維奇擔
心哈茨這種以意圖來判定的方法，會讓法院必須深入了解電
腦服務商的心態。「根據這項定義，被動發布侵權或非法評
論、新聞文章或其他先前未發布的資訊，與內容開發之間的
界線，取決於內容提供者在尋求、取得這些資訊時的動機；
然而對動機的分析是看不見、摸不著的。」他寫道。[73] 他的
贊成意見，突顯哈茨的意見書為何與先前對第 230 條的解釋
大相逕庭。哈茨結論認為，Accusearch 對報告的開發負有責
任，專門鼓勵非法內容的網站無權享有第 230 條的保護。

　　聯邦上訴法院從未對第 230 條施加如此明確的限制，甚
至連科辛斯基結論認為 Roommates.com「略為鼓勵」歧視性
偏好，都不足以使網站對不拘格式的「附加評論」區中具歧
視性的廣告負責。美國各地的線上服務商原本應該同樣關切
的，是哈茨法官對網站意圖的探詢。這種主觀行為可能產生
極大變數，尤其是因為主張第 230 條豁免的被告，多數是公
司而非個人。Accusearch、Roommates.com 或任何其他經營
網站的公司，它們的意圖是什麼？它們的最終目標極可能是

獲利（確實，如果公司公開上市，公司管理團隊就有義務實現這個目標）。但第十巡迴法院現在要求法院對企業被告做這種心態的探詢，來判定它們是否有權享有第 230 條的保護。

評論者注意到，第十巡迴法院對第 230 條的豁免做出顯著的新限制。聖塔克拉拉大學教授艾瑞克・高德曼在《杜蘭科技與智慧財產期刊》上，將 Accusearch 案列為「十大第 230 條重量級裁決」中的第五名，主張這份意見書「可能是對澤蘭案中有利於被告的豁免最重要的反撲」。[74] 確實，全美各州、聯邦法院，都會依據第十巡迴法院的裁決，判定某個網站會不會僅因為鼓勵用戶生成內容而被究責。綜觀第九、第十巡迴法院的裁決，清楚向網站營運商傳達了一項訊息：網路可能沒那麼例外。第九巡迴法院開創，並由第十巡迴法院採納的新規則，認為如果某個網站「大幅助長」用戶資料的非法程度，則網站可能無法獲得第 230 條的豁免。這會讓法院面對一個新問題：「大幅助長」第三方內容的非法程度是什麼意思？法院仍在持續努力回應這個問題。

到二〇〇九年，網路已不再算是新興科技。Facebook 和 Yelp 等以用戶內容為中心的平台，已經從新創公司進化成大型企業。愈來愈多人，包括法官，開始質疑為什麼《美國法典》中這二十六個字，要對這個蓬勃發展的特定業務類別，給予非比尋常的優惠；Roommates.com 案、Accusearch 案裁決的基礎，正是這種質疑。當然，這兩起案件都是異

常情況，不涉及第 230 條案件中常見的典型用戶內容誹謗主張。但法院深入詮釋「開發」和「負責」的作風，會在數十年間限制第 230 條在許多案件中的適用範圍。隨著平台開發出愈來愈多更複雜、以演算法為基礎的技術處理用戶資料，法院是否仍會下結論認為它們須對非法內容的「開發」「負責」，還有待觀察。例如，如果社群媒體網站允許公司針對四十歲以下的用戶投放招聘廣告，這個網站是否要為「開發」違反就業歧視法的廣告負責？至少在 Roommates.Com 案和 Accusearch 案的廣義解釋下，網站可能會被究責，但實際上究竟如何，難有定論。

　　除了這些新的限制性定義外，線上中介機構還面臨第 230 條的另一個威脅：法院結論認定提告的類型或系爭行為，根本不在第 230 條的保護範圍內。

第九章
駭入第 230 條

　　不利 Roommates.com 和 Accusearch 的裁決，讓媒體律師、學者極為關注，因為這是聯邦上訴法院首度裁決縮小第 230 條的豁免範圍。第九、第十巡迴法院採取相似的作法，最終結論認為，第 230 條並未保護這些網站；這些網站對開發涉嫌歧視或侵犯隱私的廣告、報告，至少須負部分責任。在 Roommates.com 案／Accusearch 案認定被告須為內容開發「負責」的作法，是法院避開第 230 條的兩種主要方法之一。另一種方法的理由主要關乎第 230 條的另一項限制：原告尋求就發行或發言以外的事情對網站問責。回想一下第 230 條的二十六個字——條款沒有提供全然的豁免，讓網站免於所有類型的訴訟，而是規定互動式電腦服務供應商不會被「視為」他人提供之資訊的「發行人或發言人」。

　　成功援引第 230 條的案子中，最常見涉及誹謗主張的訴訟；根據定義，這些訴訟通常試圖將網站視為第三方虛構、傷害性說詞的發行人或發言人。十多年來，法院依照慣例，都會根據威金森法官在澤蘭案中的裁決，迅速駁回對網路中

介機構的誹謗訴訟，最終導致原告律師構思出創意十足的新主張，不再只有誹謗或通常針對發行人提起的告訴。藉由針對行為而非言論，原告辯稱沒有要求法院將這些網站視為第三方內容的發言人或發行人，而是以特定行為或疏忽為由提告，例如未警告危險、未履行移除傷害性用戶行為的承諾、與第三方進行不當業務交易等。有時這些主張是不加掩飾的藉口，試圖避開第 230 條的豁免。如果對網站提告的主張是以用戶內容為中心，就很難合理說明為什麼第 230 條不適用；畢竟第 230 條的主要目標之一，就是讓平台不必擔心會因用戶內容而被究責。

即便如此，法院對某些創意十足、意圖避開第 230 條的嘗試，一直採取開放態度。在許多案件中，說服法院這次訴訟針對的是網站言論以外的其他東西，會比證明網站要對開發出來的內容負責容易。與第 230 條的各種發展一樣，開這種趨勢之先河的，是第九巡迴法院在 Roommates.com 案後僅幾個月內裁定的另一樁案子。

二○○四年十二月，塞西莉亞·巴恩斯在工作時，接到好幾通電話和電子郵件。這些露骨的電話是她不認識的男人打來的，要求與她發生性行為；她的工作場所開始有這種男人出沒。巴恩斯得知，這些男人都看到了 Yahoo! 上發布的個人檔案，裡面有未經她同意就拍攝的裸照、她工作用的聯絡資訊。她的前男友建了這份個人檔案，還在 Yahoo! 聊天

室裡冒充巴恩斯，引導男人去看這些個人資料。[1]

　　Yahoo! 網站告訴訪客，如果他們想投訴網站上有未經授權的個人檔案，必須透過實體郵政系統寄一份親簽的紙本聲明給 Yahoo!，證明他們沒有創建這份個人檔案，並附上有照片的身分證明文件複本。巴恩斯立刻照做，但 Yahoo! 沒有回應。[2] 到隔年二月，不斷有男人拜訪、打電話、寄電子郵件給巴恩斯。她再次寄信給 Yahoo! 要求刪除個人檔案，但仍然毫無回音。三月時，她再度寄信提出要求，同樣石沉大海。個人檔案仍在然掛在線上，騷擾仍在持續。[3] 巴恩斯與波特蘭當地的電視台聯絡，電視台計畫在三月三十日至三十一日，播出她面對 Yahoo! 時遭遇困難的相關片段。巴恩斯說，三月二十九日，她終於收到 Yahoo! 的宣傳總監瑪莉・奧薩科的回應，請她將要求傳真給 Yahoo!。巴恩斯聲稱，奧薩科向她保證，奧薩科「會親自將這些聲明交給負責防範未經授權個人資料發布的部門，讓他們來處理」。有了這項保證，巴恩斯就沒有再採取進一步行動嘗試刪除這些個人檔案。她打電話給電視台記者，告訴他 Yahoo! 已承諾移除這些個人資料。[4]

　　這份個人檔案繼續在 Yahoo! 上掛了約兩個月。巴恩斯向奧勒岡州法院控告 Yahoo!。這份四頁的訴狀陳述巴恩斯面對 Yahoo! 時遇到的麻煩，但她控告 Yahoo! 的法律依據是什麼，卻寫得不夠清楚。最好的作法是將這場官司區分為兩個各自獨立的主張：一個是巴恩斯聲稱 Yahoo! 在承諾上有

過失、未刪除個人檔案；另一個是巴恩斯似乎主張，她的福祉仰賴 Yahoo! 兌現刪除個人檔案的承諾，而 Yahoo! 未能兌現承諾（這是一種稱為「允諾禁反言」的準合約類型主張，儘管訴狀中沒有使用這個專有名詞）。[5] Yahoo! 將這個案子從州法院移至奧勒岡州聯邦法院，並聘請派翠克・卡羅姆代表公司迎戰巴恩斯。卡羅姆提出動議駁回整起訴訟，辯稱巴恩斯的所有主張均源自 Yahoo! 未曾開發的貼文。「毫無疑問，在與她的主張相關的任何線上個人檔案或聊天室對話的產生或開發上，Yahoo! 都沒有扮演任何角色。」卡羅姆在 Yahoo! 的法庭文件中寫道，「相反地，Yahoo! 涉入本案的緣由，是她的前男友據稱使用 Yahoo! 的網路服務發布個人檔案並參與聊天室對話。」[6]

奧勒岡州聯邦法官安・艾肯同意卡羅姆的觀點。二〇〇五年十一月八日，艾肯發布十頁長的意見書，駁回整起訴訟。儘管巴恩斯辯稱她的訴訟源於 Yahoo! 未能遵守其承諾，而不是第三方內容，但艾肯認為其間區別並不重要。她裁定，第 230 條擋下巴恩斯所有的主張。「原告聲稱她受到第三方內容的傷害，而服務提供者（被告）據稱違反了普通法或法定義務來阻止、過濾、刪除或以其他方式編輯所指內容。」艾肯斷言，「只要原告提出的是這種主張，必然都是將服務提供者視為內容的『發行人』，因此會被第 230 條擋下。」[7]

巴恩斯將駁回裁定上訴至第九巡迴法院。分到這個案子

的三名法官，不見得會比較偏向原告，做出有利原告的裁決
——迪爾穆德・奧斯坎蘭法官由雷根任命，是第九巡迴法院
最保守的法官之一；[8] 蘇珊・格雷伯是柯林頓總統任命的中
庸派法官；[9] 康蘇埃洛・卡拉漢本是保守派檢察官，由小布
希總統任命為法官。[10] 依照第九巡迴法院的標準，這次合議
庭的組成法官相對保守；如果他們迅速肯定艾肯駁回訴訟的
裁決，也不讓人意外。

　　但他們沒有這樣做。雖然三位法官同意艾肯的觀點，即
第 230 條讓 Yahoo! 豁免於巴恩斯的過失主張，但三名法官
一致推翻艾肯駁回巴恩斯源自 Yahoo! 承諾刪除貼文的主張
——第九巡迴法院結論認為，這一部分可以「重新認定」為
允諾禁反言。

　　允諾禁反言主張與典型的違約訴訟有一些相似之處，但
也有重大差異。合約的議定是透過討價還價的交換，而允諾
禁反言主張的依據只有承諾。允諾禁反言主張需要有證據證
明原告的福祉仰賴被告的承諾，且這種仰賴是可以合理預
見的。巴恩斯似乎聲稱，由於 Yahoo! 承諾刪除那些個人檔
案，因此她仰賴這項承諾而沒有採取進一步措施來反制有害
的資訊。

　　法官奧斯坎蘭在為合議庭撰寫意見書時觀察到，巴恩斯
「不是尋求要把 Yahoo! 當成第三方內容的發行人或發言人
來追究責任，而是要把它當成某份合約的另一方，違反合約
的允諾人。」[11] 奧斯坎蘭觀察，允諾禁反言的主張源於刪除

個人檔案的承諾，而「刪除個人檔案」確實是「典型的發行人行為」。[12]但允諾禁反言主張並非源自實際發布（或刪除）個人檔案的行為，而是源自承諾。「承諾是不同的，因為它不等同於履行所承諾的行動。」奧斯坎蘭解釋道，「也就是說，我們不可能在操辦某件事的當下，沒有正在做這件事；但我們可以，也經常在承諾要做某件事時，實際上當下沒有在做這件事。」[13]

奧斯坎蘭沒有裁定 Yahoo! 是否確實沒有信守對巴恩斯的承諾，導致正當的允諾禁反言主張；他反而將案件發回地方法院，由艾肯法官判定巴恩斯的允諾禁反言主張是否充分。二〇〇九年十二月八日，艾肯拒絕駁回這個案子，結論認為巴恩斯的訴狀對 Yahoo! 提出了合理的允諾禁反言告訴。艾肯寫道，從訴狀可以合理推斷巴恩斯「仰賴被告的承諾，打電話給記者並告知記者不再有值得播出的新聞報導」。[14]第九巡迴法院從未有機會判定艾肯的決定是否正確，因為幾個月後，巴恩斯自願撤銷告訴。

儘管巴恩斯的案子不曾進入審判階段，但對第 230 條的影響可能與 Roommates.com 案、Accusearch 案的訴訟一樣大。正如這兩個案子的裁決釐清了網站何時算是協助「開發」資訊，因此限縮了第 230 條的豁免範圍一樣，奧斯坎蘭法官的裁決讓法院有理由質疑第 230 條究竟是否適用。奧斯坎蘭認為巴恩斯的訴訟並未將 Yahoo! 視為第三方內容的發行人或發言人，因此開發出一種新工具，可以避開直到最

近仍顯得堅不可摧的豁免。當然，巴恩斯的案子情況相對罕見：線上平台據稱向她做出了特定承諾，導致她仰賴這項承諾，然後平台又違背了承諾。儘管如此，在其後十年間，數十份法院意見書都引用了巴恩斯的裁決，證明第 230 條的豁免不是絕對的，也有許多原告嘗試利用這份意見書，說服法官不要駁回他們對網路平台的告訴。

有些法律觀察者樂見巴恩斯案的意見書。丹尼爾・索洛夫寫道，奧斯坎蘭在他的意見書中做了正確的區分：「允諾禁反言和合約告訴，不同於過失、誹謗或侵犯隱私等侵權告訴。事實上，第一修正案的框架看待這些告訴的方式極為不同：侵權主張會受到全面檢視，而合約／允諾禁反言告訴幾乎不會受到檢視。」[15] 儘管整體而言，索洛夫支持第九巡迴法院的裁決，但他指出了一個令人不安的副作用：法院讓網站對自己的承諾負責，並免除這些承諾的第 230 條豁免，可能會使網站沒有動機規範自己的內容並向用戶做出保證，就像一九九五年史崔頓證券公司案的判決一樣。索洛夫寫道：「這不是第九巡迴法院判決的錯——判決相當合理，出乎我意料之外。」索洛夫寫道，「相反地，這是因為多數法院現在都過度擴張 CDA 豁免範圍的解釋，造成反常的影響，使這種豁免對於侵權告訴而言幾乎是絕對的。」[16]

事實上，這種自相矛盾的論述，顯露出每當法院縮小第 230 條豁免範圍時就會出現的取捨。當法院允許巴恩斯這種原告從第 230 條切割出一塊塊例外，以此對線上平台提告

時，通常會使平台沒有動機採取堅定措施防止冒犯性線上內容出現。如果 Yahoo! 忽視巴恩斯重複提出的刪除個人檔案要求，不做任何承諾，則第九巡迴法院可能會贊同駁回整起訴訟；而巴恩斯對 Yahoo! 的指控，就會只剩下 Yahoo! 出於過失發布了有害廣告，但第 230 條很輕易就能保護 Yahoo! 免於這種指控，因為這種指控將公司視為發行人或發言人。但 Yahoo! 被究責，最終不得不和解，是因為一名 Yahoo! 員工承諾解決巴恩斯的憂慮。當然，若 Yahoo! 履行承諾，刪除廣告，同樣也能避免被究責。但對 Yahoo! 而言，最安全的選擇是一開始就不承諾會刪除這些內容──則巴恩斯提起的任何訴訟，都會將 Yahoo! 視為個人檔案的發行人，讓 Yahoo! 受到保護。

依據巴恩斯案，如果服務供應商不向客戶保證他們會刪除引發非議的內容，反而有好處；如果 Yahoo! 一開始沒有回應巴恩斯，她就無法提出有效的允諾禁反言主張。儘管平台不會因為僅是善意地編輯內容而失去豁免（第 230 條有清楚說明這一點），但任何接觸客戶的行為都超出單純編輯的範圍，可能將平台置於第 230 條的保護之外。

和許多懷抱明星夢的模特兒一樣，珍（化名）在網路上打廣告，希望被模特兒公司或星探發掘。她使用的網站包括 ModelMayhem.com，一個替模特兒與潛在雇主牽線的網站。[17] 二〇一一年二月，珍收到一則訊息，發訊者自稱是星探。當

時，加州媒體公司 Internet Brands 是 ModelMayhem.com 和一百多個其他網站的業主。這位所謂的星探邀請珍去佛羅里達州為模特兒合約「試鏡」。珍從布魯克林前往佛州。但她說，她抵達後面對的不是試鏡——小拉馮特・弗蘭德斯和艾默生・卡勒姆對她下藥。她在法庭訴狀中聲稱，卡勒姆強姦了她，弗蘭德斯和卡勒姆有錄下這次強暴的影像。[18]

珍回憶說，她第二天早上醒來時在旅館裡，感覺「頭暈腦脹、不舒服、困惑」，且「注意到她的嘴巴腫脹，陰道和肛門區域有血，浴缸裡也有血」，訴狀是這樣描述的。[19] 她報了警、被送到醫院。檢查和測試的結果顯示，她被人灌了苯二氮平類藥物，一種約會強姦藥。[20]

只要做一點功課，就會發現 Internet Brands 不僅知道 ModelMayhem.com 先前曾被用於至少五起性侵事件，而且還知道弗蘭德斯是先前另一起性侵的加害者。二〇〇八年五月十三日，Internet Brands 從唐納・維特和泰勒・維特手中收購了 ModelMayhem.com。二〇一〇年四月，維特夫婦控告 Internet Brands，聲稱這家公司沒有全額支付雙方同意的網站購買金額。二〇一〇年八月，在珍被性侵前約半年，Internet Brands 對維特夫婦的告訴提出反訴。Internet Brands 聲稱，維特夫婦沒有告知他們，二〇〇七年七月十三日邁阿密警局逮捕弗蘭德斯，因為弗蘭德斯對他透過 ModelMayhem.com 認識的至少五名女性下藥，並在某處倉庫裡強姦她們。Internet Brands 的律師團在書狀中寫道：「對

弗蘭德斯的指控、他涉嫌使用這個網站引誘受害者到倉庫，以及受害者對他如何使用這個網站的說法，〔維特夫婦〕在二〇〇七年七月都已經知曉，也就是簽約將近一年前。」[21] 根據這份書狀，毫無疑問地，Internet Brands 在珍遇襲前的好幾個月就已經知道弗蘭德斯使用 ModelMayhem.com 網站的情況。Internet Brands 不能在珍的案子中辯稱不知道弗蘭德斯利用這個網站犯罪 —— 它在法庭文件中已經做過相關陳述。

二〇一二年四月，珍在洛杉磯聯邦法院對 Internet Brands 提起過失告訴，指控 Internet Brands 知道弗蘭德斯和卡勒姆利用 ModelMayhem.com 引誘、迷姦女性。珍主張，這家公司有責任警告用戶可能遇到性侵犯的危險，但卻沒有這樣做。Internet Brands 提出七頁的動議要駁回告訴，憑藉的只有第 230 條。這家公司指出，二〇〇八年第五巡迴法院在涉及性侵十三歲女孩的案件中，做出有利 MySpace 的判決；本書第六章已經討論過這個案子。正如第五巡迴法院結論認為，第 230 條免除 MySpace 實施基本用戶安全保護的責任，Internet Brands 辯稱，它沒有責任向用戶警告弗蘭德斯。「法律已經有一致的既成慣例：對以網路為基礎的服務供應商，CDA 提供豁免，讓供應商免於網站用戶犯下的普通法侵權主張。」Internet Brands 的律師寫道。[22]

在二〇一二年八月十六日發布的簡短命令中，法官約翰‧F‧華特贊同 Internet Brands 的觀點，駁回這個案子。

他寫道，珍的訴訟會要求 Internet Brands「把與第三方在網站上提供的內容相關的已知風險告訴用戶」，而任何這種責任都只有在 Internet Brands 扮演第三方內容發行人的角色時才會發生。因此，華特法官堅持認為，這樣的主張屬於第 230 條的豁免範圍。[23] 華特法官裁決的依據，是他認定珍的訴訟是要讓 Internet Brands 承擔第三方內容發行人或發言人的責任，就像威金森法官裁定肯尼斯・澤蘭的訴訟將 America Online 視為奧克拉荷馬市廣告的發言人或發行人一樣。但珍的主張與澤蘭的不同：澤蘭因為 America Online 服務上出現的文字而提告，珍則是因為 ModelMayhem.com 上沒有出現的文字而對 Internet Brands 提告──網站上沒有警告。這則警告不一定要由第三方撰寫；事實上珍主張，應該在網站上發布警告的，就是 Internet Brands 自己。

珍的律師團在向第九巡迴法院上訴華特法官駁回案子的決定時，好好把握了這項區別。「Internet Brands 的定位、作為發布網站成員內容的網路服務供應商一事，與珍主張 Internet Brands 未能警告 modelmayhem.com 毫無自保能力的成員，說他們是強姦騙局的目標，完全無關。」律師團這麼寫道，認為第 230 條根本不適用。珍的律師團表示，她「未能警告」的主張，與塞西莉亞・巴恩斯對 Yahoo! 提起的允諾禁反言告訴非常相似：「面對會造成 modelmayhem.com 成員嚴重危險的重大資訊，卻未發出警告──這不是與第三方內容相關的發布決策，也沒有暗示是任何這類發布決策。」[24]

從 Internet Brands 的律師團簡潔的回應看來，他們對第九巡迴法院會爽快贊同華特法官的駁回決定一事相當有信心。他們指出，他們所謂的「既成慣例」顯示，線上平台沒有責任發出警告，因此他們的網站「完全豁免於」珍的提告。[25] 第九巡迴法院有利於巴恩斯的裁決，對珍沒有幫助，因為告訴中沒有聲稱 Internet Brands 有向珍做出任何承諾。

這個案子分給了由卡特總統任命至第九巡迴法院的瑪麗・施羅德，和由小布希總統任命的理查・克利夫頓。第三位法官是來自布魯克林的聯邦地方法官布萊恩・M・科根，被指派至合議庭審理本案（因為第九巡迴法院的案件數量居全美國之冠，所以它經常依賴全國各地的聯邦法官來訪，為期一週，擔任口頭辯論庭審法官、協助裁決案件）。

二〇一四年二月七日，本案舉行口頭辯論。在整起案件中代表珍的傑佛瑞・赫爾曼出席口頭辯論。溫蒂・E・吉貝爾蒂是比佛利山莊一家小型律師事務所的律師，在多起案件中代表 Internet Brands，為這家公司辯護。

珍的主張聲稱，弗蘭德斯和卡勒姆「透過 Model Mayhem」接觸到珍。但在口頭辯論中，赫爾曼表示，他們是「在網站以外的地方」接觸到珍的。[26] 他們接觸到珍的方式對於判斷第 230 條的議題可能很重要，因為這與 ModelMayhem.com 是否充當了第三方內容的中介有關。約七個月後，合議庭發表了簡短、一致的意見書，做出有利於珍的裁決，推翻了華特法官駁回案件的決定。克利夫頓法官

在為第九巡迴法院合議庭執筆時指出，第 230 條僅防範網站因為第三方內容而被究責，並總結道，如果 Internet Brands 被要求就罪犯一事警告用戶，則這則警告將完全由 Internet Brands 產生，而非由第三方產生。[27] 他也寫道，警告內容將不屬於第 230 條豁免的範圍。克利夫頓指出，第 230(c) 條（包含法規核心的豁免）的標題是「保護『好撒瑪利亞人』圍堵、過濾冒犯性素材」。他認為，豁免的關鍵目的之一，是允許平台「自我規範冒犯性第三方內容」。[28] 他主張，珍的訴訟不涉及對第三方內容的自我規範：「其中的邏輯是，鑑於 Internet Brands 對強姦陰謀知情，還有它與珍等用戶的『特殊關係』，應該要追究它沒有提出警告的責任。究責不會使『好撒瑪利亞人』失去過濾第三方內容的動機。」[29]

克利夫頓指出第 230 條的第二個主要目標：讓平台豁免以避免對網路言論產生「寒蟬效應」。他知道對 Internet Brands 究責可能嚇阻言論，但他很快就駁斥以此為論點，把這麼大的目標當成讓 Internet Brands 得以豁免於「未能警告」告訴的正當藉口。他寫道：「儘管任何主張都可能對網路內容發行業務產生輕微的寒蟬效應，但國會尚未為在網路上發布用戶內容的企業提供萬能的免罪卡。」[30]

克利夫頓的裁決中，特別值得注意且邏輯上令人不安的地方，是他否認要求線上平台警告用戶提防危險的第三方，會對言論自由造成影響。他了解這種責任可能會導致某些平台刪減網路用戶發表言論的管道，但他暗示，言論自由減損

的尺度是浮動的；在第 230 條之下，網路言論自由微幅減少是可以接受的——但實情正好相反。第 230 條提供二元、絕對的豁免，無論施加這種責任可能造成什麼程度的損害；任何一個網站要嘛符合豁免資格，要嘛不符合豁免資格——這正是二十多年來，第 230 條能這麼成功地促進線上平台發展的原因，但這種成功導致原告遭遇某些嚴重的不平等。

克利夫頓較讓人服氣的邏輯是，珍希望 Internet Brands 建立某種警告，而這項警告應該由 Internet Brands 而不是第三方建立。這種邏輯也不完全讓人滿意，因為——克利夫頓在他的意見書中也承認—— ModelMayhem.com 在珍和罪犯之間扮演了中介的角色，傳遞珍產生的資訊；如果沒有第三方交換資訊，珍就絕不會受傷害。第九巡迴法院真正要處理的問題——克利夫頓在意見書中只有草草帶過——是：警告用戶提防伺機作惡的第三方之義務，與珍或她的攻擊者發布的任何第三方內容，是不是各自獨立的兩件事情？在塞西莉亞‧巴恩斯的案子中，這種區分顯得比較明確，因為 Yahoo! 採取了獨立行動——做出承諾——導致了她的訴訟。相較之下，珍的主張，源自她認為 Internet Brands 犯下的疏忽。

科技業很快就看到克利夫頓意見書的影響。在第九巡迴法院裁決後的幾天內，Internet Brands 雇用了加州頂尖律師事務所之一的芒格、托爾與歐森律師事務所（歐巴馬總統任命三名芒格的律師擔任第九巡迴法院法官）。芒格的合夥人丹尼爾‧柯林斯曾在第九巡迴法院替數十起案件辯護，負責

領導 Internet Brands 的團隊。[31]

　　柯林斯向第九巡迴法院申請重審這個案子。他提出兩個主要論點。第一，他主張合議庭不應該讓赫爾曼在口頭辯論陳述說，弗蘭德斯、卡勒姆在 Model Mayhem 以外的地方接觸到珍，因為訴狀上說，他們是「透過」網站接觸到她的。柯林斯寫道，在如此關鍵的事實上改變立場，會需要珍提交新的訴狀。第二，柯林斯辯稱，第九巡迴法院對第 230 條的解讀完全錯誤，而且不論珍的告訴採取什麼說詞，它都源自於第三方內容. 柯林斯主張，第九巡迴法院對第 230 條豁免的狹義解釋，「有可能嚇阻網路上資訊的自由交換，且可能增加許多網站營運商的潛在責任和負擔。」[32]

　　派翠克‧卡羅姆代表 Craigslist、Facebook 和 Tumblr 等科技公司和團體組成的聯盟，呈上「法院之友」書狀，支持 Internet Brands 的重審申請書。卡羅姆曾說服第四巡迴法院在肯尼斯‧澤蘭一案中首次放行廣泛豁免，他強調第九巡迴法院的解釋將對網路言論造成的傷害。「合議庭的邏輯可能會使在許多情況中對線上服務供應商提告得以成立；在這些情況中，供應商只是導致用戶受到傷害的第三方內容的中介。陰魂不散的侵權訴訟和究責風險，將不利於國會頒布第 230 條想促進的成長、發展。」卡羅姆寫道，「也會使公司沒有動機推行負責任的自我監管，但消除這種缺乏動力的心態正是這條法規的另一個核心目的。」[33]

　　這些論點顯然足以說服合議庭撤回意見書，並排定在二

〇一五年四月，假第九巡迴法院的舊金山法院大廈，舉行新一輪的口頭辯論；科根法官從布魯克林透過視訊會議出庭。[34] 珍的律師傑佛瑞・赫爾曼，就是一開始說服合議庭第230條沒有豁免 Internet Brands 的律師，先發言提出論點。「CDA 該是什麼就是什麼。」赫爾曼說，「它是某種有限責任，目的是保護網路服務供應商，不讓他們被任何活動當成第三方內容發行人。它不是全面豁免。」但是，克利夫頓問，除了內容是 Model Mayhem 發布的之外，珍和這個網站之間有任何關係嗎？赫爾曼回答，沒有，但 Internet Brands 很明顯然有責任要警告珍，因為這家公司握有與弗蘭德斯和卡勒姆造成的風險相關的「重大資訊」。科根法官指出，網路供應商通常擁有「重大資訊」，例如他們的法律部門都會有與濫用服務相關的檔案。他質疑服務供應商是否都必須檢查機密的用戶檔案，並警告其他人潛在的危害。

柯林斯在說服合議庭做出有利 Internet Brands 的裁決時，同樣困難重重。他辯稱，珍的主張會把網站當成第三方內容的發言人。科根似乎不吃這套說詞。「你是說，你的客戶所從事的任何事情，只要與發行或發言有一點點關係，就不能產生責任。」他反駁道，「但如果國會想給予這種全面豁免，為什麼不乾脆說『任何出自，或與其發行活動有關的行為，供應商都享有豁免』？他們沒有這麼說；一定有沒被納入豁免的事情。」克利夫頓同樣似乎認為他最初不利於 Internet Brands 的裁決是正確的。他說，第230條根本不適

用像珍這樣的主張：「CDA 的全部重點，看起來是你不應該被當成是他人之言的發言人，因為你不一定能控制他人所言。」克利夫頓說，珍對 Internet Brands 的指控是「完全不同的脈絡」。

卡羅姆在辯稱有利於珍的裁決可能嚇阻線上言論、斷言主張「今天的網路服務，是為用戶和網站之間如洪流般的來回溝通而生的平台」時，也面臨類似的反駁。

「我認為你在政策上的論點非常有力。」科根說，「如果我當時是國會的一員，我可能會寫出比現行法規更廣泛的豁免條款。」但科根是法官，他只能依照國會通過的法律文字解釋法律。他也很難看出國會當時起草的第 230 條為何能擋下珍的告訴。

克利夫頓也很難接受卡羅姆的詮釋。「我在看這條法規時覺得難以理解的是，一條標題為 —— 我們現在直接來看它的標題好了。」克利夫頓一邊說，一邊在他的資料中翻找第 230 條的文字，「當情況與網路有關時，『保護好撒瑪利亞人圍堵、過濾冒犯性素材』就會變成能一路過關的通行證、一張免罪卡。」

與一年多前首次聽取這個案子的口頭辯論時相比，諸位法官似乎沒有更加同情 Internet Brands。但合議庭自願撤回意見書，聽取更多論點。在第二次辯論中，代表 Internet Brands 的是美國西岸頂尖的上訴律師之一，因此很難預測第九巡迴法院將如何裁決。

科技業屏息靜候。

二〇一六年五月三十一日，第二次口頭辯論後一年多，三位法官再度一致做出有利於珍的裁決，推翻華特法官駁回訴訟的決定。第九巡迴法院的第二份意見書與第一份非常相似，多數段落不是一模一樣就是長得很像。克利夫頓法官詳述這個案子的獨特情況，並澄清了一些重要細節，例如弗蘭德斯和卡勒姆沒有在 ModelMayhem.com 上發布個人檔案。克利夫頓還加了註腳釐清說，弗蘭德斯和卡勒姆是藉由網站或在網站以外的地方接觸到珍，對合議庭在本案中的決定並不重要。合議庭的整體邏輯大致上沒有改變。[35]

案子發還給華特法官判定 Internet Brands 是否確實沒有盡到警告珍的責任；第九巡迴法院的意見書僅說明 Internet Brands 是否享有第 230 條下的豁免。二〇一六年十一月，華特法官再次駁回訴訟，這次是因為他結論認為，撇開第 230 條不談，Internet Brands 沒有義務警告珍提防弗蘭德斯和卡勒姆。「儘管弗蘭德斯和卡勒姆會再次出手這件事或許是可以預見的，但 Internet Brands 只知道這是對它整體成員群眾的威脅，而不是對特定成員的威脅。」華特寫道，「法院認為，在這種情況下施加提出警告的責任，只能讓網站用戶在他們已經採取的預防措施上再增加微乎其微的防範，且可能導致網站營運商發出讓用戶淹沒、難以招架的大量警告，最終削弱這些警告的效用。」[36]

珍再次上訴到第九巡迴法院。第九巡迴法院讓兩造去調

解。在任何一方於新上訴案中呈上書狀前，珍自願撤銷案子，未作任何解釋。

　　儘管這起訴訟悄悄結束，但產生了長遠影響：在第九巡迴法院，第 230 條沒有保護網站豁免於因未能提出警告而起的訴訟，即使未能提出警告一事可能完全與用戶生成的內容有關。若與巴恩斯案的意見書放在一起看，這個案子使網站在面臨不屬於誹謗等傳統發行相關的指控時，更難主張享有訴訟豁免。

　　如果第 230 條第一個十年最顯著的發展是網站豁免範圍的迅速擴大，那第二個十年則見證了第 230 條豁免範圍逐步但真實的限縮，正如我二〇一七年在《哥倫比亞科技法律評論》的文章中所記錄的。二〇〇一年和二〇〇二年，美國法院在十起網路中介主張第 230 條豁免的案子上發布了意見書。其中八起的法院結論認為，中介機構享有豁免；另外兩個案子涉及智慧財產主張，明顯被排除在第 230 條範圍之外。相較之下，如果檢視二〇一五年七月一日至二〇一六年六月三十日間，法院發布的書面意見書中所有涉及第 230 條的，會發現二十七起案件中，法院在十四起裡拒絕向中介機構提供完全的豁免。[37] 法院拒絕豁免這些網站，主要是出於兩種理論邏輯：Roommates.com/Accusearch 案的邏輯是這些網站在某些方面助長了非法內容，而巴恩斯／Internet Brands 案的邏輯則是這些網站是因為發行或發言以外的活動而被告。

第二個十年中這四起具指標意義的案子中，都有受害者受到嚴重傷害：受到歧視的租戶、私人資訊被販賣流通的顧客、被前男友私自公開照片的女性，以及最令人不安的強暴受害者。但棘手案子不是二〇〇五年左右突然出現的。自第230條頒布以來，線上平台一直以主張享有豁免來抵擋受害者的告訴，而這些受害者的遭遇往往極為慘痛。回想一下應用第230條裁決的第二個案子 Doe v. America Online：受害者是個十一歲的男孩，他被性侵，影像被用在兒童色情影片並在 America Online 上流通；或職業生涯被毀的愛倫‧巴澤爾；被迫離家的克里斯蒂安‧卡拉法諾。第230條的案子經常有種種令人難以接受的事實，很容易就會想在廣泛的豁免範圍中劃出例外，讓受害者可以從大型線上供應商身上索得賠償。棘手的案子不是什麼新鮮事——新鮮的是，法院愈來愈有可能廢除第230條的豁免。

這種趨勢，代表在第230條的第一個十年中最顯著的網路例外論大幅衰退。這條法規通過時，正值現代商業網路的萌芽時期。在第230條第二個十年之初，好幾家大型網路服務供應商、網站和其他平台，從第230條的豁免中受益匪淺。許多學者和法學家質疑網路是否需要像第230條這種特殊的法律保護。二〇〇九年，標題為〈網路空間依賴宣言〉的論文毫不避諱地表達了這一派的觀點：

America Online 讓成群擁有家用電腦數據機的

人盡情使用電子郵件和網際網路，已經十五年；Mosaic Web 瀏覽器的發布，也已經十五年。在多年後的今天，只適用於網際網路的法律規則少之又少。人們利用網路購買股票、為二手商品打廣告、申請工作。管控所有這些交易的法律，與線下交易完全相同。

那些聲稱網際網路需要特別的規則來處理這些常見爭議的人，很難解釋這段歷史。儘管缺乏網際網路專用的法律，但網際網路發展得蓬勃興旺。它撐過了投機性繁榮和蕭條，使許多人成為百萬富翁，也不幸地製造出不少粗魯的部落客。缺乏專門的網際網路民法法典並沒有影響它的發展。[38]

文章的作者是美國司法部電腦犯罪律師喬許・戈德福特，以及第九巡迴法院法官艾歷克斯・科辛斯基。戈德福特曾擔任科辛斯基的書記官，而科辛斯基就是撰寫 Roommates.com 案主要意見書的法官。事實上，最能精闢體現反例外論的，就是 Roommates.com 案的主要意見書了。戈德福特和科辛斯基提出有趣的論點，反對網際網路應有特別的規則。到二〇〇九年，網際網路已經是美國經濟最偉大的成就之一。

然而，他們的論點忽略了一個關鍵事實：管控網際網路的法律，與實體世界的法律並沒有完全相同。網際網路享有

第 230 條的益處，這條法規提供了美國法律中罕見的絕對豁免。美國科技產業的成功與第 230 條的顯著益處是不可能拆分開來的。

第四部

第 230 條的未來

　　法院發布 Roommates.com 案、Accusearch 案、巴恩斯案和Internet Brands案意見書的這段期間，我從法學院畢業，開始撰寫文章，多數都是為第 230 條辯護。我也很快開始從事媒體法律工作，並經常代表企業客戶，引用第 230 條處理他們收到關於網站上用戶生成內容的投訴。我完全支持第 230 條的益處。第 230 條豁免逐漸被侵蝕，讓我覺得不安，因為我親眼目睹第 230 條如何使網際網路充滿生氣、保持開放。如果沒有豁免，我的客戶就不可能讓用戶自由、公開、大聲地表達意見。我也會幫助客戶訂定由用戶需求驅動的用戶內容政策。例如，有些新聞網站收到大量投訴，說新聞報導下面的評論很沒品，因此許多網站開始要求用戶透過 Facebook 登入、以真實姓名發布評論。

　　我認為，第 230 條正在實現考克斯和懷登的雙重目標：形塑網路言論的開放論壇，同時允許用戶 —— 而非法院 —— 訂定對言論的限制。

　　二〇一五年，我從法律實務轉向學術研究，也繼續撰寫、談論第 230 條，並受邀與國會議員、國會工作人員說明這項豁免的公平性。我開始深入探索的挑戰，比二十年前考克斯和懷登首次起草第 230 條時所面臨的挑戰更為複雜、更令人不安，且許多情況中的傷害都更大。第 230 條在剛問世的時候，導致因個人受到傷害而提告的案件，例如匿名用戶在 America Online 上張貼肯尼斯・澤蘭的電話號碼。近期反對第 230 條的聲浪不僅涉及個別誹謗事件，還有影響了數千

人、數百萬人的系統性問題：惡意中傷、色情報復、透過社群媒體招募恐怖份子、性販運者大肆使用分類網站。第四部分將描述為什麼我認為這些問題突顯出反對第 230 條最令人信服的論點。在其中一個案子裡，我甚至承認第 230 條必須適度修改，才能因應特別嚴重的違法行為。我也檢視網站採取哪些自發性規範措施，並提出改進之道。

但正如我在本節中解釋的，我認為我們應該保留第 230 條的核心，因為保持網際網路開放，整體的好處大於壞處。要做出這個結論並不容易，但第 230 條已經與我們對網際網路的基本概念緊緊交織。大幅削減豁免，可能對形塑二十一世紀社會的言論自由，造成無可挽回的傷害。

第十章
莎拉對戰壞壞軍團

許多最令人不安的第 230 條案件中，原告都是女性：塞西莉亞・巴恩斯、珍、愛倫・巴澤爾和克里斯蒂安・卡拉法諾等人，只是眾多女性中的幾個例子。對第 230 條最強烈、最普遍的批評之一是，因為所有言論都受到保護，所以鼓勵了某些最惡毒、性別歧視和壓迫性的用語和圖像。這些針對女性、少數族裔和其他群體的攻擊，不僅傷害這些族群，也進一步削弱了他們的聲音。我在為本書回顧法院已經發布的數百份涉及第 230 條豁免的意見書時發現，案情最令人於心不忍的案子中，原告為女性的比例壓倒性地多。女性是色情報復的目標，例如塞西莉亞・巴恩斯；是電腦輔助犯罪的目標，例如珍；以及公然且持續騷擾的目標，這種案子或許是最常見的。男性也可能成為色情報復的受害者，但這種案件與涉及巴恩斯等女性受害者的案件相比，發生頻率低得多。如果與承包商發生糾紛的是伊森・巴澤爾而不是愛倫・巴澤爾，不曉得伊森是否會像愛倫一樣，在博物館安全網路上面臨同樣的惡毒攻擊。

　　支持第 230 條的人以及從中受益匪淺的公司，必須認真審視這條補強言論自由的法規在另一方面帶來的後果。對於每位善意的 Yelp 評論者，或主要依賴維基百科的業餘記者來說，酸民的陰影無所不在，隨時準備假言論自由之名出擊。

　　安德莉亞・德沃金（本書第一章討論了她與賴瑞・佛林特之間的法庭交鋒）協助開啟批評第 230 條的先河，替許多最具說服力的論點打下基礎。儘管她的著作沒有以第 230 條或網路言論為焦點（她於二〇〇五年去世），德沃金和與她同時代的凱瑟琳・麥金農，在著作中都十分關心言論自由對女性造成的傷害，特別著重色情產業 —— 一九七〇年代，色情產業的規範減少、發展逐漸擴大。最高法院已經認定，只有淫穢色情不屬於第一修正案的言論自由保護範圍；要說主流色情嚴重冒犯當代標準，應該被認定為淫穢不堪，很難言之成理。德沃金提出論點表示，色情貶低女性，因此壓抑她們自由表達的能力，正如她在一九八一年出版的《色情：男人擁有女人》一書中寫道：「根據定義，第一修正案只保護那些能夠行使它所保障權利的人。色情的定義是『對妓女的生動描述』，做這行的群體，她們在第一修正案和《權利法案》其他條款所保障的權利上，一直受到系統性的剝奪。本書要問的問題，不是第一修正案是否或應該保護色情，而是色情是否阻礙了女性行使第一修正案保障的權利。」[1]

　　對德沃金和麥金農而言，色情不是言論表達 —— 它壓制

言論表達，侵犯女性的公民權。一九九三年，麥金農出版
《言語不只是言語：誹謗、歧視與言論自由》一書，她在書
中指出，廣泛的第一修正案權利保護的不僅僅是言語，也抵
禦有效壓制特定群體聲音的有害行為。麥金農的論點認為，
色情體現了這種緊張關係：「保護色情意味著保護性侵的言
論表達；與此同時，色情及對色情的保護，都剝奪了女性的
言論表達，尤其是反對性侵的言論表達。強加給女性的沉默
與我們周遭色情的喧囂有某種關聯——在沉默中，因為加諸
給女性的桎梏已經被性化，所以女性被視為喜愛、選擇了這
種桎梏；色情的喧囂則被當作（甚至是我們的）論述，在憲
法的保護下遊街過巷。」[2]

　　德沃金和麥金農設計了一項地方法令，大規模禁止許多
類型色情內容的流通，將上述理論付諸實行。這條法令不僅
針對淫穢素材，還禁止包含「露骨、充滿性慾地展示女性從
屬」的多種色情內容。印第安納波利斯市議會於一九八四年
通過這條法令，但美國第七巡迴上訴法院在隔年撤銷法令，
認為它歧視某些言論，因此違反第一修正案。法官法蘭克・
伊斯特布魯克駁回德沃金和麥金農認為色情不是言論表達的
論點。「種族偏見、反猶太主義、電視上的暴力、記者的偏
見以及更多因素，都影響了文化，構成我們的社會化。上述
議題沒有一個能直接藉由更多言論來因應，除非這些言論也
已經在流行文化中占有一席之地。」他寫道，「然而，只要
是言論，無論多麼陰險的言論，都受到保護。其他任何因應

方式，都會使政府控制所有的文化機構，成為大審查員、規定何種思想對我們才好的思想總監。」[3] 對麥金農和德沃金而言，伊斯特布魯克不啻是在允許第一修正案的言論自由保障保護實際上壓制言論的虐待行為。麥金農寫道：「在他第一修正案的表象之下，女性被轉化成概念，發生在女性身上的性交易受到保護，彷彿是某種討論一般。男性強大而肆無忌憚，女性則毫無掩蔽。」[4]

最高法院簡潔扼要地肯定伊斯特布魯克的裁決，[5] 但因為他的意見書認為言論對女性可能造成的傷害極小，所以持續受到嚴厲批評。如德沃金、麥金農說服力十足地揭示，色情已經變成武器，導致傷害女性的暴力，而暴力又會造成沉默和不平等。儘管麥金農、德沃金最終未能在法律上成功禁止造成壓迫的色情，但她們的倡議和著作，呈現出某些言論可能造成的實際傷害，遠超過言論自由爭議常見的核心，也就是典型誹謗案件所造成的傷害。

麥金農、德沃金著墨的言論自由與現實世界傷害之間的緊張關係，後來在某些最棘手的第230條案件中又再度浮現。

在伊斯特布魯克撤銷印第安納波利斯法令的十多年後，國會通過了第230條。然而，與他和德沃金、麥金農意見分歧一事相關的許多論點，仍然在關於第230條的論辯中持續發酵。在《福特漢姆法律評論》的一篇文章中，丹妮爾・濟慈・西特倫和班傑明・維特斯質疑，綜觀而論，第230條是

否真的有促進言論自由：「目前對第 230 條的解讀是否真的讓言論自由往最佳的方向發展，我們表示懷疑。這條法規給予騷擾他人者、蔑視法律者的言論自由益處，高到不合理，但卻忽略了言論自由對受害者的重大成本。面對網路攻擊時，個人難以為自己發聲。」[6]

當然，第 230 條是法定保障，國會可以隨時修改或撤消；相形之下，伊斯特布魯克的裁決是以第一修正案為基礎的。第 230 條是加強版的第一修正案，專為網路時代訂定。第 230 條讓網站和其他線上中介機構享有廣泛豁免，言論因此毫不受限，從深具價值的政治論述到惡毒、經常攻擊女性的內容都有。

安‧巴托提出論點認為，第 230 條不僅允許這種有害的內容，還會讓線上平台有動機吸引這種內容：「在第 230 條之下，ISP 的經濟誘因都完全倒向忽略網路騷擾的作法。聳動的新聞報導、八卦部落格、性感誘人的約會平台個人檔案，即使是假的，也可以帶動登入、注意和網頁點閱，而這一切都會讓營收滾滾而來。第 230 條使大型 ISP 得以免除網路言論在法律上、道德上的任何責任，賺進大把鈔票，全然不顧可能造成的傷害。」[7]確實，色情內容帶動點擊，點擊帶動營收。儘管巴托說得對，230 條款確實讓平台得以免除對用戶內容的責任，但平台也逐漸採取愈來愈多政策、程序——雖然還不完善——以規範內容。如我在第十二章中描述的，儘管大型平台的解決方案還有很大的進步空間，但這些

供應商已經應消費者要求採取了上述行動。然而，有些平台沒那麼負責任，有些網站甚至樂見貶低女性的用戶內容，使捍衛第 230 條變得更加困難。

TheDirty.com 就是這種網站。

TheDirty.com 是一個八卦新聞網站。二〇〇七年，胡曼·卡拉米安（走跳江湖時用的名字是尼克·李奇）推出了初代網站 DirtyScottsdale.com。一開始，網站多數內容都是李奇建立的；這一點很快就變了。到了二〇〇九年，他允許網站用戶上傳文字、圖片、影片。網站指示用戶「說說發生了什麼事。記得告訴我們是誰、在什麼時候、在什麼地點、為什麼原因、發生什麼事。」[8] TheDirty.com 與其他網站不同，它是經過精心編排的。用戶每天上傳上千則內容，李奇和員工會發布其中的一百五十到兩百則。李奇有時會編輯貼文的某些部分、刪除淫穢內容，但通常不會大改。然而，他確實經常在貼文末尾加上自己尖刻的編輯評論，署名「──尼克」。所有用戶都統一使用筆名「壞壞軍團」。[9]

即使享有第 230 條的豁免，李奇仍會因他所增加的評論而被究責。不過，當網站經營者刪除部分貼文或明確決定是否僅發布某些用戶內容時，第 230 條提供的廣泛保護會讓網站免於因用戶產生的內容而引起的主張。也就是說，這個網站在設計之初，似乎就已將第 230 條納入考量。事實上，網站的「常見法律問題解答」頁面開頭第一題就是「我可以告 TheDirty 發布假訊息嗎？」答案是：「簡單地說，不行。根

據名為《通訊端正法》或『CDA』的聯邦法律，像 TheDirty 這樣的網站營運商，通常不因『發布』來自第三方用戶的內容而被究責。這裡的意思不是說如果有人發布了關於您的假訊息，您也束手無策──您隨時可以對作者提告。您只是不能因為我們經營的線上論壇被人濫用而告我們。」[10] 為了支持這個大膽的主張，TheDirty 連結到聯邦上訴法院在一場訴訟中的判決。這樁訴訟是莎拉‧瓊斯──當時是高中教師兼辛辛那提猛虎啦啦隊隊員──對李奇和網站的母公司提告。

瓊斯與 TheDirty 的紛爭始於用戶在二〇〇九年十月二十七日提交的兩張照片──照片中是瓊斯和一名男性。壞壞軍團成員在後面評論：「尼克，這是莎拉‧J，辛辛那提猛虎啦啦隊隊員。最近好多地方都有人看到她和惡名昭彰的謝恩‧格雷厄姆在一起。她也跟猛虎隊其他所有球員上過床。她還是老師耶！！大家都以為，以格雷厄姆的薪水，他應該能吸引到比較不傷眼的玩意，尼克！」[11] 李奇發布這篇貼文，並增加以下評論：「辛辛那提的每個人都知道這個踢球員有性癮，這不是什麼祕密……他甚至沒辦法維持男女朋友關係，因為他的命根子上有雀斑，時時需要撫摸──尼克」。根據瓊斯後來呈給法庭的敘述聲明，格雷厄姆打電話給瓊斯，提醒她有這則貼文。[12] 流言蜚語開始在瓊斯任教的高中迅速流竄，瓊斯覺得「很丟臉」。學生在學校裡瘋狂分享這篇文章，多到郡教育委員會最終在學校電腦上封鎖了這個網站。瓊斯說，她寄電子郵件給李奇，要求他移除這篇貼

文。儘管他一開始同意，但他說他後來決定把貼文留在網上，因為「謝恩把我惹毛了」。[13]

最初的貼文出現兩個月後，瓊斯成為 TheDirty.com 上另一位用戶內容的箭靶，貼文題為「猛虎啦啦隊隊員壞壞」，裡面有瓊斯的照片，外加以下評論：「尼克，這是莎拉・J，確定進入季後賽的辛辛猛虎的啦啦隊隊長……多數人看到的莎拉都是漂亮的啦啦隊隊員、高中老師……是滴她也是老師……但多數人不知道的是……她的前任內特……四年內瞞著她劈腿劈了五十多個女孩……當時他披衣菌感染和淋病檢測都呈陽性……所以我確定莎拉也兩種病都有……更糟的是他吹噓自己在各種地方搞莎拉……健身房……足球場……她在迪克西高地任教的學校教室裡。」[14] 李奇發布了這篇「文章」，並加上「為什麼所有高中老師在炒飯時都是怪咖？——尼克。」

兩天後，TheDirty.com 上出現了另一張瓊斯與一名男子的照片，標題為「猛虎啦啦隊男友」。照片配文是：「尼克，好吧，大家都已經看到之前壞壞的猛虎啦啦隊員／老師的貼文……這是她交往時間較長的男人內特。貼的幾張照片都是這對性病纏身的情侶。噢那些說莎拉真漂亮的人來看看她這些沒 PS 過的照片。」[15] 李奇在貼文下面寫道，「部落風刺青真不錯，老兄。昨天有一瞬間，我嫉妒那些高中生的老師是啦啦隊員，但也只有一瞬間。——尼克。」[16]

瓊斯告訴法庭，她的啦啦隊主管打電話告訴她有第三則

貼文。瓊斯說，那次事件帶來的羞辱導致她隔天沒有去學校。當她回到學校後，學生問她貼文的事情；學校管理人員對貼文中宣稱她在校園內發生性行為一事展開調查，調閱監視器錄影；啦啦隊練習時，她大部分時間都花在解釋為什麼這些貼文是假的。[17] 瓊斯說，她向李奇發了至少二十七次電子郵件，懇求他刪除貼文。瓊斯的父親也向他發了電子郵件。她聘請了律師，律師向李奇發送電子郵件，要求移除這些貼文。李奇沒有移除貼文。二〇〇九年十二月二十四日，瓊斯在肯塔基州聯邦法院對 Dirty World Entertainment Recordings LLC 提起誹謗訴訟。[18]

　　這場訴訟受到全國矚目。瓊斯提告後四天，TheDirty.com 發布壞壞軍團一位成員的評論：

　　　　尼克，我是一名律師，經常做與網路有關的工作。我剛剛在《赫芬頓郵報》上看到您在肯塔基州被某個無腦啦啦隊員告上法院的新聞。想必您已有超強的法律團隊，不過我還是想告知，這塊的法律百分之百站在您這邊，而且非常清楚；您相當有機會獲判讓對方負擔所有的律師費，給這個妞一點懲罰，誰叫她隨隨便便對您提起告訴。我超愛這個網站，別讓任何人擺布您。我認識很多也喜歡這個網站的律師，如果您需要的話，我個人很樂意免費當您的律師，代表您出庭。祝好運，也請讓我們知道

最新發展。

P.S.——我在他們的網站上看了她的個人檔案，她
　　　太噁爛爛爛爛爛了！！！[19]

李奇加了以下評論：

　　我在法律這方面好得很，有科克倫・卡戴珊
（我們見面時我都這樣叫他）代表我這老屁股。這
只是某個散發負能量的雜魚拚老命想要搏眼球。
　　我的律師科科說，「我剛剛查了肯塔基州所
有聯邦法院的法庭案卷，沒有這個案子立案的紀
錄。」
　　我們等著看媒體和所有其他討厭我的酸民部落
客要怎麼帶風向，讓輿論對她有利。
　　　　　　　　　　　　　　　　　　——尼克[20]

　　隔天，TheDirty.com 又發布兩篇用戶撰寫的文章，說猛
虎啦啦隊沒有吸引力。「我喜歡壞壞軍團『不服來戰』的態
度。」李奇在其中一篇用戶貼文下寫道：「有那麼多不看臉
就是美女的女生，何必盯著某個啦啦隊醜女不放呢？（如果
你是身材火辣的俏妞兒，我沒有在暗酸你的長相不行）」[21]
　　在法庭文件中，瓊斯敘述寒假後面對學生的尷尬：「每
一堂課我都必須告訴下面十五歲的學生說，我沒有兩種性

病，我仍然是他們的榜樣。每一堂課我都會難以自禁地啜泣，讓他們看到我的另一面——沒有學生應該要看到的一面。」[22] 有學生在網站上發表評論為她辯護。另一位據稱是學生的發文者寫道，她再也無法上瓊斯這個「蕩婦」的課了。「這對我而言是打擊最大的。」瓊斯寫道，「我熱愛我的工作，勝過世界上其他任何事情。」[23] 那年八月新學年開始時，幾個學生問瓊斯貼文的事情。「我太努力、太需要在這件事上反擊，讓大家看到沒有人應該被這樣對待。」瓊斯寫道，「thedirty.com 的所有者尼克・李奇把我逼到超過情緒的極限。他毀掉我一部分的生活，我無法挽回，且永遠無法擺脫這件事。」[24]

　　由於一開始的訴訟告的是 Dirty World Entertainment Recordings LLC，而這家公司不是李奇的公司，瓊斯不得不修改她的訴狀。案子也從二〇一〇年一路拖到二〇一一年．李奇和公司要求法官威廉・貝塔斯曼駁回這個案子，聲稱面對源自用戶內容的主張時，第 230 條讓他們享有豁免。二〇一一年一月二十一日，貝塔斯曼駁回這項動議，做出結論認為，必須進行蒐證才能判定網站是否至少部分涉入貼文的開發。這讓兩造能夠透過文件請求和證詞採集蒐集各種資料，無論多令人尷尬的資料都行。

　　那年四月，李奇和 TheDirty 的律師艾莉西斯・馬丁利取得瓊斯的證詞。這份一百七十五頁的逐字稿，問的都是瓊斯的疾病史、職涯、性生活。例如，馬丁利問瓊斯，第一篇

關於瓊斯的貼文哪裡誹謗。

> 瓊　斯：說我跟其他每個猛虎隊球員都上過床。我
> 　　　　的意思是，如果有人說我壞話、專門針對
> 　　　　我，我滿有自信我承受得起──我臉皮算
> 　　　　厚，而且我教高中生。但說我跟其他球員
> 　　　　發生過性關係這一部分，就是誹謗了。
> 馬丁利：所以這是假的？
> 瓊　斯：絕對是。
> 馬丁利：你發生性關係的對象中有沒有任何猛虎
> 　　　　隊……
> 瓊　斯：沒有。
> 馬丁利：球員？

　　在律師詢問瓊斯一些最私密的細節後，被告提出簡易判決駁回此案的動議，辯稱根據證據開示過程中蒐集到的事實，TheDirty.com 是互動式電腦服務，在第 230 條之下得以豁免於她的提告。

　　二〇一二年一月，貝塔斯曼法官否決將案子排除在法庭外的請求。他結論認為，由於李奇鼓勵涉嫌誹謗的用戶貼文，因此第 230 條不適用。貝塔斯曼指出，李奇只發布了「一小部分」的用戶提供內容、寫編輯評論並附加在許多貼文下面：「沒有什麼會比對自己的粉絲（人稱『壞壞軍團』

並不是巧合）說『我喜歡壞壞軍團不服來戰的態度』，更能鼓勵這種內容的貼文了。」[26] 貝塔斯曼主要依循第九巡迴法院在 Roommates.com 案、第十巡迴法院在 Accusearch 案中的邏輯做出結論：明確鼓勵非法內容會導致平台失去第 230 條的豁免。他指出，網站名稱就叫「TheDirty」，而且邀請用戶發布「壞壞」內容。李奇煽風點火的評論本身雖然不構成誹謗，但可能會鼓動一些用戶參與瓊斯所經歷的名譽公審、抹黑。但與 Roommates.com 不同的是，TheDirty 不需要用戶回答可能用於產生非法內容的問題。且與 Accusearch 不同的是，TheDirty 沒有替用戶與違法的第三方牽線。由於 TheDirty 與 Roommates.com 或 Accusearch 都不同，貝塔斯曼的裁決不能完全仰賴第九、第十巡迴法院的決定。網站的本質 —— 和李奇的評論 —— 顯然惹惱了貝塔斯曼。「李奇建立這個網站的目標，是要把電視真人秀搬到網路上。」貝塔斯曼引用李奇的證詞寫道：「他希望每個人都登入『thedirty.com』來瞧瞧。在他看來，『在網路上，你可以想說什麼就說什麼。』」[27]

因為貝塔斯曼否決簡易判決動議，所以二〇一三年一月，這個案子進入為期三天的陪審團審判。李奇和瓊斯都出庭作證。在李奇作證時，瓊斯的律師艾瑞克・德特斯把重點放在網站的八卦本質，也是貝塔斯曼感到不安的地方。德特斯問李奇是否真的相信瓊斯和每個猛虎隊球員都上過床。李奇承認這種說法是「誇大其詞」。

「所以你認為她和一個球員上過床？」德特斯問道。

「我說不上來。」李奇回答：「你知道，在⋯⋯到今天，如果你現在問我，我會說有可能。她老是說謊。」

德特斯問李奇為什麼在收到瓊斯的電子郵件請求後，沒有刪除貼文。

「如果有人給我證據證明它是假的，那我就會刪除它。而莎拉從沒提供過證據。」李奇回應道。

「你要怎麼證明你沒有和每個猛虎隊球員發生過性關係？」德特斯問。

「我不知道。」李奇回答。[28]

德特斯問李奇，TheDirty.com 的數百萬訪客是否看到瓊斯患有性病的說法。李奇估計，根據那則貼文放在網站主頁上的時間，大約有五萬人看到了貼文，其中三百人在辛辛那提。

「你不覺得五萬和三百太多了嗎？」德特斯問。

「這是網際網路。」李奇回答：「就像看 YouTube 和上 Facebook 一樣，是同樣的事情。」

「你的立場是，在網際網路上，就算你知道某些和另一個人有關的事情不是真的，你也可以發布，因為是網際網路？」德特斯問，「這是你的立場嗎？」

「我的立場是言論自由，人們有權發表自己的意見。」李奇說，「這就是美國。」[29]

李奇的證詞可能沒有讓陪審團覺得他是特別有同情心的

被告。但瓊斯的證詞卻沒能成為案子的助力。

瓊斯曾與科迪・約克發生性關係，而科迪・約克當時還是十七歲的學生，就讀她所任教的高中。瓊斯說，這段性關係開始於二〇一一年十月，也就是她對 TheDirty.com 和李奇提告後近兩年。瓊斯承認犯下不當性行為的輕罪，並辭去教職。之後，瓊斯和約克結婚了。[30]

TheDirty.com 上的貼文並未聲稱瓊斯與學生上床。儘管如此，她的刑事案件仍成為全國新聞。她在陪審團作證期間回答了許多有關這段關係的問題。例如，TheDirty 和李奇的律師艾莉西斯・馬丁利詳細問了這段關係的時間，讀出瓊斯發給約克的簡訊，瓊斯在簡訊中聲稱幾年前，約克剛上高一時就愛上了約克。儘管網站貼文沒有聲稱瓊斯與學生有染，但馬丁利利用瓊斯已定罪的刑事罪行，作為泛指瓊斯據稱性行為不恰當的鋪陳。

「現在，儘管說了很多你的終生志業、希望得到學生的尊重等等，但你還是選擇與學生建立浪漫的性關係，對嗎？」馬丁利問。

「是的，女士。」瓊斯說。

「好吧。」馬丁利說，「但你認為關於你和猛虎隊球員上床、患有性病、與未婚夫在校園發生性關係的謠言，與你當時和學生有性關係的實情相比，對你的職業、你所謂終生志業造成的危害更大嗎？」

「不，女士。」瓊斯回答。[31]

在陪審團審議的第二天，陪審團員向貝塔斯曼法官發出說明：「我們陪審團昨天審議了四個小時，今天又審議了四個小時，但陷入僵局。我們無法達成共識，做不出陪審團決議。」³²

法官宣布審判無效。二〇一三年七月，新審判開庭，貝塔斯曼法官是主審。這一次，陪審團做出有利瓊斯的裁決，判給她總計三十三萬八千美元的損害賠償。李奇和公司立即向美國第六巡迴上訴法院上訴；第六巡迴法院審理肯塔基州、密西根州、俄亥俄州和田納西州聯邦法院的上訴案件。第六巡迴法院很少審理走在時代尖端的網路法律糾紛，與經常遇到科技業的第九巡迴法院不同。事實上，這是第六巡迴法院首次解釋第 230 條的完整範圍。

二〇一四年五月，第六巡迴法院舉行口頭辯論；不到兩個月後，它發布一致的意見書，推翻貝塔斯曼法官說第 230 條不適用的結論。在法官茱莉亞・史密斯・吉本斯撰寫的意見書中，第六巡迴法院裁定李奇和 TheDirty.com 豁免於瓊斯的提告。第六巡迴法院翻盤的核心是它結論認為，貝塔斯曼錯誤地論辯說，如果網站故意鼓勵某種用戶內容，則這個網站就算「開發」內容，因此不符合 230 條的豁免資格。吉本斯法官寫道，根據第九巡迴法院在 Roommates.com 案的意見書，正確的檢驗方式是網站是否「大幅助長」用戶內容的非法性：「地方法院忽略了兩者之間的關鍵區別：一種是採取必要的行動（傳統上是出版商）讓不受歡迎、足以採取法

律行動回應的內容得以展示；另一種是要對展示出來的內容之所以非法或足以採取法律行動的原因負責。」[33]

吉本斯指出，拒絕讓「鼓勵」用戶內容的網站享有第230條豁免，傷害的不只是八卦網站，還有消費者評論網站和允許用戶提醒大家提防黑心廠商的網站。例如，消費者評論網站可能只因為提供了一星到五星評等的平台，就可以被視為「鼓勵」負面消費者評論。她寫道：「以是否鼓勵做為檢驗條件的發展，會使網站失去 CDA 之下的豁免，成為鬧事者把它們當成發行人而提告的箭靶。」[34] 吉本斯把 Roommates.com 案中助長內容的檢驗方式套用在 TheDirty.com 上後做出結論，認為 TheDirty.com（和李奇）不為用戶貼文的開發負責。她的理由是，TheDirty.com 與 Roommates.com 不同，沒有要求訪客上傳誹謗性評論，內容提交表單只有指示用戶描述「發生的事情」，是「中立的」。吉本斯承認李奇附加的編輯評論是「荒謬」又「可笑」的，但這些評論沒有「大幅助長」有誹謗之嫌的用戶評論，因為用戶評論是在李奇增加評論之前寫的。吉本斯寫道：「因為李奇是在包含誹謗內容的言論出現後才加上評論的，所以要李奇對這種言論負責，會讓責任與大幅助長的概念站不住腳。」[35]

與典型的第 230 條裁決相比，這次判決引發全國更廣大的矚目與爭議，部分原因是原告的知名度高（她與學生的關係和婚姻被全國媒體大肆報導），部分原因是對她的評論本身十分惡毒，還有李奇明顯鼓勵用戶攻擊她的做法。

西特倫和維特斯在《福特漢姆法律評論》的文章中，立論認為國會應縮小第 230 條豁免的範圍，並引用瓊斯的案例支持自己的論點。「這個網站不應該免被究責，因為它設計的目的明顯是為了刊載誹謗資訊、侵犯隱私。」他們寫道，「讓它享有豁免完全顛覆了好撒瑪利亞人的概念，因為它的利益與施虐者一致。對網站營運商而言，能享有第 230 條，簡直就是天上掉下來的禮物：他一邊在網站服務條款中說些要防範誹謗的空話，一邊卻鼓勵他的『壞壞軍團』用電子郵件寄『醜事』給他，讓他選擇發布哪些八卦。」[36] 儘管 TheDirty 這個被告讓人難以同情，但我們也很難想像法院究竟要如何應用西特倫和維特斯提出的規則。因為 Yelp 是為了讓（並鼓勵）顧客發表評論而設計的，所以可以就商家的誹謗性評論追究 Yelp 的責任嗎？當然，Yelp 並不鼓勵用戶分享「醜事」，但 TheDirty 也沒有明確要求用戶發布誹謗和謊言。國會或法院，要如何在 TheDirty 和 Yelp 之間劃出一條界線？若有公司正在打造以第三方內容為基礎的新業務，這條界線是否夠清楚，讓公司確知自己是否越界？

也許是因為這個案子本身令人不安，吉本斯在意見書最後加了一段話，指出瓊斯挽回受損名聲的另一條途徑：對最初發布與她相關資訊的匿名人士提告；230 條款沒有對他們提供免於訴訟的保護。「我們注意到，CDA 提供的廣泛豁免不一定會讓遭遇線上匿名誹謗貼文的人毫無救濟之法。」吉本斯表示，「在本案中，瓊斯承認，她沒有試圖從李奇選

擇發表評論的原作者那裡索賠。」[37]吉本斯說得沒錯，但她沒有說明提出這種訴訟的困難。TheDirty 沒有要求用戶以真實身分發布貼文；每則用戶貼文其實都是以「壞壞軍團」的名義發布的。要告貼文者，瓊斯必須先揭開假名的屏障，找出貼文者是誰。

　　找出線上匿名貼文者的真面目，需要採取一些步驟，但往往不會成功。首先，原告控告匿名被告，通常會稱被告為無名氏；訴訟中會有一個步驟是原告向刊載誹謗性貼文的網站發出傳票，要求網站提供與被告貼文者相關的所有資料。許多網站不要求貼文者提供真名或電子郵件。多數（但不是全部）網站都會維護網際網路協定（IP）位址的紀錄——IP是一組獨一無二的數字，可以辨識出用戶的網際網路連線。如果原告取得 IP 位址，則必須對承載這個 IP 位址的網路服務供應商發出傳票，要求取得訂閱這個網路連線的訂戶姓名。

　　原告在這個過程中會遇到重重困難。第一，不是所有網站都會保存 IP 位址紀錄，有些網站刊載的用戶內容特別具爭議性，會避免記錄這項資料。第二，如果網站、網路服務供應商或匿名用戶對識別資訊的傳票提出質疑，法院要展開複雜的第一修正案平衡檢驗來確定是否應該執行這張傳票。第三，即使法院執行傳票，原告獲得的姓名和聯絡資訊，也只是貼文來源之網路連線的訂閱者。假設用戶是從圖書館或咖啡店貼文，則這項資訊對於識別貼文者幾乎沒有什麼用處。鑑於揭露過程的變數，若僅因為瓊斯等原告沒有對貼

文者提告，而不把他們所遭受的傷害當一回事，是昧於現實的；他們很有可能永遠無法識別出貼文者。有第 230 條，意味著在許多案件中，就算網站鼓勵用戶的騷擾行為，女性和其他遭受系統性騷擾的受害者也可能無法挽回任何損失。即使是最熱衷於第 230 條的支持者，也不應迴避這項冷酷的現實。

因為有第 230 條，即使有網站鼓勵匿名用戶發布有關特定女性性生活的誹謗性謠言，或色情報復內容，這位女性（是的，最惡劣的網路騷擾事件中，受害的往往是女性）也可能落到無法成功對網站提告的境地。這類用戶貼文可能損害女性的聲譽，而且，正如德沃金和麥金農在批評色情時提出的論點，這種仇恨言論可能讓女性難以發聲。第一修正案對色情的保護，使德沃金和麥金農感到擔憂；事實上，同樣的擔憂也可能適用於第 230 條對線上平台的保護。

對第 230 條最有說服力的批評，是它允許對女性和其他群體的騷擾，而這可能在實質上壓制他們的聲音。瑪麗・安・法蘭克斯主張，第 230 條會讓網站完全打消阻擋有害內容的動機：「如今，網路充斥著威脅、騷擾、誹謗、色情報復、政治宣傳、錯誤訊息、陰謀論，對弱勢族群造成不成比例的負荷，包括女性、種族和宗教少數群體，以及 LGBT 族群。他們不堪其苦，而使這些暴行得以猖獗的網站、平台和網路服務供應商卻受到保護，免於傷害。」[38]

確實，如果沒有第 230 條，很難想像 TheDirty.com 要怎

麼運作，至少很難想像讓與瓊斯相關的貼文得以出現的程序要怎麼運作。如果這些貼文當初沒有出現在網站上，瓊斯就永遠不會提起告訴，她也永遠不必在作證和審判中面對數小時的質詢，回答關於她道德人格、性生活、病史和其他極為私密的個人問題。

這種對第 230 條的批評令人信服，但我們必須考慮另一個關鍵：如果沒有第 230 條，傳統媒體在言論和表達上會擁有更大的權力。這種權力結構可能會更不利於本就弱勢的群體。

儘管移除第 230 條，可能可以讓 TheDirty.com 上關於瓊斯的貼文這類評論減少，但這項舉措也可能讓每個人的言論自由直接受損，包括在歷史上發聲量本就不足的群體。不幸的是，這也會保護某些人可能不認為有價值的言論。李奇在第一次審判作證時表示，他相信「言論自由」，並宣稱「在《通訊端正法》下，我應該受到保護。」**39**

當我在讀第六巡迴法院的意見書和案卷中數百頁的文件時，不禁想起一八九〇年《哈佛法律評論》的一篇文章〈隱私權〉。這篇文章由山繆・D・華倫和未來的最高法院大法官路易斯・D・布蘭代斯執筆，是美國歷史上被引用次數最多的法律評論之一，並由法院引用，提供原告作為提出侵犯隱私告訴的訴因。華倫和布蘭代斯在文章中闡述「不受干擾的權利」。新聞媒體及其新技術——例如「即時照片和報紙企業」——對這項隱私權的威脅之大，更勝以往：

據信，人們想要——其實是需要——相當程度的這種保護，是毫無疑問的。新聞媒體無視禮儀、正派的清楚界線，從四面八方大舉越界。八卦不再是閒漢、小人的資源，而是成為行業，人們孜孜矻矻也厚顏無恥地在其中汲營。為了滿足好色之徒的品味，每日報紙的專欄大肆報導性關係的細節；為了讓懶人有事做，原本只有混進三姑六婆的圈子中才會知道的閒言碎語，現在是成篇累牘、滿坑滿谷。[40]

　　長期以來，學者都假設上述論點可能出自華倫厭惡對他家族私事的侵入性報導，包括報紙上關於他與美國參議員女兒結婚的花邊新聞。艾美‧加伊達在詳盡回顧所有報紙刊出的華倫家族新聞後做出結論：「事實上，如果山繆‧D‧華倫娶的不是美國參議員的女兒，〈隱私權〉很可能根本不會問世。」[41] 按照現代標準，報導華倫的婚姻，遠不及匿名散播有關莎拉‧瓊斯的謠言那麼令人反感或震驚。但華倫的厭惡源自類似的擔憂：強大的言論自由，尤其還有難以預測的新技術加持時，可能會傷害言談論及的對象。一八九○年是如此，在有第 230 條的今天也是如此。

　　那麼，像瓊斯這樣的案子，是否意味著第 230 條實際上減少了言論自由，至少對某些人而言是這樣？

　　這個問題，我們沒有辦法提供精確、量化的答案，因為美國的現代網際網路一直都在第 230 條的保護下運行。但正

如德沃金和麥金農的觀點揭開第 230 條某些關鍵缺失，另一派言論自由的概念強調的是第 230 條的某些益處。這個概念就叫「自助」。

一九六四年，在指標性的 *Times v. Sullivan* 案中，美國最高法院認為，如果誹謗訴訟中的原告是公職人員，則根據第一修正案，這名公職人員必須證明被告做出的誹謗性陳述帶有真實的惡意 —— 對其中捏造的內容知情，或未必故意地忽視捏造的內容。[42] 對真實惡意的要求，是許多這類訴訟面臨的一大障礙，因為真實的惡意很難證明。三年後，最高法院擴大保護範圍，納入公眾人物，就是曝光率高但不見得是「官員」的人。但一九七四年，在 *Gertz v. Robert Welch* 案中，法院拒絕對普通人施加真實惡意的要求。有這種區別的主要原因之一，是普通人無法「自助」；法院將「自助」定義為「利用現成的機會反駁謊言或糾正錯誤，從而將它們對名譽造成的負面影響降到最低。」[43] 路易·鮑威爾大法官指出，並非每個人都有同樣的管道自助：「公職人員、公眾人物通常享有更多的有效溝通管道，因此與普通人一般能享有的相比，有更實際的機會抗衡虛假陳述。因此，普通人更容易受到傷害，國家保護他們的利益也相應的更大。」[44]

在 *Gertz* 案的意見書發布後約三十年裡，情況一直如此。只有有權有勢的人才能接觸到報社的墨水和廣播的電波，讓他們說自己的故事。美國的其他人，除非背後有大權在握、聲譽卓著的組織撐腰，否則多數時候都沒有發聲的機

會。擔心國會腐敗的公民可以寫信給編輯，但除非報社編輯決定公開刊登這封信，否則這位公民毫無力量。對黑心車商感到失望的顧客可以致電當地電視台的消費產品線記者，但只有記者認為這則新聞值得播出時，才能揭發黑心廠商。多數個人對自助行動沒有掌控權，他們依賴新聞媒體等強大的機構。

　　進入二十一世紀後不久，這一切都變了。商業網際網路慢慢從只是報紙和其他傳統媒體的電子版，進化為雙向的互動體驗：憤怒的公民可以立即在許多線上政治論壇發布對政府的看法，不滿的顧客可以在 Yelp、爆料報告或其他消費者網站上嚴詞評論車商。網路成為一種自助工具，個人完全可以利用網路糾正誹謗性言論 —— 但它的用途遠不僅此。只要擁有電腦或其他設備和網路連線，任何人都可以發聲對抗哪怕是最有權勢的一方。第 230 條就是這種自助的催化劑。如果沒有第 230 條，平台可能一收到投訴就會立即刪除用戶貼文，以免遭遇會讓公司倒閉的訴訟。或者，他們會完全禁止用戶自發性貼文。普通人會拿到一支聲音小得多的麥克風，或根本沒有麥克風。

　　最成功的自助例子，或許在社群媒體早期就逐漸浮現，但一直到我寫這本書的二〇一七年，它才獲得國際矚目。我說的是 #MeToo 運動。

　　社會運動家塔拉納・伯克在阿拉巴馬州的青少年營隊輔導一名十幾歲的女孩。女孩是性侵的倖存者，但她無法分享

自己的故事。伯克不禁思索，「你何不直接說『我也是』
（Me too）？」[45] 二〇〇六年，伯克在當時世界頂級的社群
網站之一 MySpace 上，創建了『Me Too』頁面作為論壇，
鼓勵女性分享她們的故事。十多年後在推特上，「Me Too」
再次蔚為話題。二〇一七年十月，《紐約時報》報導電影製
作人哈維・韋恩斯坦的性侵、性騷擾行為後，女演員艾莉
莎・米蘭諾在推特上發布這則訊息：「如果所有曾遭受性騷
擾、性侵犯的女性，都在狀態中寫出『Me too』，我們或許
可以讓大家感受到問題有多嚴重。」[46] 一週之內，超過一百
七十萬條推文將 #MeToo 作為主題標籤。[47] 世界各地的女性
分享她們的故事，有人指名道姓，有人描述自己的經歷——
重點是，她們得以發聲。這種集體吶喊，推動對男性記者、
政治人物、企業高層和其他掌權者提出指控的行動，似乎每
天都有新發展。

　　我不是說 #MeToo 運動要全然歸功於第 230 條。這波運
動是由多種因素引發的，包括施暴者、騷擾者長期的惡劣行
為，多年來遭受不當對待、迫害而忍無可忍的女性，媒體對
如哈維・韋恩斯坦遭受指控等高知名度案件的報導，以及有
米蘭諾等名人鼓勵女性勇敢說出來。#MeToo 運動是集體形
式的自助，讓成千上萬的女性得以發聲。這次運動最強大的
工具是社群媒體：推特不僅讓女性人手一支大聲公，還把聲
音放大為振聾發聵的呼喊，促成整波運動。如果國會不曾通
過第 230 條，#MeToo 運動可能不會擴散得如此迅速，推特

和 Facebook 等社群媒體網站對用戶內容的限制可能會嚴格得多，至少它們會在收到下架要求後暫時移除貼文。

我在看第 230 條時，仔細檢視了瓊斯以及許多其他網路霸凌、色情報復、其他形式系統性騷擾的受害者所遭受的個人傷害。這些故事讓我確實停下來思考，質疑第 230 條是否弊大於利。但之後，我看到對某些最關鍵的社會、政治問題，人們在網路上熱烈、開放地討論。我看到以前沒有聲音的族群，現在能對權貴說出真相。我懷疑，如果沒有第 230 條的廣泛保護，線上平台能不能如此開放、普通人發起自助的能力會不會這麼強。不幸的是，與第 230 條相關的論辯，往往只集中在一個面向：第 230 條要嘛得對每一絲一毫的網路騷擾負責，要嘛是自第一修正案以來最重要的言論自由法律。兩種說法都對了一半。檢視第 230 條，必須清楚辨明其缺點、優點——這個故事可複雜了。

要量化第 230 條對瓊斯等個人造成的傷害，是否大於對 #MeToo 等運動的益處，是不可能的。每個個人對第 230 條的立場，取決於他／她比較看重哪種價值，言論自由重要還是隱私重要。我偏向言論自由，且我相信第 230 條能實現的自助，值得我們承擔助長惡劣行為的風險，例如 TheDirty.com 上的用戶貼文。但我理解另一方有力的論點：額外的言論自由，不值得像瓊斯一樣的千萬女性受到的傷害。

這個議題沒有正確答案，但有正確的提問方式。

第十一章
殺。殺。殺。殺。

　　當示威者、媒體、吹哨者和其他人可以暢所欲言時，這種言論可能會損害美國的安全利益。第一修正案禁止國會剝奪言論和新聞自由，但法院認為這項權利不是絕對的。例如，國會可以，也已經通過法律，禁止揭露機密資訊或對美國官員施加死亡威脅。儘管國家安全和言論自由之間關係緊張，但除非國家安全利益極為重大，否則美國法院通常不願意限制言論自由。

　　最能突顯這種緊張關係的例子，也許是一九七一年美國最高法院拒絕阻止《紐約時報》和《華盛頓郵報》刊出五角大廈文件，這份機密報告揭露了美國對越南軍事戰略的致命缺陷。「『安全』這個詞是廣泛、模糊的統稱，不應該打著它的名號而廢除第一修正案所體現的基本法律。」大法官雨果・布萊克也許是最高法院歷史上最堅定的言論自由擁護者，他在法院意見書隨附的協同聲明中寫道：「以犧牲知情、代議制政府為代價來保護軍事、外交祕密，不能為我們的共和國提供真正的安全。第一修正案的制定者完全了解既要保衛新

國家，又要抵擋英格蘭和殖民地政府濫權這兩件事的必要，因此藉由提供言論、新聞、宗教和集會自由，尋求賦予力量和安全給這個新社會。這些自由不應受到減損。」[1]

這就是安全與言論自由之間的緊張關係。批評對言論自由的保護言之成理，因為有些人試圖利用這種保護來傷害他人，不僅是誹謗，還會散播資訊傷害個人或整個國家。然而，言論自由倡議者表示，「安全」這個字眼通常十分模糊，會成為一種託辭，防止有人說出不受歡迎的想法。正如第一修正案一直是這些辯論的焦點，第230條的言論自由保護也一直是眾人爭論不休的核心。恐怖份子利用社群媒體招募新的追隨者；二○一六年總統大選期間，俄羅斯利用社群媒體散播政治宣傳、假新聞——第230條保護社群媒體供應商免因上述大部分第三方內容而被究責。因此，社群媒體公司和其他線上平台未能阻擋這些有害的貼文，而批評者將矛頭指向第230條。他們辯稱，因為這條法規保護平台，所以降低了平台主動篩選有害用戶內容的動機。

二○一五年六月十二日，小洛伊德·菲爾茲去約旦出差兩週——原本是這樣打算的。他沒有活著回來。隨著他的逝世，第230條成為法律紛爭的焦點。

這位被家人、朋友稱為卡爾的路易斯安那州前警官，替政府承包商 DynCorp International 工作，在安曼的國際警察培訓中心協助培訓中東的警察。[2]菲爾茲曾為伊拉克和阿富

汗的警察部門提供諮詢，他認為約旦的工作相對安全；事實上，他沒有攜帶槍枝或任何其他武器。[3] 訓練中心的學員中，有一位來自約旦，二十八歲的警隊隊長安瓦爾‧阿布‧扎伊德。二〇一五年十一月九日，阿布‧扎伊德在中心開火，造成包括菲爾茲在內的五人死亡。攻擊發生後不久，一個與恐怖組織 ISIS，即所謂的伊斯蘭國有關聯的基金會發表了聲明，說明 ISIS 為這起謀殺案負責：「是的……我們殺了在安曼的美國人。不要再進一步挑釁穆斯林，尤其是已經對伊斯蘭國輸誠，支持伊斯蘭國的人。你們愈是進犯穆斯林，我們的決心和復仇行動就會愈多……假以時日，Twitter 上成千上萬的哈里發支持者和其他人將化身為狼。」[4]

　　就像許多受 ISIS 啟發的攻擊者一樣，阿布‧扎伊德似乎是一頭「孤狼」。他的兄弟公開表示，阿布‧扎伊德對於前半年 ISIS 處決約旦飛行員莫阿茲‧卡薩斯貝一事感到「非常感動」。[5] ISIS 俘虜卡薩斯貝後，向 Twitter 上的粉絲徵求建議，問粉絲該如何處決卡薩斯貝，主題標籤為 #SuggestA WayToKillTheJordanianPilotPig（建議殺死約旦豬頭飛行員的方式）和 #WeAllWantToSlaughter Moaz（我們都想痛宰莫阿茲）。這些活動開始後不久，ISIS 就對卡薩斯貝處以火刑，殘酷地處決了他。ISIS 發布推文，連結到他死亡的二十二分鐘影片，標題為《慰藉信仰者的心》[6]（沒有確鑿證據顯示阿布‧扎伊德真的看過這段影片）。

　　這起謀殺不是 ISIS 唯一一次利用 Twitter 來實施恐怖活

動。這種宣傳讓 ISIS 能夠籌集資金、招募追隨者，然後讓他們成為攻擊者。然而，沒有公開證據顯示 ISIS 用 Twitter 招募阿布・扎伊德。布魯金斯學會有一份長達六十五頁的報告，彙整說明 ISIS 對 Twitter 的依賴。報告作者估計，二〇一四年九月至十二月期間，ISIS 支持者使用了至少四萬六千個 Twitter 帳戶，其中多數位於敘利亞或伊拉克。報告作者宣稱，龐大的宣傳網路可能鼓舞那些立場已經偏向恐怖主義的人付諸行動。他們指出，「無論這些人在光譜的哪個位置，研究顯示，精神疾病在單獨行為者恐怖主義中扮演重要角色，而 ISIS 極度暴力的宣傳，為那些可能已經有暴力傾向的人提供了異常高度的刺激。」[7]

二〇一五年，時任聯邦調查局局長的詹姆斯・柯米在對參議院司法委員會作證時，描述了 ISIS 如何招募追隨者。「他們現在透過 Twitter 散播資訊。」他說：「所以，心有不安的人再也不必去尋找這類宣傳，這種動機——它就在他們的口袋裡嗡嗡作響。這台裝置——簡直就像內心的小惡魔——整天都在說：『殺。殺。殺。殺。』」[8] 柯米說，一旦 ISIS 主事者開始與潛在的輸誠者對話，他們就會把討論轉移到加密通訊應用程式中，可能會讓討論超出執法、情報機構能觸及的範圍之外。「隨著社群媒體大幅橫向擴散，恐怖份子可以識別、評估、招募美國各年齡層易受影響的個人，讓他們的立場更極端，去海外或在國內發動攻擊。」二〇一六年，他告訴眾議院司法委員會，「因此，外國恐怖組織現在

可以直接接觸到美國，這是前所未見的。」[9]

　　二〇一四年，Twitter 一直在宣揚對自身網站上的恐怖內容基本上採取不干涉的態度，認為開放平台是言論自由的根基。二〇一四年六月，Twitter 共同創辦人畢茲・史東在接受 CNN 採訪時表示：「如果你想創造一個讓全世界數億人都能自由表達的平台，就必須好的、壞的都接受。」[10] 對 Twitter 就 ISIS 使用它平台一事的立場，卡爾的遺孀塔瑪拉・菲爾茲顯然並不滿意。她與約旦槍擊事件的另一名美國受害者詹姆斯・達蒙・克雷奇的遺孀聯手，在加州聯邦法院對 Twitter 提告，主張 Twitter 違反聯邦《反恐怖主義法》；若受害者「由於國際恐怖主義行為導致人身、財產或業務受到傷害」，這項法案允許受害者或受害者的財產提告。[11] 菲爾茲和克雷奇在訴訟中聲稱，Twitter 的社交網路構成「有力支持」，對「ISIS 崛起極為有用，也讓這個組織得以實行多次恐怖攻擊」，包括殺死她們丈夫的槍擊事件。[12]

　　Twitter 迅速採取行動駁回訴訟，聲稱這宗訴訟源於用戶內容，因此第 230 條保護 Twitter 免遭提告。派翠克・卡羅姆和他的同事代表 Twitter。Twitter 的律師團在駁回這個案子的請求中寫道，即使阿布・扎伊德受到 ISIS 的啟發而射殺這五人，Twitter 也不對這項「令人髮指的罪行」負責。他們寫道：「Twitter 和這樁恐怖的事件沒有一絲一毫，哪怕是細如蘆葦的關係。而且根據聯邦法律，Twitter 在原告指控的行為上享有豁免。」[13] 原告爭辯說，他們的主張並非源自

任何 ISIS 推文的實際內容，僅源自 Twitter 向 ISIS 及其支持者提供帳戶一事。此外，她們也力爭，Twitter 的直接傳訊功能——用戶可以互相發送私訊——與讓大眾可以取得資訊無關，因此第 230 條不保護 Twitter。[14]

這個案子分給了威廉・奧里克法官，他在歐巴馬政府時期曾任職於司法部；二〇一三年，歐巴馬總統任命他為舊金山聯邦法院法官。二〇一六年六月十五日，奧里克舉行聽證會決斷 Twitter 駁回訴訟的動議。為 Twitter 辯護的是卡羅姆在律師事務所的同事賽思・P・瓦克斯曼；柯林頓政府時期，他擔任美國副總檢察長，也就是聯邦政府在美國最高法院庭上位階最高的律師，曾在最高法院辯護過七十五次。這場官司不僅僅是某樁誹謗案件中典型的第 230 條動議——這次的案子關乎在恐怖份子手裡喪命的美國人，對防守的被告而言會是一場硬仗。Twitter 顯然深知這一點，因此找來了美國數一數二老練的法律代表。

但瓦克斯曼的自我介紹才說了第一句，奧里克法官就打斷他，表明他「傾向」批准 Twitter 的駁回動議。法官從聽證會一開始就明確表示，他認為兩名原告的論點都沒有說服力。儘管原告辯稱訴訟的基礎是 Twitter 向 ISIS 提供帳戶一事，而不是推文內容，但奧里克很難將這些主張與 ISIS 推文的內容區分開來：「在我看來，所有的指控似乎都以內容為本，且起訴狀的核心似乎是 Twitter 允許 ISIS 推動宣傳、籌集資金、吸引新成員。全都是以內容為本。」奧里克也駁

斥原告的論點，即出自 Twitter 直接傳訊功能的主張，不在第 230 條的豁免範圍內。「我認為，相關主張不會只因為是傳私訊，就變成是在《通訊端正法》的範圍之外。」

原告律師約書亞・大衛・阿里森在聽證會的多數時間都在試圖解釋，為什麼這場訴訟沒有將 Twitter 視為用戶內容的發行人或發言人。他將這個案子與第九巡迴法院認定第 230 條不適用的兩起案子做了比較：塞西莉亞・巴恩斯以允諾禁反言為由控告 Yahoo! 未遵守承諾刪除色情報復內容一案，以及珍控告 ModelMayhem.com 的業主 Internet Brands、宣稱網站沒有警告用戶提防罪犯一案。奧里克似乎不買帳。「你看不出差別嗎？」他問阿里森。「巴恩斯案是允諾禁反言的案子，Internet Brands 案是未能警告的案子。你看不出這些案子和你的案子有什麼不同嗎？」

瓦克斯曼意識到法官贊成他的觀點，於是表示他就不發表「按照慣例要說明的內容」，而是描述了他上週末開通 Twitter 帳戶的經驗。瓦克斯曼說，在沒有發布任何推文、上傳自己的照片或追蹤任何人的情況下，他很快就有了許多追蹤者。瓦克斯曼說：「我沒有拋出任何東西，但大家會只因為我開了帳戶而發布的內容，就在 Twitter 上追蹤我。」

「就因為你的名字？」奧里克問。「是──大家追蹤的是你發布的什麼內容？」

「對，我發布了我的名字。」瓦克斯曼說：「我的意思是，我還必須發布我的電子郵件，必須提供我的電子郵件地

354

址和電話號碼。Twitter當然不會檢查我提供的是不是真的是我的名字、我的電子郵件或我的電話號碼。但我的意思是，我覺得有必須說些什麼的壓力。但重點是，開設帳戶的行為就是提供內容的行為。」瓦克斯曼說，即使只是寫下名字不算是發布內容，但允許或阻止某人使用 Twitter 平台的決定也是一個「發行決定」。

「如果我決定要擁有一台油印機——這洩漏我的年齡了。」瓦克斯曼說，「我以前有一台油印機……」

「油印機是我最後一次學會操作的技術。」奧里克開玩笑說。

「我不確定我是否真的知道如何操作油印機。」瓦克斯曼說，「但如果我發出公告說『我有一台印刷機』或『我有一台油印機』，它要嘛是誰想用就可以用，要嘛是當我決定讓你用時，你才可以用。誰才能准許他人使用發行媒介——這是一個完整的發行決定。」

聽證會結束時，奧里克表示他很快就會發布意見書，且他「極有可能」駁回控訴。但他說，在永久駁回訴訟之前，他會再給原告「一次機會」修改訴狀。[15]「儘管這些人的死亡極為駭人。」奧里克在兩個月後的命令中寫道，「但根據CDA，Twitter 不能被視為 ISIS 仇恨言論的發行人或發言人，也不會因原告指控的事實而被究責。」[16]

原告二度遞交訴狀。這次重點更明確地集中在 Twitter 提供帳戶給 ISIS 一事，且避開與 ISIS 成員或支持者發布的

內容相關的籠統指控：「多年來，Twitter 未必故意地向 ISIS 提供它的社群媒體帳戶，且對此事知情. 透過提供這項重要支持，Twitter 使 ISIS 得以獲得實施多次恐怖攻擊所需的資源。」[17] 瓦克斯曼和卡羅姆提出動議駁回新訴狀。二〇一六年十一月九日，奧里克法官舉行了第二次聽證會. 聽證會一開始，奧里克法官就做了和第一次聽證會類似的事情 —— 他告訴阿里森，新訴狀仍然與第一次的訴狀有同樣的錯誤。奧里克說，就算指控更為詳盡，原告也無法避開第 230 條。他也質疑 Twitter 有沒有導致槍擊事件。「我與你的客戶感同身受。」奧里克坦言，「這是一場悲劇，ISIS 是一個可怕的恐怖組織，但這不代表 Twitter 該對菲爾茲先生或克雷奇先生的死亡負責。」[18] 阿里森試圖讓奧里克改變心意，但法官顯然維持同樣的立場。聽證會後不到兩週，奧里克發布意見書駁回訴訟。這一次，原告沒有機會再重新調整提告內容。奧里克寫道，無論律師的訴狀怎麼寫，第 230 條都禁止對 Twitter 提告：「無論有多少詳盡的訴訟文件，都無法改變一項事實，即原告基本的目的就是要追究 Twitter 身為 ISIS 仇恨言論之發行人或發言人的責任，但 CDA 禁止追究這種責任。」奧里克的結論還認為，原告對 Twitter 造成傷害的指控並不充分。[19] 原告很快提出上訴，辯稱奧里克錯誤解讀第 230 條。「決定某人是否可以註冊 Twitter 帳戶，與決定哪些內容可以發布，不是同一回事。」她們在呈給第九巡迴法院的書狀中寫道，「給別人工具，與監督這項工具的使用，不

是同一回事。」[20]

這個案子分給了第九巡迴法院的法官桑德拉‧伊庫塔、小米蘭‧D‧史密斯，和史蒂芬‧麥考利夫──麥考利夫是新罕布夏州聯邦地方法院的法官，受到指派時會在第九巡迴法院審理案子。伊庫塔是保守派法官，也是審理Roommates.com案的合議庭最初三位法官之一。她原本想提供更大的豁免權給網站，比科辛斯基最終在意見書中給的更大。史密斯和伊庫塔一樣都是小布希總統任命的，以溫和保守作風著稱（讓我開誠布公：二〇一一年到二〇一二年，我擔任史密斯法官的書記官。對我而言，他亦師亦友。這個案子是在我擔任他書記官的時期之後好幾年才送進法院的，我們從來沒討論過這椿案子）。一九九二年，老布希總統任命麥考利夫為新罕布夏州法院法官。二〇一七年十二月，在第九巡迴法院宏偉的舊金山法院大廈舉行的聽證會上，阿里森試圖說服三名法官，第230條不豁免Twitter。但在他開始陳述論點大約一分鐘後，史密斯表示，允許用戶建立帳戶是一種「發行」活動，受到第230條豁免。

「要釐清的問題是建立帳戶並為某人提供帳戶名稱這件事，本身是否就是一項發行決定。」史密斯說。

「我不認為這是發行決定，因為向別人提供可用於產生內容的工具，與散播內容不同。」阿里森回應道：「給某人一台打字機，這與例如跟對方說：『現在你可以在我的報紙上發表評論』不是同一回事。它們其實是彼此分離、獨立的

活動。」

「你有判例法這麼說嗎？」史密斯問。

阿里森說：「我認為這個議題其實無先例可循，因此實際上沒有任何判例可以指明這個議題的任何一種情況。」換句話說，他沒有法庭意見書來支持他對 230 條款的狹義解讀；他在要求第九巡迴法院成為美國第一個為第 230 條多建立一項障礙的法院。

史密斯指出阿里森論點中的另一個錯誤：為了克服第 230 條的障礙，阿里森必須證明他的客戶不是在尋求把 Twitter 當成內容發行人而追究其責任。然而，他主張的核心概念卻是有害的 ISIS 貼文導致了槍擊事件。

「如果你的理論與內容有關，整套理論就無法成立，對嗎？」史密斯問。

阿里森回答：「呃，我們確實要靠內容才能建立因果關係。我很樂意說明這個面向，但失職一事⋯⋯」

「你必須說明，因為你問題的癥結就是它。」史密斯插嘴，「你是搬起石頭砸自己的腳，因為如果沒有內容，你怎麼建立可預見性？怎麼建立因果關係？」

史密斯和伊庫塔繼續向阿里森施壓，要求他說明 Twitter 與約旦攻擊事件之間的關聯。阿里森表示，Twitter 提供平台讓 ISIS 籌集資金、推動宣傳，對 ISIS 的崛起「極為有用」。

「但之後你要講的就會是內容。」史密斯說，「如果你的說法是光是建立帳戶就足以究責，那往下要談的就是地方

法院法官難有定論的問題。但一旦你開始談內容，你想表達的就是 Twitter 允許他們在上面放置某些內容，那就是把 Twitter 當發行人。幾乎所有的判例法在這件事上都講得非常清楚。」

瓦克斯曼的論述過程就順利得多，遇到的提問和插嘴也較少。他解釋為什麼 230 條款可以擋下訴訟中的所有主張。

眾法官表示，他們或許可以完全避開第 230 條的問題，直接駁回訴訟，因為 Twitter 的行為與槍擊事件之間不存在任何關聯或「近因」，這是奧里克駁回訴訟的另一個原因。瓦克斯曼並沒有就此同意這種作法，而是採取大膽行動，敦促法官發布有約束力的裁決，直接回應第 230 條的問題。對 Twitter 而言，第九巡迴法院的決定不僅會影響塔瑪拉・菲爾茲的訴訟。在她對 Twitter 提告後，恐怖主義受害者在全國各地的法院對 Twitter 和其他社群媒體供應商都提起了類似的訴訟。這或許可以說明為什麼 Twitter 不惜砸下重金聘請美國數一數二的上訴律師代表它辯護。「這是控告 Twitter、Google 或 Facebook 等案件中的第一起，但已經導致很多很多跟風的案件。」瓦克斯曼告訴法官：「這次法庭要把話講清楚，而且我認為尤其要說清楚對第 230 條的立場，這點非常重要，不然這麼多原告，一人吐一口口水也能把我們淹死。」[21]

三位法官沒有同意。儘管他們做出有利 Twitter 的裁決，但他們這麼做的原因不是第 230 條，而是因為他們判定

本案中沒有近因，「受害者由於國際恐怖主義而受到傷害」的主張不夠充分。在合議庭達成一致的意見書中，史密斯寫道，這條法規的「由於」要求，代表「原告必須證明自己所遭受的傷害與被告的行為之間，至少存在某種直接關係。」他指出，原告未能主張 Twitter 向 ISIS 提供帳戶、直接傳訊功能，與致死有「直接關係」。[22] 因為第九巡迴法院以缺乏近因為由維持駁回原判，所以它沒有對第 230 條是否豁免 Twitter 一事做出裁決。因此，截至二〇一八年一月，對於社群媒體網站是否可以根據第 230 條豁免於恐怖主義傷亡案件的提告，還沒有聯邦上訴法院做出裁決。但至少有四處地方法院裁定，在面對這些主張時，第 230 條可以豁免社群媒體網站；沒有一處地方法院裁定第 230 條不適用。

　　儘管 Twitter 贏得這場官司，史密斯的意見書對社群媒體網站而言卻是潛在的挫敗。因為拒絕回應第 230 條是否適用，法院留下一種可能性，就是如果原告能在 Twitter 的行為與致死之間建立直接關係，那麼 Twitter 就可能被究責。Twitter 和槍擊間的關聯相對薄弱。但想像一下，如果某個案子中的恐怖份子是直接在 Twitter 上被招募的，或如果兩個恐怖份子使用 Twitter 的直接傳訊系統私下對話——對 Twitter 而言，要辯稱恐怖攻擊與 Twitter 之間沒有直接關係，會更為困難。如果 Twitter 在這一點上無法說服法院，那麼唯一的退路就是第 230 條。但第九巡迴法院拒絕說明第 230 條是否能讓 Twitter 豁免。

　　向平台施壓、要平台在防範恐怖份子內容上做得更好的，不只是訴訟。可以隨時修改或廢除第 230 條的立法者對社群媒體的無所作為愈來愈直言不諱。二〇一八年一月，就在第九巡迴法院裁定發布不利於菲爾茲的意見書之前幾週，參議院商務委員會舉行了一場題為「恐怖主義與社群媒體：#科技巨頭做得夠多嗎？（#IsBigTechDoingEnough）」的聽證會。參議員嚴詞質詢 Facebook、YouTube 和 Twitter 的高層，問他們為阻止 ISIS 和其他組織使用他們的平台，做了什麼努力。儘管第 230 條不是討論的主要話題，但國會議員指出，社群媒體公司幾乎沒有什麼規範要遵守。在聽證會上，委員會主席、南達科他州共和黨參議員約翰‧圖恩檢視恐怖主義是如何與社群媒體扯上關係的：據報導，造成四十九人死亡、五十三人受傷的奧蘭多夜總會槍擊案兇手，是受到他在社群媒體上看到的內容啟發；YouTube 上有蓋達組織招募人員安瓦爾‧奧拉基上傳的數百支影片。「以 YouTube、Facebook、Twitter 為代表的這類平台，有助於連結世界各地的人們，讓受極權主義政權壓迫的人民得以發聲，並為各種政治、社會、科學和文化議題的討論提供論壇。」圖恩表示，「這些服務在網路上蓬勃發展，是因為美國獨特的言論自由保障、寬鬆的監管政策，讓自由的環境得以實現。但是，如同經常看到的情形，我們生活方式的敵人試圖利用我們的自由，推動仇恨主張。」[23]

　　儘管從國家安全的角度而言，對 Twitter 和其他社群媒

體平台的批評自有道理，但對立的主張也有道理：社群媒體
通常都向大眾公開，使執法、情報機構能夠清楚了解用戶通
訊。一旦這些通訊移到電子郵件或私人溝通管道，政府必須
取得搜索票或經由其他法律程序才能得知內容。如果通訊有
加密，政府可能完全無法存取其中內容。

　　沒有一個大型平台希望被稱為 ISIS 和其他恐怖份子的
首選論壇，這是肯定的。但由於網路公司免為用戶內容負
責，因此平台可以自由制定自己的規則，決定何時要編輯
或封鎖訊息，不僅是恐怖份子的通訊，還有其他冒犯、傷害
社會大眾的用戶內容，例如仇恨言論和鼓吹暴力。因此，對
230 條款整體效力的分析，部分仰賴對平台自願採取哪些步
驟規範這類有害內容的評估。

第十二章
規範股份有限公司

第 230 條理所當然地贏得了「超級第一修正案」的美譽，提供了極其強健、世上絕無僅有的網路言論保護——但這只是這整個議題的一部分而已。第 230 條自相矛盾的地方，在於它也鼓勵線上服務商以他們認為合適的方式規範用戶內容；克里斯‧考克斯和朗‧懷登在第 230 條的簡短文字中說得很清楚。這條法律說明，它的目標之一是「讓人不會缺乏動機開發或使用阻擋、過濾的技術，使父母能夠限制孩子存取引人非議或不合宜的線上內容。」[1] 雖然大眾的目光焦點都在讓平台豁免的二十六個字，但這條法律還包含一項不太引人注目的條文，保護平台在採取「善意」行為阻擋「淫穢、猥褻、好色、骯髒、過度暴力、騷擾或其他引人非議」的素材時，不被究責。[2]

事實上，即使有第 230 條前所未見的豁免，線上平台仍然會訂定自己的用戶內容政策，並實施創新的程序、技術來執行這些政策。但這些公司也會失手。有些時候，未能規範的情況令人震驚，也讓批評者質疑一項法規是否既能提供業

者網路例外論的言論自由保護，又能鼓勵業者負責任地監管內容。

與圍繞第 230 條的其他爭議一樣，批評 Twitter 允許 ISIS 的內容，讓人不禁想問：第 230 條有沒有像考克斯和懷登原本打算的那樣，鼓勵負責任的規範措施？就像圍繞第 230 條的所有問題一樣，這個問題的答案很複雜。

愛倫‧巴澤爾、克里斯蒂安‧卡拉法諾、肯尼斯‧澤蘭和其他人的經歷令人不安，尤其是我們這些支持第 230 條的人，更覺苦惱。然而，塔瑪拉‧菲爾茲的訴訟是我為本書回顧的第 230 條案件中，最令人痛苦的案子之一。她的訴訟為的不是名譽受損或隱私侵犯——她的丈夫身亡，她認為 Twitter 要負責。

我們永遠無法確定 ISIS 使用 Twitter 是否與約旦槍擊事件有直接關聯。菲爾茲的律師沒有找到充分的證據，能證明槍殺她丈夫的兇手與 ISIS 的 Twitter 貼文直接相關。但 Twitter 至少可能在招募 ISIS 支持者和建立這個組織的財務資源方面發揮了作用。正如二〇一五年布魯金斯學會報告的結論說明，ISIS「濫用社群媒體、尤其是 Twitter 被用到惡名遠播，向全世界發送宣傳和訊息，吸引容易被極端立場影響的人。」[3] 即使是社群媒體公司最死忠的支持者也必須承認，恐怖份子和其他作惡多端的人會利用這些服務擴大宣傳、招募。否認這一點就是故意裝傻。然而，對於社群媒體和網路

是否會導致恐怖主義更激進，專家看法的分歧更大。對恐怖主義和網路使用的大規模文獻回顧發現，「網路本身並不是更為激進的原因，但它會助長、催化個人走上暴力政治行為之途。」[4]

第 230 條通常會擋下源自社群媒體服務商未能編輯或刪除用戶貼文而引發的訴訟。這種結果沒什麼好驚訝的。事實上，這是第 230 條相當基本的應用。但光是這一點並不能說明第 230 條是否讓恐怖份子也能使用社群媒體。要確定這一點，需要有證據證明因為社群媒體公司可能知道自己不會因為有害內容而被究責，所以避免這麼做。這麼確鑿的證據是很難取得的。我們能做的，頂多就是研究社群媒體供應商和其他線上平台目前如何規範內容、能不能做更多。即使只做到這樣也已經是艱鉅任務，因為線上平台並不一定公開揭露他們規範內容的所有方式。根據平台已經透露的資訊可以合理做出結論：這些公司通常可以採取更多措施來阻擋有害的用戶內容。但這只是整個議題的一部分而已。線上服務商受到來自媒體、消費者和立法機關的壓力愈來愈大，而他們回應壓力的方式，就是自願採取他們認為最能服務用戶的內容規範政策和程序。

例如，布魯金斯學會的報告發現，二〇一四年九月，ISIS 支持者以推文發出人質被斬首的圖片、影片後，Twitter「開始積極封鎖」ISIS 帳戶。[5] 二〇一六年二月，Twitter 宣布自二〇一五年年中以來，它已經封鎖超過十二萬五千個

「威脅或宣揚恐怖主義行動、主要與 ISIS 相關」的帳戶，並雇用了更多員工人工審查潛在的恐怖份子帳戶。Twitter 公司在一篇部落格文章中寫道：「作為一個開放的表達平台，我們一直在尋求平衡，既要執行我們自己的 Twitter 規則，包括禁止的行為，還要顧及執法單位的合法需求，也要確保用戶有能力自由分享觀點，包括有些人會不同意或覺得被冒犯的觀點。」[6] 對照 Twitter 共同創辦人畢茲・史東在二〇一四年接受 CNN 訪問時所宣揚的不干涉作法，這是一個明顯的轉變。

在這幾個月之間發生了什麼變化？也許是與 Twitter 有關的負面報導如潮水般湧現，之後又有廣受矚目的國會聽證會剖析恐怖份子使用網路的情形。儘管 Twitter 沒有法律義務阻擋或刪除 ISIS 的貼文，但它自願這麼做；繼續聲稱一無所知，可能會有損公司在顧客心目中的聲譽——以及收入來源。

Twitter 不是唯一一個自願訂定用戶內容標準的平台。Facebook、YouTube 和多數其他大型線上服務商都白紙黑字地訂出用戶內容政策，認為這些政策能在保護用戶言論和促進公共安全之間取得平衡。這些政策規範的遠不只是恐怖主義內容，還禁止並保留刪除多種有害線上內容的權利。

我在科技法期刊上發表了一篇自己的文章，文章中我發現，前二十五大最受歡迎的美國網站中，有十八個允許公開

用戶內容。所有這些網站都有訂定用戶內容政策，至少因應非法活動、仇恨言論、騷擾、霸凌、散播個人資訊、裸露或色情、暴力內容。[7]

　　政策可能已經存在，但網站實際上做了什麼來規範內容呢？這些政策只是紙上談兵，還是他們有積極地執行這些政策？例如，Google 的用戶內容政策說，在 Google 收到通知後，它可能「檢視內容並採取行動，包括限制存取內容、移除內容、拒絕列印內容、限制或終止用戶對 Google 產品的存取」。[8] 一般而言，平台在具體的規範、移除措施上為人詬病的一點，就是他們都守口如瓶。二○一七、二○一八年，當網站因允許非法用戶內容而面臨更多批評時，這種情況開始發生變化。二○一八年二月，在聖塔克拉拉大學舉行的會議上，許多最大平台的代表討論了他們的規範措施，可能是歷來這些公司在規範措施上提供過最深入的觀點。他們分享統計資料和實際案例，說明如何因應對有害或非法用戶內容的實際擔憂。

　　Google 的律師諾拉・帕克特解釋 Google 全球一萬名員工組成的規範團隊如何劃分任務，確保內容合乎當地法律與 Google 的內容政策。[9] 檢視 Google 合法移除內容請求的員工，都有新聞、硬科學和其他領域的背景，可以批判性地考慮 Google 的法律義務以及言論自由等其他利益。他們可以將特別困難的問題「向上呈報」給律師、產品專家和其他 Google 的專家。公司裡還有一支獨立的規範團隊，負責判

定用戶內容是否違反 Google 的內容政策。所有這些政策都公開在 Google 的網站上。[10]

這些公司也開發愈來愈多周詳的規範程序,以因應平台上特別讓人擔心的問題。例如,社群媒體網站 Pinterest 擔心它「以圖像為主」的平台可能導致飲食失調。因此它與國家飲食失調協會(簡稱 NEDA)合作,匯集與這個問題相關的關鍵字清單。「當人們使用這些關鍵字查詢、尋找內容時,我們會限制顯示的搜尋結果,並使用這些字眼作為 Pinterest 營運團隊的指南,決定是否要把任何與自我傷害相關的特定內容從平台的公開區移除或隱藏。」Pinterest 政策團隊的蔡玉嫻在會議的一篇文章中寫道,「NEDA 的主題專家慷慨地同意審查我們的清單,看看我們對有問題字眼的限制,是否與他們的專業知識一致,並且提供我們確保一致所需的回饋。得知我們的清單相當完整,而且也不是只有我們難以判別灰色地帶的查詢字眼,讓我們鬆了一口氣。」[11] Pinterest 因應如飲食失調等敏感、嚴重問題的方式,並不是因為特定法律的規定,而是對社會負責的平台、不受法律要求的約束,自由發揮創意開發解決方案的產物。

Patreon 提供平台給 podcast 主持人等創作者,可以直接賣內容給粉絲。它在投給會議的一篇論文中解釋,它設定了「更高的規範標準」。論文作者、公司法律部門負責人科林‧蘇利文描述,如果 Patreon 得知有用戶內容不合規,首先會寄電子郵件給貼文者「建立溝通管道,向創作者說明他

們先前可能不知道的守則，並讓他們在面對我們的守則時覺得自己有主動權。」[12] 蘇利文證實，在多數情況中，貼文者在收到電子郵件後，都會同意達成「互惠的結果」。如果做不到，用戶的帳戶會被暫時停權，頁面會無法公開存取，也不能進一步處理付款流程。然而，用戶仍然可以編輯他們的頁面，因應合規顧慮。「使頁面無法公開存取，就移除了內容對 Patreon 造成的風險，接著讓創作者控制規範和刪除流程。」蘇利文解釋道，「我們可以向創作者說明清楚他們需要採取什麼步驟才能解除停權，但允許創作者保有主動權。」[13] 在最「惡劣」的情況下，Patreon 會刪除整個網頁。「即使在這種情況中，我們還是會為創作者留退路，就是允許他們建立新頁面。」蘇利文解釋道，「我們會給創作者他們訂閱者的電子郵件清單，讓他們有機會重新開始。創作者因此有機會建立符合守則的新頁面，重整頁面與跟訂閱者的關係。」[14] Patreon 僅在「極端情況中」會對用戶永久停權，極端情況指「創作者過去的行為構成永久的風險，例如創作者因為嚴重罪行而被定罪。」[15]

　　與 Pinterest 努力對抗飲食失調一樣，Patreon 的多重步驟規範流程，是第 230 條允許的那種細緻規範系統。Patreon 意識到，它既必須確保服務中不含真正引人非議的內容，但也要提供創作者多種解決問題的機會。Patreon 體認到，盡可能留住用戶，愈多愈好，最有利於它自身的商業模式──因此才衍生出上述的方法。它的程序保留了開放的溝通、表

達，同時讓網站上不會有真正引人非議的，有時甚至是非法的內容。

聖塔克拉拉會議，以及三個月後在華盛頓特區舉行的第二次規範會議，拉開內容規範這個混沌世界的帷幕。學術研究也開始讓這個議題更加透明，如凱特‧克洛尼克揭開的內容──她採訪、檢視公開可取得的資訊，剖析規範的實際作為。克洛尼克描述 Facebook 規範程序中依賴用戶回報的部分，說明 Facebook 的用戶每天都會辨識出超過一百萬則引人非議的內容。截至二○一六年，他們會將內容標記為「仇恨言論」或「暴力或有害行為」等類別，讓 Facebook 能夠判定內容是否需要盡快檢查。然後，規範人員會檢查被標記的內容，並根據問題的難度，可能將內容往上呈報，最多可能會讓三「層」的規範人員檢查。第一層規範人員在客服中心，通常位於美國境外的菲律賓、愛爾蘭或印度等國家；最高層是 Facebook 總部的律師或政策制定者。[16]

克洛尼克發現，Facebook 的規範人員會接受大量關於公司內容規則的培訓。這些被稱為「濫用標準」的規則非常詳盡，並借鑑了美國言論自由法律的常規：

> 「圖形內容」列出的違規包括任何「獵殺動物」以及「顯露內臟、骨骼、肌肉、肌腱等的照片和數位圖像」，而「只要不露出內臟，碎裂的頭部、四肢等是 OK 的。」同樣地，「純粹描繪」某

些類別的內容，像納粹卐字標記這樣的「仇恨符號」，或描繪希特勒或賓拉登，都會自動被認定為違規，「除非圖說（或其他相關內容）表明用戶不是在宣傳、鼓勵或美化〔符號〕。」

　　有些較複雜的言論類別借鑑了美國法理以建構其規則架構。在「仇恨內容」類別下，有一張圖表提供「受保護類別」的例子，並建議規範人員標記「基於……受保護類別，此內容貶低個人」，因此違規。頁面上的第二張圖說明人員類別（普通人、公眾人物、執法人員、國家元首）的認定，以及他們在受保護群體中的成員資格，都會在決定是否允許內容放在平台上時納入考量。無論「人員類別」屬哪類，所有可信的威脅都要往上呈報。這些例子顯示美國法理如何影響這些規則的發展。參照「受保護類別」類似一九六四年《民權法案》中的受保護分類。公眾人物和普通人的區別，讓人想起第一修正案、誹謗和侵犯隱私法。對威脅可信度的強調，著重的是言論自由與刑法之間的平衡。[17]

　　依賴人類規範內容，成本高昂；這些人要領薪水，還需要有自己的電腦和工作空間。平台已將部分規範負擔轉移給依賴人工智慧的自動化系統。儘管人工智慧已經有所進步，但它還不能取代人類的規範。正如塔爾頓・格里斯佩在二○

一八年出版的《網路監護人》這本關於平台規範的著作中中肯地寫道,以人工智慧為基礎的規範「就是還稱不上好」:

> 自動偵測不是一項簡單的任務 —— 可以說這是一項
> 不可能的任務,因為算不算是冒犯,極大程度上取
> 決於如何詮釋、上下文是什麼。即使是最先進的偵
> 測演算法、即使它們確切知道自己要找什麼、即使
> 它們可以拿一張圖片與資料庫中已知的違規比較、
> 即使它們可以掃描特定的汙言穢語或與種族相關的
> 髒話,它們也難以識別出有冒犯性的內容或行為。
> 但是,當平台試圖辨別某些內容是色情還是仇恨言
> 論,又無法與某個範例語料庫比較時,偵測就會變
> 得極其複雜。[18]

即使自動化規範技術和人工智慧已經有所進步,純粹以技術方法加以規範也有其限制。許多平台正在整合技術發展和人工檢查,達到內容規範最佳化。例如,二○一七年,YouTube 因允許用戶上傳內容包含恐怖主義宣傳、仇恨言論、對兒童有害的影片,遭到各方痛批。面對這些批評,YouTube 的母公司 Google 宣布,隔年將擴編規範人員人數達超過一萬人。YouTube 執行長蘇珊・沃西基在一篇部落格文章中寫道:「人類檢查員對於移除內容和訓練機器學習系統仍然至關重要,因為要在內容的決斷上納入對情境的考

量，人類的判斷仍是關鍵。」[19]

本書第十一章提到，二〇一八年一月，在參議院關於社群媒體和恐怖主義的聽證會上，YouTube 的公共政策和政府關係總監茉妮柏·當恩斯告訴參議員，YouTube 使用機器學習自動識別極端主義影片，補強規範團隊人工檢查影片是否違反 YouTube 政策的做法。截至當恩斯作證時，機器學習已讓影片移除量增加了五倍。當恩斯估計，這些演算法使 YouTube 可以在符合「暴力極端主義」認定條件的內容上傳後八小時內，刪除其中將近百之七十。[20]「我們懇切致力與執法部門、政府、科技產業其他業者、非政府組織社群合作，保護我們的服務不被不良份子濫用。」她告訴參議員，「只有攜手合作、追根究柢地因應這些複雜問題，我們才能有所進展。」[21]

許多最大的平台也帶頭打擊兒童色情。由於兒童色情觸犯聯邦法律，因此不享有第 230 條的豁免。但只有在平台「確實知道」某位用戶明顯違反兒童色情法規時，聯邦法律才要求平台向國家失蹤和受虐兒童中心通報。[22] 法規說明，服務提供者沒有義務主動監測兒童色情。[23] 即便如此，Microsoft、America Online 和其他服務供應商都自願運用技術掃描雲端內容、電子郵件，查找已知的兒童色情影像。[24] 如果這些公司偵測到比對相符，這下子他們「確實知道」了，就有法律義務通報這些影像。因為沒有法律要求公司執行掃描，所以不干涉的作風可能可以降低公司的行政、法律

成本。但這些公司還是會掃描，因為這種做法符合他們的商業利益。在一樁仰賴 AOL 偵測到的證據為基礎的刑事起訴案件中，AOL 代表作證說，公司執行掃描，部分是為回應投訴，處理「引人非議的內容」，且 AOL「想要好好留住投訴的會員。真有人發布不當內容時，能有反制措施。」[25]

　　線上平台通常都是在未能規範而造成重大損害後，才對批評有所反應。例如，二〇一七年九月，Facebook 承認俄羅斯人使用「不真實的帳號」在 Facebook 上買了約三千個廣告，想要影響美國政局。「我們知道必須保持警戒，才能比試圖濫用我們平台的人更快一步。我們堅信保護公民言論的完整性有其必要，並要求平台上的廣告商遵守我們的政策和所有適用的法律。」時任 Facebook 安全長的艾歷克斯・史塔莫斯在部落格文章中寫道，「我們也非常關心大家在我們平台上建立的關係是否真實。」[26] 然而，該月稍晚，媒體報導稱廣告商可以根據「三 K 黨」和「仇恨猶太人者」等主題來鎖定目標群體。[27] Facebook 回應了這則報導，宣布它「正在刪除這些自行提報、用來鎖定目標群眾的欄位，直到我們訂定正確的流程以協助避免這種問題。」[28] 面對排山倒海的負面報導，Facebook 宣布將增加一千名廣告規範人員，並部署更多機器學習技術，以「更了解何時標記廣告、將廣告下架。」[29]

　　在網路史上，線上平台開始採取具體步驟減少用戶內容危害、提高流程透明度是在二〇一七至二〇一八年，遠超過

先前任何時期。他們這樣做並不一定是因為害怕會告倒公司的訴訟，而是對輿論批評和消費者需求的回應。當普通顧客造訪 YouTube 時，他們希望看到可愛的貓咪影片或音樂會錄影，而不是恐怖主義宣傳。如果 YouTube 或任何其他平台以恨意滿滿或野蠻的用戶內容而聞名，競爭對手可能會就此崛起，接收它的顧客。因此，YouTube 調整自己的政策和程序，並在人力和機器檢查上砸下重金。媒體和國會大堂批評韃伐的戰鼓只增不減，當然也促使平台有史以來首度開始重視責任。

　　二〇一八年五月，聖塔克拉拉會議的主辦者接續在華盛頓特區辦理內容規範會議，業者出席十分踴躍，各平台繼續解釋他們如何大規模地規範用戶內容。這些公司強調讓用戶參與制定規範政策的必要。軟體開發平台 Github 的法律與政策副總裁塔爾・尼夫表示，他們用戶用在程式碼共享的開源協作，也在他們的政策中延續：「我們必須依賴社群的治理決策，而不是用我們的決策取代社群的決策。」影片分享網站 Vimeo 的法律事務、信任與安全總監西恩・麥吉爾夫雷表示，「在某種程度上，我們的平台是什麼，要由他們來告訴我們。」

　　讓用戶更有力量，是克里斯・考克斯、朗・懷登二十多年前起草第 230 條時闡明的目標之一。一九九五年，考克斯在國會議事廳討論未來會成為第 230 條的法案時說道：「我們希望鼓勵像 Prodigy、CompuServe、America Online、新的

Microsoft 網路這樣的人盡一切可能，為我們這些顧客，在我們電腦的入口如同在我們家門前，幫助我們控制什麼可以進來、我們的孩子可以看到什麼。」[30]

俄羅斯介入、種族主義廣告、ISIS 的宣傳、厭女的粗鄙言論，都在在表明這個系統遠非完美──它不會過濾每一絲每一毫可能有害的內容，而且加強規範不一定符合安全利益。當 ISIS 和其他恐怖組織在社群媒體或其他公共論壇上通訊時，就讓人有機會一窺它們的運作，不僅潛在追隨者可以看到，執法部門也可以看到。無論是出於自願還是應法律要求，如果平台過度過濾這種內容，它們可能會擾亂執法或情報監視行動。

第 230 條也授權公司──而非政府──擔任審查者。第 230 條不讓立法機關和法院要求特定的規範或過濾形式，給了線上服務供應商極大的權利：他們可以選擇阻擋，或允許他們認為適合顧客的任何言論。克洛尼克的文章結論認為，平台是言論的「新統治者」：「這些新統治者在言論自由上扮演極其重要的新角色。這些平台是自我監管和開放網路的產物，但它們能多民主，取決於它們所體現的民主文化和民主參與能多民主。」[31]

網路言論是由這些新統治者決定好，還是由法院和立法者決定好？兩個選擇都不完美，因為權利不在發言者手中，而是集中在其他人手中。例如，艾歷克斯‧瓊斯的 Infowars 網站，長期以來都因散播陰謀論而受到批評，例如聲稱二○

一二年桑迪胡克小學的槍擊事件是一場騙局。二〇一八年八月，Facebook、YouTube 和 Apple 因瓊斯違反這些平台的仇恨言論或騷擾政策，而封鎖了他的大部分內容，有效地使瓊斯在他們的平台上消音。[32] 主張仇恨言論、陰謀有害民主的人讚揚平台此舉，但瓊斯和幫他說話的人認為，這些舉措相當於保守派觀點的企業審查制度。

然而，綜觀而言，平台，而非政府，更適合成為線上言論的守門者。公司通常都會回應顧客；如果平台沒有滿足顧客，可能會難以為繼。Facebook、Twitter 可能是二〇一八年的社群媒體網站中數一數二受歡迎的，但它們不是最早的社群媒體網站。Friendster、MySpace 等一度占據主導地位，但未能維持市占率；若有平台沒有回應顧客對用戶內容標準的普遍要求，也會落到一樣的下場。法院不向企業那麼直接對大眾負責。聯邦法官是終身制的。如果他們就用戶內容對平台施加很重的責任，幾乎不會遇到平台用戶的反彈。立法者同樣不適合評斷編輯標準，因為他們可能會偏好更有機會幫助他們贏得選戰的規則。

一間公司審查內容的決定只會影響這間公司自己的平台。假設 Twitter 自動封鎖了任何提及「ISIS」或「恐怖主義」的推文，以阻止 ISIS 使用 Twitter 招募人員，則阻擋的可能不僅是 ISIS 的宣傳，還有多數人認為合法、有價值的言論，例如新聞報導。但 Twitter 的決定不適用於 Facebook 等其他社群媒體平台，其他平台可以自由地繼續提供新聞報

導和其他合法內容。相較之下，限制用戶內容的法院裁決或法規會一體適用，顧客無法選擇最能反映自己期望的平台。平台推動的規範目標更明確，不會像政府規範那樣對社會全體造成寒蟬效應。

國會通過第 230 條後二十多年，公司已經按照考克斯、懷登原本的計畫，訂定自己的規範政策和程序。然而，這些程序遠算不上完美。

平台不一定總是能在有害內容發布到公共空間前逮到內容，而這不僅會導致聲譽受損，還會導致 ISIS 等恐怖組織的崛起。克洛尼克的描述十分貼切，平台確實已成為網路言論的新統治者。儘管如此，公司的規範政策仍需要比過去更仔細的檢視。隨著俄羅斯人持續開立假 Twitter 帳戶並散播政治宣傳，Twitter 可以採取更多措施來驗證貼文者的身分並減少濫用。當然，這種規範不應過度審查合法言論，但 Twitter 負有採取這些措施的社會責任。

第 230 條並非網路平台與生俱來的權利。它沒有包含在憲法權利中，而是國會在一九九六年做的政策選擇，為了平衡線上創新、言論自由和負責任的內容規範等需求。第 230 條反映了國會與科技業之間不曾言明的契約：如果線上平台發展出負責、合理的規範程序，國會將授予它們非凡的法律豁免權。儘管平台已採取重大措施來履行社會契約下的義務，但它們能夠，且應該做更多。科技公司常常忘記國會通過第 230 條的主要原因之一，是消除史崔頓證券公司／

Cubby 案的二分法，這種二分法鼓勵公司對用戶內容採取完全不加干涉的作法。Twitter 早期回應對它作法的批評，正是會威脅第 230 條未來的那種回應。

　　由政府而非私人企業制定網際網路規則的好處之一，是政府的規則必須公開。相較之下，私人公司則不需要面對這些透明度的要求。本章非常依賴二〇一八年在聖塔克拉拉、華盛頓特區舉行的內容規範會議的文章、演講，因為平台在這些場合極為難得地開誠布公，說明他們實際上如何規範內容。為了讓第 230 條能夠在未來的挑戰中存活下來，平台不僅必須改善他們的規範作為，還必須公開解釋他們是怎麼做的。

　　參議員朗・懷登是網路平台在華盛頓最重要的盟友之一。除了共同起草第 230 條之外，他也最熱心地支持網路中立，最激烈地反對政府監控。因此二〇一八年，當他在聖塔克拉拉內容規範會議透過預錄影片致開幕詞時，有人預期演講應該會十分溫馨動人——但根本不是這樣。

　　懷登表示，他仍然相信科技公司，而非政府，最適合為網際網路訂定規則。但他警告說，除非網路平台在規範上做得更好，否則很難維持大眾對網路平台的信心。「我已經制定法律，讓你們不用擔心舊規則。」懷登對坐在觀眾席上，美國多數大型平台的法律、政策高階主管這樣說，「我這麼做的想法是，這樣科技領導者才可能做得更好。我擔心各位的老闆現在證明我錯了，而時間已經不多了。」

就連民主與科技中心的前負責人、訂定第 230 條主要骨幹的推手之一傑瑞·伯曼,現在也對平台缺乏負責任的規範表示擔憂。「我是第 230 條的忠實粉絲。」伯曼在二〇一八年表示,「但我確實相信,業界有責任再次承諾會做好撒瑪利亞人。」[33]

第 230 條是國會的產物,也是大眾的產物。如果科技公司無法讓人看到第 230 條如何繼續使大眾受益(我相信它確實如此),那麼第 230 條終將消失。二〇一七年秋天,當第 230 條的存續面臨有史以來最大的威脅時,我極其清晰地認清了這一點。

第十三章
例外的例外

　　二〇一七年十月初，在瑞本眾議院辦公大樓一間令人生畏的聽證室中，我正坐在證人席上，右手邊是克里斯・考克斯。在這場眾議院司法委員會舉行的第 230 條子委員會聽證會上，我們盯著面前位高權重的幾位議員。在考克斯討論第 230 條的起源和意圖後，我描述我在為本書做研究時的發現，談到前所未有的言論自由保護、龐大的用戶內容產業，以及許多法院愈來愈不願意授予第 230 條豁免的情形。然後我做了一件在開始為本書做研究前從未想過自己會做的事 —— 我告訴國會，修改第 230 條是 OK 的，只要以狹義、具針對性的方式進行，好解決一個特定問題：網路性交易。「修改第 230 條不會導致網際網路消失。」我告訴國會議員。

　　如果各位已經讀完本書的前十二章，我的證詞可能會讓各位感到驚訝。我仍然堅信，如果沒有第 230 條，我們自一九九六年以來所看到的產業、社會大幅變遷和言論自由，就不可能實現。那麼，我為什麼告訴國會第 230 條可以修改呢？正如第 230 條引發的許多問題一樣，要理解我的答案，

各位必須看看一樁法庭案件的駭人案情。

Backpage.com 乍看之下是一個線上分類網站，很像 Craigslist。用戶可以張貼服裝、活動票券、傢俱和其他產品、服務的廣告。直到二〇一七年初，Backpage 都還有「成人娛樂」區和子類別「伴遊」，人們經常在這裡提供性服務。參議院常設調查子委員會關於 Backpage 的一份報告發現，這個平台占了美國商業性愛廣告八成的收入來源。[1]

然而，商業性愛廣告這種說法太純潔了。有些 Backpage 上的廣告與性販運、強迫賣淫有關。根據參議院報告，國家失蹤和受虐兒童中心表示，他們接獲涉嫌兒童性販運的通報中，七成以上與 Backpage 有關。[2]

官員長期以來不斷投訴 Backpage 與強迫兒童賣淫有關。在給這家公司的一封信中，四十五位州檢察總長寫道，他們在三年內追蹤了五十多起案件，檢察官在這些案件中起訴販運或試圖販運兒童的人，都在 Backpage 上運作。他們寫道，檢方起訴一名麻薩諸塞州的男子，據稱他強迫一名十幾歲的少女與他在 Backpage 招攬的男性發生性關係。這名男子每小時收費一百至一百五十美元，執法部門發現他有一萬九千美元的現金。[3]「這些案件往往涉及逃家者被成年人誘拐、性剝削，誘拐者從中圖利。」檢察總長團寫道，「有時候，廣告中出現的是未成年人的照片。有時候，照片是成人，但在『銷售地點』會替換成未成年人，這是嚴重違法的交易。」[4]

　　Backpage 向州政府官員保證，它有「嚴格的內容政策防止非法活動」，並移除了「不當」內容。但檢察總長團認為 Backpage 做得還不夠：「我們認為 Backpage.com 對內容檢查設下最低標準來緩和社會大眾的譴責，同時確保賣淫廣告提供的收入來源分毫無損。」[5] 他們知道有一個很「實際的問題」，就是 Backpage 可能無法判定性愛廣告是否主打未成年人。[6] 他們寫道，唯一能確定性愛廣告不推銷兒童的方法，就是停止刊載性愛廣告；Craigslist 在二〇一〇年九月做的就是這件事。參議院調查人員在報告中寫道，Backpage 將 Craigslist 關閉成人板面視為「機會」。Backpage 一度短暫增加會導致廣告被刪除的字眼，但很快又取消了這項政策。Backpage 不會因為某支廣告似乎宣傳兒童賣淫而封鎖整個廣告，而是刪除引人非議的內容並刊載廣告的其餘部分。[7]

　　調查人員有取得一封電子郵件，郵件中是 Backpage 的執行長卡爾‧費雷爾在解釋公司的決定：「我們正在移除廣告，讓很多用戶很不爽，準備轉移陣地。我想回歸以前的作法，讓規範人員移除貼文中糟糕的內容，然後把貼文上鎖，不允許編輯。」[8] Backpage 的新技術名為「刪除廣告中的字眼」，會在 Backpage.com 發布廣告之前，自動過濾掉一系列禁用的詞語，而不是封鎖整支廣告。參議院調查人員報告稱，會從廣告中過濾掉的字眼和說法包括「蘿莉塔」、「青少年」、「強姦」、「年輕」、「安珀警報」、「小女孩」、

「青少年」、「新鮮」、「無辜」和「女學生」。[9] 如果廣告包含上述任何字眼，Backpage 的軟體會自動刪除它們，還有規範人員會在發布前檢查廣告其他部分。但參議院報告的結論是，規範人員只會拒絕那些「（極端）過份、直接講明性愛交易的廣告。」[10] Backpage 的規範人員通常會著重進一步刪除可能引起執法單位注意的字詞，而不會刪除或封鎖廣告。二○一○年十月，Backpage 內容規範部門的負責人安德魯・帕迪拉寄電子郵件給一名員工，指示對方不要再讓廣告「失效」，而是要「編輯」廣告。[11] 帕迪拉在電子郵件中解釋說：「只要你的團隊是編輯而不是刪除整則廣告，我們應該就不會讓太多用戶生氣。」根據參議院的報告，這封主旨為「你的團隊可以編輯」的電子郵件這麼說，「你的團隊獲准編輯、移除違規文字和圖像，然後批准廣告。」規範人員經常移除的字眼包括：喝茶吃魚物超所值、做全套、嫩。[12]

　　安德魯的兄弟、前 Backpage 規範人員亞當・帕迪拉在二○一六年的證詞中作證說，據了解，即使在刪除引人非議的用語後，打廣告的人仍然試圖非法賣淫：「幾乎人人都知道，該賣的還是會賣。所以無論如何，還是有人會……做他們想做的事。」他認同他的工作是「淨化」賣淫廣告。[13] 儘管內容規範政策旨在打擊非法廣告，但參議院調查人員結論認為，Backpage「指引用戶如何輕鬆規避這些措施並張貼『乾淨的』廣告。」例如，若用戶發布包含「青少年」一詞

的賣淫廣告，會收到錯誤提示：「抱歉，禁止使用『青少年』一詞。」然後，用戶可以重新發布沒有「青少年」一詞的廣告。[14]

調查人員的結論是，在開發這些規範工具、政策時，Backpage「深切體認到它的網站助長了賣淫和兒童性販運。」[15] 公司管理高層曾訓斥承認這種理解的員工。例如，某位 Backpage 規範人員在一個多次違反 Backpage 條款的用戶帳戶上加註提醒後，安德魯・帕迪拉寫信給這名員工說：「在網站上加註、暗示我們知道賣淫這回事，或者以任何立場來定義賣淫，就足以讓你被炒魷魚。」帕迪拉寫道，這個問題不能「公開討論」，如果這位員工不同意，「你就得另謀出路。」[16] 儘管 Backpage 聲稱有與執法部門和國家失蹤和受虐兒童中心合作、識別兒童性販運，但參議院報告的結論是，Backpage 錯在沒有通報明顯非法的廣告。「有年輕人的廣告，除非明顯是小孩，否則不要刪除。」一位 Backpage 主管在給規範人員的電子郵件中寫道。[17]

二〇一七年一月，在參議院預定針對這份報告舉行聽證會的前一天，Backpage 宣布要關閉他們的成人娛樂廣告區。然而，媒體報導顯示，這沒有讓網站上的性販運就此停止。例如，幾個月後，福斯新聞報導，Backpage.com 的曼哈頓網站「約會」區，有諸如「雙妹特價」等字眼的廣告。[18] 在參議院砲火猛烈的報告發表約六個月後，《華盛頓郵報》報導稱 Backpage 雇了一家菲律賓公司在競爭網站上創建假

廣告,廣告標題為「小天使找爸爸」,然後把回應者引導至 Backpage 的實際廣告。[19] 媒體報導加上參議院詳盡報告描繪出來的這個網站,可不是被動地傳輸網站上承載的駭人廣告。就算以最寬宏大量的角度來看這些報導,也可以明顯看出,Backpage 知道它的用戶有發布性販運廣告,但它未能採取一切可能的措施來阻止用戶。疑心病更重的觀察者可能會說,Backpage 不僅明知故犯,刊登非法廣告,還透過刪除可疑字眼但允許廣告投放,幫助貼文者犯法。皮條客在 Backpage 上出售兒童從事性交易。

皮條客在 Backpage 上出售兒童從事性交易。

把這句話多讀幾遍。讓它沉澱一會兒。這與本書前面討論的任何案件都截然不同。即使是像 TheDirty 這種起碼只是默默鼓勵用戶發布有害貼文的網站,也沒有對任何人造成身體上的傷害,更不用說兒童了。雖然 ISIS 使用 Twitter 幫助恐怖份子網路建立支持,但 Twitter 與恐怖攻擊之間的關聯,比 Backpage 與性販運之間的關聯要弱得多。本書中的每個案件都有各種令人不安的情況,而且嚴重惡行的受害者往往無法尋求正義。但與 Backpage 受害者的遭遇相比,這些案件根本不算什麼。

聯邦的《人口販運受害者保護再授權法案》(簡稱 TVPRA)允許性販運受害者控告販運者,或任何「知道參與計畫能獲益,不論是財務利益或收到高價物品,且已經知道或應該知道該計畫」違反 TVPRA 刑事性販運條款的人。[20]

二〇一五年，國會修訂了 TVPRA，將「刊登性販運廣告」納入聯邦刑事法規涵蓋的行為清單中（聯邦刑法一直都是第 230 條豁免的例外）。許多州的販運法都提供類似的補救措施給受害者。根據有關 Backpage 的公開資訊，這個網站看起來很容易成為這類訴訟的目標。然而，當性販運受害者向聯邦法院提起民事訴訟時，Backpage 常常能設法逃過究責。原因是什麼呢？第 230 條。雖然第 230 條明文允許聯邦檢察官以聯邦刑事罪名起訴線上平台，但這項明確的例外不適用於基於違反聯邦刑法的民事訴訟。Backpage 在這些訴訟中的成功，使問世二十年以來一度默默無聞的第 230 條更受到全國矚目──和批評。

最引人注意的第 230 條案件，是二〇一四年由三位匿名原告在波士頓聯邦法院提起的訴訟。原告聲稱，當她們還是少女時，皮條客在 Backpage 上出售她們。代表她們和其中幾位父母的瑞格律師事務所，是波士頓最大的律師事務所之一。

原告現在都已年滿十八歲；她們在訴訟中聲稱，第一次在 Backpage 上被販賣時，她們才十五歲。為了讓她們保持匿名，我會用她們提起訴訟時使用的化名，按照法庭訴狀中的描述，簡要敘述她們的遭遇。三位原告分別是珍一號、珍二號、珍三號。珍一號和許多性販運受害者一樣，都是逃家少女。根據法庭訴狀，她的皮條客表示，與其他網站相比，用 Backpage 可以「避免被逮」，而且這個網站「最受顧客

歡迎」.「皮條客要求珍一號每天『重發』或『更新』她的
廣告幾次。」珍一號的律師在控告 Backpage 的訴狀中寫道,
「這就形同再次發布廣告,讓新顧客造訪『伴遊』區時,
廣告會置頂在頁面上方。珍一號每天發布大約三個廣告,盡
可能地提高對顧客的曝光度,也盡可能地提高皮條客的利
潤。」有一度,皮條客在 Backpage 上出售她從事性交易的
頻率是平均每天十到十二次。她估計,她在一年半內被男人
強姦了一千多次。[21]

　　珍二號在二〇一〇年離開精神治療中心後,遇到了她的
皮條客。在 Backpage 上,她每天被賣給五到十五個男人,
二〇一〇年六月至二〇一二年九月期間,總共被賣了九百多
次。根據訴狀,皮條客「通常會讓他的女孩們在一個地方待
一到七天,實際天數要看他覺得那個特定地點有多安全,然
後再搬到新地點.在新地點,珍二號會再次被那些看到並回
應她在 Backpage.com 上廣告的人強姦。」她的皮條客告訴
她,他用 Backpage 是因為它「快」,她認為這指的是這個
網站「輕鬆且迅速地為買春、賣春的雙方牽線」,她的律師
在訴狀中這麼寫。[22]

　　珍三號是在朋友家認識她的皮條客的。他們帶她到波士
頓的一棟公寓,並在 Backpage 上替她打廣告(用預付的簽
帳金融卡向網站付款,這樣他們就可以隱藏自己的身分)。
廣告標題包含「俏皮」、「甜美」等字眼。根據訴狀,這些
廣告中的照片「省略或遮蓋了她的臉,但展示她的肩膀、

腿、臀部和／或胸部」. 她後來在一家旅館被強姦。她的父母得知女兒被放在 Backpage 上打廣告，也在網路上發現了她的廣告。根據訴狀，他們要求 Backpage 將廣告從網路上拿下來. 當珍三號回到家後，他們送她就醫並掛號到門診接受治療。然而，珍三號的廣告在她被強姦一週後仍然留在 Backpage 上。[23]

三名受害者及她們的父母控告 Backpage 及其母公司違反聯邦性販運法、麻薩諸塞州性販運法、麻薩諸塞州消費者保護法、未經授權使用原告圖像以及侵犯版權。[24] 訴狀把重點放在 Backpage 的規範政策和實際作為。她們的律師在訴狀中寫道，這些規範政策和實際作為的作用是「增加 Backpage.com 的盈收和市占率，增加非法與兒童性交的市場需求，增加被放在 Backpage.com 上打廣告出售的性販運受害兒童，增加每個特定受害者被強姦或以其他方式被性剝削的次數，並阻礙執法單位查找、尋獲受害者的能力。」[25] 例如，訴狀聲稱，Backpage 的軟體會在用戶發布照片之前，從照片中刪除後設資料；後設資料包括照片拍攝的時間和地點。原告聲稱，Backpage 刪除這些資料，「因此執法單位就無法追蹤照片」。[26] 也許是預期 Backpage 會主張第 230 條豁免，原告在訴狀中寫道，第 230 條不適用，因為這次訴訟源於 Backpage「自己一系列極其惡劣的行徑」。[27]

Backpage 聘請了兩家律師事務所：波士頓的普林斯・洛貝爾・泰律師事務所，和全國性的戴維斯・萊特・特里梅

因律師事務所，擅長媒體辯護。Backpage 公司提出動議駁回案件。由於案件尚在初期，Backpage 要尋求駁回就必須說服法院，即使訴狀中所有事實都是真的，原告仍然缺乏有效的法律主張。果不其然，Backpage 的論點主要依賴第 230 條。Backpage 寫道，這起訴訟未能「將本案與其他數百樁個人聲稱發布在網站上的第三方內容導致他們受到傷害的案子做出區別。」[28] Backpage 辯稱，第 230 條保護網站豁免於第三方內容引起的主張，由來已久。「國會做了政策決定，使網站免於這種傷害引起的訴訟。原告可能不喜歡這項政策，但她們不能推翻第 230 條，她們的主張必須駁回。」[29] 要回應 Backpage 的動議，原告本可以提出兩個主要論點。首先，她們可以爭論說，這起訴訟沒有要 Backpage 負起非法廣告發行人或發言人的責任；相反地，她們是因為 Backpage 積極參與性販運而對其提告。這套理論在塞西莉亞‧巴恩斯控告 Yahoo!、珍控告 ModelMayhem 業主的訴訟中奏效，儘管她們的案子與對 Backpage 的主張並不相似。其次，她們可以主張第 230 條不適用，因為 Backpage 部分開發了非法廣告，因此這些廣告不是來自「其他資訊內容提供者」。這是成功控告 Room-mates.com 和 Accusearch 的論點。

原告採用上述第一項論點。在回應書狀的註腳中，律師團寫道，要判定 Backpage 是不是「資訊內容提供者」是個「以事實為基礎的問題」，所以首先必須蒐證。[30] 當時，

與 Backpage 相關的參議院報告和《華盛頓郵報》報導尚未出刊，因此原告無法利用這些事實來支持 Backpage 幫助製作廣告的主張。其他 Backpage 的反對者似乎不贊同這項策略。以舊金山為首，由六處地方政府組成的聯盟，呈交一份支持原告的「法院之友」書狀，辯稱 Backpage 是資訊內容提供者，正如第九巡迴法院在不利於 Roommates 的裁決中所做的判斷。地方政府寫道：「Backpage 是資訊內容提供者，因為它開發了非法伴遊廣告的內容，而且它採取的商業行為本身已透露出『伴遊』服務本來就非法的訊息。」[31]

　　然而，對法院而言，最重要的是兩造提出的論點。原告選擇不辯稱 Backpage 製作了這些廣告。因此，為了避免案件被駁回，原告必須說服法官，她們沒有試圖讓 Backpage 負起發行人或發言人的責任。這是一項艱鉅的任務，因為訴訟起因就是 Backpage 在網站上發布的性交廣告。二〇一一年，密蘇里州一名聯邦法官駁回對 Backpage 提告的類似訴訟，因為法官發現，他不能因為受害者「可怕的」磨難而對 Backpage 究責，因為「這畢竟是國會已經表達過意見的問題，是國會的事，而不是本庭要重新思考的事。」[32]

　　如果這起訴訟並不打算要 Backpage 負起作為發行人的責任，那麼目的是什麼？原告稱，訴訟針對的是 Backpage 的商業行為，而不是廣告的具體內容。原告律師在反對書狀中寫道，即使 Backpage 從未發布過這些廣告，它也仍然違反了反販運法。他們知道「內容」是讓 Backpage 的行為和

少女遭到的傷害「連結起來的一環」，但提醒說，這不見得就代表這起訴訟將 Backpage 視為發行人或發言人：「若不追究責任，那就是允許以下情形：只要有第三方內容，當發生與該言論無關，獨立於該言論的違法行時，線上服務供應商就可以因為第三方內容的存在而免被究責。」[33] 有第 230 條簡潔明瞭的嚴酷司法判例在前，這個悲慘、重大的案子會有什麼結果，取決於一個技術性法律問題：這起訴訟是否尋求讓 Backpage 負起第三方內容發行人或發言人的責任？二〇一五年四月十五日，自一九九三年起一直在波士頓聯邦法院服務的法官理查・G・史登斯舉行聽證會，幫助自己回答這個問題。「她們爭論說自己的主張完全獨立於與她們有關的廣告之外，且即使這些廣告從未發布，這些主張也仍然成立。」Backpage 的代表律師詹姆斯・C・格蘭特告訴史登斯法官，「所以從根本而言，這是對 Backpage.com 本身、對整個網站全面、一網打盡的指控。」但他說，要採用這種論點，原告也必須「將她們的主張與任何廣告內容分離」，但她們會因此無法證明 Backpage 有對她們造成任何傷害。「你不能只是說『這裡有個網站，因此我受到了傷害，因此我要提起告訴。』」

史登斯問歐洲是否有相當於第 230 條的規定，格蘭特回答沒有。他指出，二〇一〇年，國會通過《SPEECH 法案》，規定如果外國法院的誹謗判決不符合第 230 條，則禁止美國法院執行外國的判決結果。「國會已經重申，我們的標準是

不能以在網路上發布的第三方內容為由對某人究責。」格蘭特說，「歐洲的情況並不一定是這樣。」史登斯法官幾乎沒有向格蘭特或其他代表 Backpage 的律師提出其他問題。

瑞格律師事務所的律師約翰‧蒙哥馬利代表眾位化名為珍的原告，面對更嚴厲的質問。蒙哥馬利說，格蘭特的論點錯誤解讀第 230 條。「我們認為，這反映出來的策略，是利用第 230 條作為積極保護非法行為的利劍，而不是國會原本設想的盾牌。」蒙哥馬利表示。

「我了解你對第 230 條的看法不同。」史登斯說，「但在審理過這種案件的眾多法院中，很難找到哪處法院會贊同這種解讀。」

蒙哥馬利表示，第 230 條案件通常都是涉及誹謗或類似情況的案件。他說，他客戶的訴訟更像塞西莉亞‧巴恩斯的主張，案件涉及的行為與言論的發布無關。對於本次訴訟沒有將 Backpage 視為發言人或發行人這點，史登斯法官似乎未被說服。他轉而討論原告選擇不提出的論點，詢問 Backpage 是不是資訊內容提供者。

「我在這件事上要很謹慎。」蒙哥馬利回答，「我們認為 Backpage 是內容提供者，但這樁案件的這個面向，不是我們反對駁回動議的原因。我們認為他們作為內容提供者的面向應該要發展成完整的紀錄。」但史登斯可以拒絕以第 230 條作為辯護理由，蒙哥馬利說，因為訴訟沒有要讓 Backpage 負起身為發行人或發言人的責任。他說，Backpage

接受比特幣等「無法追蹤的支付方式」，並刪除圖像中的後設資料，使警方無法追蹤照片的位置。他指控 Backpage 試圖「阻礙執法部門的便利」。蒙哥馬利補充道，Backpage 的整體商務策略，使這家公司「從網路色情產業的龍套變成了一哥。」[34]

　　儘管蒙哥馬利盡了最大努力，但他無法說服斯史登斯允許案件往前推進。聽證會一個月後，史登斯發布意見書，在其中結論認為，第 230 條禁止性販運和不公平商業行為的主張，因此他駁回訴訟（並以其他理由駁回智慧財產主張）。史登斯強調他對三名原告的同情，也知道性販運者、毒販和其他犯罪份子大肆利用網路。和之前許多法官一樣，史登斯強烈暗示他不贊同國會通過第 230 條的決定；也和這些法官一樣，他別無選擇，只能遵循條款苛刻的規則：「無論我們是否贊同條款的既定政策（這項政策不僅出於經濟考量，還出於技術和憲法考量），國會已經做出定論，就網際網路而言，打擊販運和言論自由之間的平衡，應該求取有利於後者的選擇。拋開我們可能對 Backpage 商業行為做出的道德判斷不談，本庭別無選擇，只能遵守國會認為適合頒布的法律。」史登斯也駁回了地方政府認為 Backpage 開發了第三方內容的論點，以及原告認為其部分民事主張因為納入聯邦刑法標準所以為第 230 條之例外的論點。[35]

　　原告提起上訴。因為史登斯在波士頓審理案件，所以上訴案進到美國第一巡迴上訴法院；這處法院審理來自緬因

州、麻薩諸塞州、新罕布夏州、波多黎各、羅德島州聯邦法院的上訴。第一巡迴法院只有六名全職活躍法官和三名資深法官，是全國最小的上訴法院之一。第一巡迴法院僅發表過一份解讀第230條的公開意見書，而這樁二○○七年的案件涉及針對某線上留言板的誹謗主張，案情直接明瞭。與範圍大得多、轄區內有某些最大科技公司的第九巡迴法院不同，第一巡迴法院尚未解釋第230條的許多關鍵條文。第一巡迴法院僅受自己的裁決和最高法院裁決的約束，因此它可以自由決定要採用或拒絕第九巡迴法院對第230條的任何解釋。

　　受到指派負責這個案子的三位法官是先前當過記者的哈佛法學教授大衛‧巴倫，由歐巴馬總統任命；第一巡迴法院資深法官布魯斯‧塞利亞，由雷根總統任命；退休的美國最高法院大法官大衛‧蘇特，他在麻薩諸塞州、新罕布夏州長大，經常為第一巡迴法院審理案件（聯邦法律允許退休的最高法院大法官自願在巡迴法院審理上訴）。二○一六年一月，法官在波士頓聽取口頭辯論；不到兩個月後，他們投票一致維持史登斯法官駁回的原判。賦予第230條豁免給毫無同情心的網站，讓第一巡迴法院的法官與史登斯和其他許多做出相同裁決的法官一樣，似乎對裁決結果感到不安。塞利亞在為三位法官撰寫意見書時，第一句話就宣稱，這起訴訟是一個「困難的案子。困難不在於其中的法律議題無從解決，而是在於法律要求我們像下級法院一樣，否決對原告的救濟——而原告的遭遇令人於心不忍。」[36]

　　然而，與史登斯和在他之前的許多法官一樣，塞利亞知道他受到第 230 條以及廣義解釋條款的法院裁決拘束。他指出，原告及她們的支持者提出了「有說服力」的緣由，稱 Backpage 架構網站的方式讓性販運得以運作。「但國會在頒布 CDA 時沒有吹無定的號聲（編按：「無定的號聲」出自《哥林多前書》，指不明確的指示），它選擇向網路發行人提供廣泛的保護。」塞利亞繼續寫道，「指出某個網站透過華而不實的商業模式運作，不足以剝奪這些保護。如果上訴人辨識出的罪惡被認為重於驅動 CDA 的第一修正案價值，那麼應透過立法，而不是透過訴訟取得救濟。」[37]

　　在某個註腳中，塞利亞觀察到，原告並未主張 Backpage 開發了非法廣告。一些支持原告的法院之友書狀提出了這個論點，但塞利亞斷定，「不論是出於什麼原因，如果訴訟當事人選擇忽視案子中的某些議題，則法院之友不能插手這些議題，這是極其明確、毫無反駁餘地的。」[38] 因此，第一巡迴法院面臨的首要問題是，這起訴訟是否尋求讓 Backpage 負起發行人或發言人的責任。塞利亞結論認為確實如此，因此第 230 條保護 Backpage 免被究責。「在本案中，第三方內容就像班軻的鬼魂（編按：出自《馬克白》，是劇中馬克白陷入瘋狂、導致敗亡的重要角色），似乎是所有上訴人 TVPRA 主張的基本要素。」他寫道，「因為上訴人根據 TVPRA 提出的主張，必然會將 Backpage 視為第三方提供內容的發行人或發言人，因此地方法院駁回這些主張並沒有

錯。」[39]

　　原告向最高法院提出請願，要求審查這項決定，引起法律界高度矚目，因為最高法院從未解釋過第 230 條。最高法院不受任何其他聯邦法院裁決的拘束，因此它當下就可以不管第四巡迴法院對澤蘭案的解釋，而採用里歐·凱瑟二十年前提倡的，對第 230 條較有限的解釋。其他原告曾試圖讓最高法院審查他們敗給第 230 條的案子，但都以失敗告終。然而，這次原告的遭遇特別悲慘，而 Backpage 則是毫無同情心的被告。儘管如此，二〇一七年一月，最高法院拒絕受理這個案子，代表最高法院仍未就基於澤蘭案而裁定的一長串案子表示意見；法院拒絕審理這個如違反交通規則一樣直截了當的案子，也代表未來它可能傾向不就第 230 條做出裁決，也意味著珍一號到三號的訴訟已到盡頭。

　　根據參議院調查報告的資訊，Backpage 不應獲得第 230 條豁免。對受害者而言，不幸的是參議院是在他們提起訴訟後才發布報告的，因此這份報告不屬於法庭紀錄的一部分。

　　我相信 Backpage 能夠勝訴還有一個原因：原告律師沒有在這場訴訟中提出最有力的辯護。他們著重的論點完全只在他們的訴狀沒有把 Backpage 當成第三方內容的發行人或發言人──但訴狀當然有；整起訴訟就是源自於皮條客在 Backpage 上發布的廣告，完全就是典型的內容發布。這樁案子根本不像塞西莉亞·巴恩斯的案件，是源自一名 Yahoo! 員工據稱向她做出承諾但未能兌現。正如法官和原告支持者

在整起案件中所暗示的，原告本可以提出更有力的論點，說
Backpage 助長了這些內容。然而他們的律師表示，他們希
望透過蒐證程序取得更多事實後，再提出這個論點。

　　Backpage 繼續在其他情境中規避究責。二〇一七年，
加州法院法官駁回對 Backpage 執行長卡爾・費雷爾及其前
控股股東麥可・萊西、詹姆斯・拉金的性販運指控，但沒有
駁回洗錢指控。[40] 媒體報導稱，美國司法部正在根據二〇一
五年聯邦刑事性販運法，對萊西和拉金進行刑事調查，但到
二〇一七年，大陪審團尚未發出任何起訴書。[41]

　　社會大眾對 Backpage 的注意持續增加。幾個月前，紀錄
片《我是無名氏》上映，由獲奧斯卡提名的潔西卡・雀絲坦
擔任旁白，講述性販運受害者的悲慘故事：她們對 Backpage
提告，但案件因第 230 條而被駁回。第 230 條一夕之間成為
全國焦點，是它問世二十年以來前所未見的。針對 Backpage
避免刑事和民事究責的能力，二〇一七年，國會於參眾兩院
提出法案，訂出第 230 條的例外，允許各州以性販運為由起
訴網站，並允許受害者提告。由密蘇里州共和黨眾議員安・
華格納首次提出的眾議院法案，將訂定第 230 條例外：只要
聯邦法或州法中有對兒童性剝削、兒童性販運，或「以武
力、威脅要用武力、詐欺或強迫」從事性販運提供訴因，就
可以根據這些聯邦法或州法對網站提起民事訴訟，也可以
根據這些州法進行刑事起訴。[42] 由俄亥俄州共和黨參議員羅
伯・波特曼首次提出的參議院法案訂定的第 230 條例外，範

圍比較窄：僅允許根據 TVPRA 對平台提起民事訴訟，並允許在違反聯邦性販運法的時候，由州政府起訴或採取民事執法行動。[43] 一份新聞稿引用波特曼在提出法案時的發言：「長期以來，全國各地的法院都裁定 Backpage 可以繼續助長網路上的非法性販運，不會有任何後果。」他宣稱「《通訊端正法》立意良好，但它的目的絕不是助紂為虐，保護殘害最無辜、最脆弱群體的性販運者。」[44] 在第 230 條史上，國會修改條款的政治意志，似乎前所未有地高。

　　這些法案提出的時機，正逢平台面臨嚴峻的政治考驗。長期以來，大型科技公司因為創造就業、創新而備受立法者青睞，但如今許多國會議員不再對它們另眼相看。他們批評 Facebook 允許俄羅斯人投放假廣告影響二〇一六年總統大選，批評 YouTube 允許恐怖份子的宣傳影片保留在網站上，批評 Twitter 未能阻擋仇恨言論。華盛頓長期以來對科技平台的善意正在流失——速度很快。對國會議員而言，反對一項打擊販運兒童賣淫的法案是很困難的。因此，這些法案成為兩黨議員都贊成的少數領域之一。波特曼的法案在參議院有六十多人連署，華格納的法案在眾議院有近半數的議員共同提案。

　　二〇一七年九月，參議院商務委員會就波特曼的法案舉行了聽證會，為往後關於第 230 條和性販運的論辯拉開序幕。預定作證的有加州檢察總長哈維・貝西拉，他曾試圖根據性販運法起訴 Backpage，但被第 230 條擋下；國家失蹤

與受虐兒童中心的法務長伊奧塔・蘇拉斯；網際網路協會的法務長阿比嘉・史萊特，這個協會是大型線上平台的產業團體；聖塔克拉拉大學法學教授艾瑞克・高德曼，也是第 230 條最重要的專家之一。但在這些證人開口之前，委員會聽取了依芳・安布羅斯的證詞。她講了她女兒德西莉・羅賓遜的故事——德西莉十六歲，還在唸高中，立志要當空軍醫官。德西莉在社群媒體上認識了一個男人，他在 Backpage 上出售德西莉從事性交。二〇一六年的聖誕夜，一個男人強姦、謀殺了德西莉。「Backpage.com 和其他網站剝削我們的孩子，任由他們被衣冠禽獸宰割，網站卻賺進大把鈔票——這就是事實。」安布羅斯淚流滿面地告訴參議員。

隨後，列席證人開始論辯參議院提案的技術細節。但在聽了安布羅斯的證詞後，觀察者很難再關心第 230 條豁免的具體措辭。網際網路協會法務長史萊特在陳述一開始，就向安布羅斯表達了她的「同情」，但隨後把她發言多數的時間都花在區分「合法的網際網路公司」和 Backpage。她說，波特曼的提案「給合法業者製造了法律上的不確定性和風險」。史萊特言之成理。但在安布羅斯強而有力的證詞之後，她擔憂可能發生「濫訴」的論點未受重視。

華盛頓當局對線上平台並不陌生。他們與電信業者就「網路中立性」爭鬥了將近十年，禁止業者向網站收取更多費用以享有優先存取。也有一些平台挑戰聯邦政府監控顧客通訊的能力。為了證明自己有道理，平台業者經常用世界未

日般的字眼，外加一點網路例外論。論點通常是這樣：「如果（插入反對者想要的任何內容）發生，我們所知道的網際網路將會終結。而（反對者）很貪婪。」這招對於網路中立性等議題很有效——大家很難對康卡斯特或 AT&T 抱持什麼同情。但當反對者是性販運受害者、被售出從事性交的未成年人、被謀殺兒童的家屬時，這招就不怎麼有效。看看網際網路協會執行高層麥克‧貝克曼針對波特曼提出的性交易提案發表的聲明——在肯定性販運是「令人憎惡且非法的」之後，他告誡說，這項法案「範圍太廣」且會讓人「疲於奔命」：「雖然這不是法案的本意，但它會製造新一波輕率、不可預測的行動，專門針對合法公司，而不是解決潛在的犯罪行為。」[45]

這種聲明可能適合如資料安全的立法等法案。但這個法案與兒童被強姦、謀殺有關，與貪婪的原告律師無關。如果一個孩子在網站上被出售從事性交，而孩子控告這個網站，這可不是「輕率」的訴訟，不是什麼擋泥板被撞凹或食品雜貨賣場滑倒意外的訴訟。

完全荒腔走板。

我理解也贊同科技業對這些法案提出的許多憂慮。有些提案允許對刊登性販運廣告的網站提起訴訟和州政府刑事起訴，不論網站是故意還是無意的。這種體制可能會使平台不想讓用戶自由貼文，因為擔心網站可能會被究責。即使僅適用於「知道」是性販運廣告還照登不誤的法案也不精

確，因為法院可能會將「知道」解讀為不僅代表網站實際已經知道，而且還應該知道。此外，這些法案將平台置於各州性販運法規的管轄之下，也會使平台暴露在必須遵守法規大雜燴的風險中。想像一下，如果一個州要求網站，只要廣告有與性販運相關的特定字眼就要封鎖，而另一個州要求網站根據另一張不同的關鍵字清單封鎖廣告，還有第三個州允許網站刊載這些廣告，但要求網站向執法部門通報以設圈套誘捕。遵守這些要求會是沉重負擔，尤其是對試圖成為下一個 Facebook 或 Twitter 的小型新創公司而言更是如此。即使公司沒有理由知道用戶發布了貼文，它仍然可能在一發布時就會因此被究責，端看法案怎麼寫。作為回應，平台可能會過度規範合法言論，或完全阻擋用戶產生的內容。這種回應可能使可用的言論管道更少。

此外我擔心，無論國會通過什麼法案來要求平台負起責任，線上性販運都會在網路上被稱為「暗網」的地方繼續存在。暗網大致上的定義是一個由隱藏的平台構成的網路，暗網用戶利用技術來掩蓋他們的位置、身分，並將通訊加密，躲過執法單位。暗網是恐怖主義、毒品銷售、性販運和其他滔天惡行的避風港。即使關閉像 Backpage 這樣的公開網站，毫無疑問，皮條客會轉移至網路更黑暗的角落去繼續營運。但科技公司普遍處理這個問題的作法，讓我大吃一驚。除了聲明一開始必備的立場宣告，肯定自己反對性販運（這不完全是勇氣的表現）、立法者立意良善之外，他們會立即

解釋為什麼這些提案不好。他們沒有提供可行的替代解決方案，讓各州起訴，讓受害者控告已經知道、鼓勵甚至參與販賣兒童從事性交的網站。

　　二〇一七年十月，當我受邀在眾議院司法委員會關於性販運和第 230 條的聽證會上作證時，我不確定自己到底要說什麼。但我知道我不會說什麼。我不會採取像科技公司那樣的立場來說明這個問題，我不會輕視受害者及其家屬的擔憂，也不會僅是批評立法解決方案而不提供具體的替代選項。

　　克里斯・考克斯是第一個在聽證會上作證的人。他不僅是以第 230 條共同起草人的身分作證，也是以 NetChoice 外部顧問的身分作證──NetChoice 是一個技術產業公會，反對訂定第 230 條例外的提案。考克斯的五分鐘口頭陳述主要著重第 230 條的社會利益。他提到諸如維基百科的例子，雖然能見度很高，但是由一個小型的非營利組織營運：「如果它會因為志願者、用戶的投稿和評論而面對訴訟，就會經營不下去，而對全美國人來說，這種寶貴的、免費的資源將就此消失。」他聲稱，若把性販運訂為第 230 條的例外，將與讓第 230 條得以通過的原則互相矛盾，且可能會使起訴涉及其他類型的非法內容變得更加困難。他說，國會沒有想要豁免產生內容，或甚至只是對產生內容負部分責任的網站。在聽證會的書面證詞中，考克斯建議國會頒布一項共同決議案，「重申第 230 條的明確意圖，並再次強調條款文字字面

的意義，就是即使網路平台在非法內容的產生或開發上僅部分共謀，條款也拒絕保護。」[46]

我在考克斯之後作證。談論前一個證人在我高中時執筆的法律，感覺很超現實。對第 230 條提出不同的看法，感覺更超現實。

我解釋了第 230 條的歷史，並告訴委員會，條款中的二十六個字負責打造出我們今天所知的網際網路。我告訴委員會 Backpage 根本不該享有第 230 條豁免，但我也知道我們不能等法院撥亂反正。「我們的法律體系必須有強大的刑事懲罰和民事救濟，才有嚇阻效果 —— 不僅嚇阻性販運行為，還有網路平台明知是性販運卻仍刊載的廣告。沒有其他辦法。」我告訴委員會，「我希望國會贊成的解決方案，是既能對行為惡劣者施加嚴厲懲罰 —— 這裡要說清楚，有些人的行為真的極其惡劣 —— 同時又不對合法的線上言論造成寒蟬效應。」我敦請議員，起草第 230 條的性販運例外應採用統一的全國標準，而不是要平台遵守五十個州各自不同的法律。我鼓勵他們規定，例外僅適用於對性販運廣告實際知情的網站。

我同意考克斯的觀點：有些法院錯誤解讀第 230 條，豁免有在內容開發參一腳的網站。但性販售的問題令人心碎，亟需解決，不能等法院花好幾年的時間將情況導回正軌。這不是在用經濟研究和政策論文對科技政策做理論剖析，而是需要我們立即關切的悲劇性問題。我理解有人批評說，如果

國會將性販運訂為第 230 條的例外，會為恐怖主義宣傳、色情報復等其他例外開創先例；一陣子後，第 230 條看起來就會像滿是洞洞的瑞士起司，且幾乎無法為平台提供確定性。我也會這樣擔憂，但我相信因應這些擔憂的最佳方法，是將例外限縮到只適用於危害。因此，例如，與其讓平台受各州有關「性販運」的民法約束，國會可以訂定某種第 230 條例外，適用於蓄意刊載性販運廣告的單一全國標準。這種標準不適用於大型社群媒體公司等合法網站，但應該適用於真正的不良份子。目標明確的例外可以解決這個問題，同時保留第 230 條的核心益處，即創新和言論自由。

在聽證會後的幾個月裡，好幾個參眾兩院法案的混合版本流傳開來，聲勢強勁，然後陷入停滯，直到二〇一八年二月二十七日，眾議院以三八八比二十五的票數通過新版的華格納法案。不到一個月後，參議院以九十七比二的票數通過法案，只有懷登和肯塔基州共和黨議員蘭德‧保羅投了反對票。二〇一八年四月十一日，川普總統簽署這項法案。

最終的法律顯然是多次妥協和修改的結果，而且簽署的版本比所需的複雜、麻煩得多。由國會通過的法案一開頭，就聲明第 230 條「絕對無意提供法律保障給非法宣傳、助長賣淫的網站，或幫人口販子出售性販運受害者從事非法性交一事打廣告的網站。」[47] 這也許是法條中最直接、最不引人非議的部分。

新法在《曼恩法案》中增加了一項新的聯邦罪行，禁止

互動式電腦服務商以共謀或意圖共謀、「企圖宣傳或助長他人賣淫」的方式營運。[48] 聯邦罪行最高可判處十年徒刑和罰款。如果有被告宣傳或助長五人或超過五人賣淫，或「未必故意地做出會助長性販運」的行為，新法也將這種情況認定為嚴重觸法，最高可判處二十五年徒刑。[49] 嚴重違法行為的受害者得在聯邦法院「追償損失和合理的律師費」，但這種民事補償沒有在新法中明確訂定為第 230 條的例外。新法最重大的變化與 TVPRA 有關。TVPRA 允許對「知道參與計畫能獲益，不論是財務利益或收到高價物品，且已經知道或應該知道該計畫」違反聯邦刑事性販運條款的人，提起聯邦刑事起訴和訴訟。新法律修訂了聯邦 TVPRA 法，將「參與計畫」定義為「知情協助、支持或助長違反」TVPRA 禁止為販售個人打廣告的條款。新法接著澄清第 230 條並沒有讓被告豁免於根據聯邦 TVPRA 法提出的民事主張，也不禁止「根據州法刑事起訴提出的任何罪名，只要這項罪名指涉的行為違反」《曼恩法案》和 TVPRA 條文。[50]

　　新法提出了許多重要問題。知情協助、支持或助長違反 TVPRA 法是什麼意思？分類廣告網站是否必須對性販運廣告實際知情？或只要大致知道網站有被性販運者利用就足夠了？答案不明顯，但理性的平台會謹慎一點，寧錯殺，不錯放，以免在美國每個司法轄區都要面臨民事訴訟和被起訴的風險。

　　新法的影響立竿見影。參議院通過法案後兩天，Craigslist

完全關閉了它的線上交友網站。「任何工具或服務都可能被濫用。」Craigslist 在給用戶的訊息中寫道，「若要冒這樣的風險，就會危及我們所有其他服務，因此很遺憾，craigslist 交友服務將被下架，希望有一天我們能讓它復活。透過 craigslist 認識的數百萬配偶、伴侶和情侶，祝你們幸福快樂！」[51]

　　然而，新法對 Backpage 有什麼影響？沒有任何影響。二〇一八年四月六日，就在川普總統簽署法案成為法律的五天前，聯邦調查局扣押、查封了 Backpage。與 Backpage 有關的七名人員被起訴，包括聯合創辦人麥可·萊西和詹姆斯·拉金。[52] 起訴同樣是發生在新法案被簽署成為法律之前，因為聯邦刑事起訴一直是第 230 條的例外，條款准許根據聯邦刑事法規提出的相關指控。新法案簽署後的第二天，Backpage 前執行長卡爾·費雷爾在三個州的法院承認共謀助長賣淫、洗錢有罪。[53]

　　但新法難道不會幫助性販運受害者，對那些助長剝削的網路平台提起民事訴訟嗎？也許。但法案簽署成為法律的幾天前發布的一項法院裁決顯示，如果辯論策略正確，這種主張已經是可能的。二〇一六年，代表三位受害者「珍」的律師事務所在第一巡迴法院敗訴，但後來他們對 Backpage、Backpage 執行長和業主提出新訴訟。這次，律師的論點是 Backpage 協助開發了非法廣告。Backpage 再次提出動議駁回訴訟。二〇一八年三月二十九日，法官里歐·T·索羅金

駁回其中兩名原告的主張，但允許其中一名原告的主張繼續推進。索羅金提出理由說，她的主張有所不同，因為訴狀稱Backpage「重寫廣告，暗示珍三號是成人。」[54] 如果原告律師在第一次訴訟中提出了這樣的論點，第一巡迴法院可能就永遠不會做出充滿爭議的裁決，國會也可能永遠不會修改第230條。我們完全無法準確預測這項新例外會對網際網路造成什麼影響，它的影響是否僅限於線上個人廣告，或範圍更廣。

說到底，我在國會作證時，並不希望看到第230條的例外。我仍然相信，如果國會通過的法律是專門針對那些實際知情的平台，知道自己網站上有特定性販運行為但仍繼續鼓勵這種行為的平台，則對線上言論不至於造成重大損害。但簽署成為法律的法案模稜兩可，範圍太廣，會讓立意良善的平台要嘛選擇審查合法言論，要嘛得承擔訴訟和刑事起訴的風險。聖塔克拉拉大學法學教授艾瑞克・高德曼在他的部落格上密切追蹤各項法案，稱最終的法律「集兩者之惡於一身」，並特別擔心平台會因為「知情協助、支持或助長」性販運而被究責。「因此，基於是否知情來究責，迫使網路公司從兩種極端立場中選一種採用：完整規範所有內容，並接受任何錯誤的法律風險；或完全不規範內容，作為避免『知情』的方式。」他寫道，「『規範者的兩難』對誰都不好，因為這會鼓勵網路公司減少內容規範的努力，線上的『不良』內容，包括現在不受規範的性販運廣告，可能因此增

加，與原先的期待完全相反。」[55] 關於性販運的論辯還有一個更危險的影響，就是它開創了修改第 230 條以解決特定問題的先例。儘管這種修正不一定有損網路言論自由，但可能會逐漸侵蝕平台允許第三方內容天馬行空的能力。

結論
你在嗎？聽得見嗎？

達爾・威廉斯

　　我寫這本書是為了記錄第 230 條的歷史以及它如何塑造我們今天所知的網路。透過撰寫這條法律的傳記，我想要描繪的是更大的格局──美國人與網路言論自由的關係。這段歷史對掌握足夠資訊、充分討論第 230 條的未來、網際網路的未來，是必要的。除了研究第 230 條如何塑造我們今天所知的網際網路之外，我還檢視了這條法律提供廣泛豁免的後果。第 230 條是「好」或「壞」，一大部分取決於個人的偏好和生活經驗，所以我無法告訴他人他們對第 230 條的立場是否正確。我能做的，就是解釋我如何建構對第 230 條的看法，並說明這種看法是如何演變的。

　　我出生於一九七八年，比 X 世代年輕了幾歲，但對千禧世代而言又有點太老了。《Slate》雜誌把我們這個夾在中間的一代稱為「卡塔拉諾世代」，以喬丹・卡塔拉諾命名，他是傑瑞德・萊托在一九九四年陰鬱的青春電視劇《我所謂的生活》中所飾演的角色。我們這一代與網路的關係非常獨

特——卡塔拉諾世代出生在沒有網路的世界，但到了十幾歲、二十出頭的時候，我們同輩的許多人都在不停地上網。二十五歲以後，我們有了黑莓機，然後是 iPhone。

我在紐澤西州的東布倫瑞克長大。這是紐約市和費城之間一個不起眼的郊區，沒有市中心，毫無特色。與當時大多數郊區青少年一樣，我能吸收的媒體養分有數十個有線電視頻道、錄影帶出租店和前四十名的廣播電台。一九九〇年代初期一個晴朗的夜晚，我嘗試將 FM 收音機調到 Z100，收聽最受歡迎的流行音樂電台。但我的指針偏離了幾個電台，最後對到的是 99.5。我進入了一個新世界：WBAI。這個非營利太平洋網路的極左派附屬機構，讓我質疑我在學校、新聞中學到的一切。比爾·柯林頓是祕密共和黨員嗎？美國政府是否密謀在貧窮國家散播疾病？我們為什麼要慶祝感恩節這個強占文化的象徵？WBAI 的主持人提出了許多存在性問題，徹底改變我對世界的看法——儘管事後看來，其中許多問題都毫無根據，疑神疑鬼得過了頭。WBAI 毫無修飾，卻讓我深受吸引。主持人講話結結巴巴，要花好幾分鐘、好幾個小時才能講到重點——CBS 晚間新聞不會有這種情況。WBAI 會邀請全紐約各地的人打電話進來，分享自己的非主流觀點。對住在平淡郊區的我而言，我終於感覺自己身處在社群之中。這是我第一次體會到從真正的人而非大公司那裡接收訊息是什麼感覺。

小學時，我曾用電腦學習如何以 BASIC 程式語言打

字、寫程式。但這些電腦沒有和其他任何電腦連線。為了在
家打學校作業，我用了文字處理器 —— 這種精美的打字機會
在黑白螢幕上顯示幾行文字。我國中一個朋友的爸爸在生產
電腦的公司工作，所以他一向都有最先進的科技。有一天，
這個朋友打開電腦，敲了幾個鍵，電腦發出好幾分鐘嘟嘟
嘟、嗡嗡嗡的聲音，讓我一頭霧水。螢幕上彈出一個視窗：

Prodigy。

　　我們花了好幾個小時瀏覽這個大千世界，看文章、和全
國各地的人聊天 —— 我記不清我們聊了什麼，但光是與人聊
天這件事，就讓我敬畏不已。我聽 WBAI 時也有一樣的感
覺；但與 WBAI 不同的是，我可以參與討論。WBAI 讓我聽
到世界，Prodigy 讓我得以環遊世界並生活其中。

　　高中時期，Prodigy 和後來的 AOL 就是我了解世界的門
戶。一九九四年，就像許多當年十五歲的小鬼一樣，我在印
刷版的《滾石》雜誌上讀到寇特・柯本去世的消息，然後
在 Prodigy 上與世界各地志同道合的超脫樂團粉絲一起沒日
沒夜地哀悼。一九九六年秋天，就在國會通過第 230 條後的
幾個月，我離開紐澤西州去密西根大學讀書。入學沒多久我
就加入學生日報社團，寫了第一篇文章，標題為「'U' 網站
每天訪問人次五十萬」，文章說明「全球網際網路逐漸成為
大學生活的必需品」。大學畢業後，我搬到奧勒岡州的波特

蘭，專為《奧勒岡人》報跑電訊、網路產業的新聞。我報導了第一波網路熱潮由盛轉衰、一衰摔進谷底的新聞。我寫了線上社群的文章，目睹全球互動如何形塑生活和商務。

因此，當我鑽研並在法律這一行執業時，我自然很感謝第 230 條優雅的效力。從我第一次存取、使用 Prodigy 以來，就是這條法律在促進網際網路的互動、社群精神。第 230 條協助建立了我多年來親眼目睹的許多社群。當我代表新聞機構時，經常收到有關用戶評論的投訴。由於第 230 條的規定，新聞網站可以自行決定是要編輯還是刪除評論。如果國會沒有通過第 230 條，或如果法院採納里歐‧凱瑟在澤蘭案中的論點，即在網站收到第三方內容非法或有害的通知後，這條法律就不再豁免網站，那麼網際網路的面貌肯定大不相同：任何對用戶貼文感到憤怒的人都可以要求網站移除貼文，而且網站依法行事的動機會十分強烈，因為怕被告到倒閉。

對於許多遭到線上騷擾、網路霸凌、誹謗抹黑導致人生支離破碎的受害者，我並非不看重他們的慘痛經驗。某些邪惡、心智扭曲的人確實會利用網際網路、利用開放的社群傷害他人。第 230 條沒有鼓勵人們造謠誹謗、侵犯隱私或策劃犯罪；這些危害的根源是貪婪、精神不穩定、惡意和其他社會弊病。但我不會全盤否定第 230 條批評者的論點，即這條法律可能會讓某些網站沒有動機採取一切可能措施預防這些危害。我在為這本書做研究的兩年時間裡，因為從各個角度

檢視第 230 條，所以先前對第 230 條的絕對熱情稍有所減。
我必須梳理棘手的案件，而這些案件挑戰我對這條法律的死
忠支持。我和愛倫・巴澤爾講了好幾個小時的電話，聽她描
述她的生活如何因為一條郵寄清單的訊息而瓦解。我看了與
肯尼斯・澤蘭對 America Online 提告一案相關的大量文件，
多到我都可以想像奧克拉荷馬市的貼文如何撼動他在西雅圖
平靜的生活。我還聽到未成年人在 Backpage 上被販賣的遭
遇，並為之心碎。

　　儘管如此，我仍然認為，整體而言，第 230 條為美國社
會帶來的利大於弊。確實預防非法第三方內容、避免被告到
倒閉的唯一方法，是將網際網路變成封閉的單行道，更類似
廣播電台或報紙，而不是我們今天所熟悉的網際網路，也不
是我想回去的世界。我見過現代網際網路誕生之前和之後的
世界，而我更喜歡後者。這種觀點受到我個人對網路的經驗
影響。愛倫・巴澤爾或肯尼斯・澤蘭有著截然不同的經驗，
他們對第 230 條有不同的看法，是完全可以理解的。因此，
當有人問我第 230 條是「好」還是「壞」時，我的回答對於
提供資訊讓大家充分思辨，並不那麼有用。綜觀而言，我認
為第 230 條為社會帶來了淨效益。但我也贊同對第 230 條鞭
辟入裡的批評。在我開始研究、撰寫本書之前，這些批評對
我來說並不明顯。在本書中，我試著不要侷限在第 230 條是
好是壞這個基本問題上，而是檢視這條法規對網際網路的影
響。最終我不得不做出結論：如果沒有第 230 條，我們今天

所知道的網際網路就不可能存在——好的（#MeToo）、壞的（Backpage），以及介於兩者之間的一切。

如我在本書中一再強調的，第230條是國會在二十多年前賦予科技公司的一項權利。儘管它與第一修正案的許多保護措施重疊，但第230條全部的效益仍不等同於憲法權利。

國會賜予第230條，國會也可以把它收回。科技公司——230條款最直接的受益者——有責任證明它們有利用這項非凡的豁免造福社會。正如在性販運論辯中所看到的，科技公司常常把這項了不起的特權視為理所當然。

要預測第230條未來會受到什麼批評——無論公平或不公平——是不可能的。二〇一六年，當我開始動筆寫這本書時，平台沒有像我在二〇一八年寫完全書時那樣受到全國矚目。當時，選舉介入、歧視性徵才訊息、國際政治宣傳、帶有仇恨言論的廣告，都只是才剛浮現不久的問題，但新的挑戰似乎每天都在出現。例如，愈來愈成熟的技術，讓製作以假亂真的假影片、假圖像、假音訊愈來愈容易。這些被稱為「深度偽造」的內容，可能會導致個人名譽受損——想像如果有人的圖片被用在假色情影片中，會有什麼影響。[1]如果民選官員的言詞是以極為真實的方式偽造出來的，會引發動搖國安的混亂。這種技術在一九九六年是難以想像的；但現在，不法份子以低廉的成本、克服不高的進入門檻就可以取得。

平台也比一九九六年複雜得多，提供了令人驚嘆的新服

務，但也引發了關於平台社會義務的重大問題。奧利‧魯伯
在她的文章〈平台的法則〉中，很有先見之明地摘要出平台
新商業模式引發的許多重要、尚未解答的問題：

> 像 Uber、Lyft 這樣的公司，算是替獨立私家計程
> 車與乘客牽線的數位中介機構？還是違反勞動法規
> 的雇主？若自用住宅屋主自己把住家放上 Airbnb，
> 則將城鎮部分地區劃分為短期租屋區的土地劃分
> 法律是否仍然適用？最近在最高法院敗訴後破產
> 的 Aereo，算是數位天線租賃公司？還是提供廣播
> 內容串流的服務商，因此侵犯了版權？TaskRabbit
> 只是替找零工的人牽線的應用程式？還是應該繳預
> 扣稅的人力資源機構？Uber、Lyft、Airbnb、Aereo
> 和 TaskRabbit 等公司的經營方式違反現有法規，
> 而法律上的爭議往往與如何定義平台業務有關：這
> 些數位公司是服務供應商？還是個人化交易所的經
> 紀人？我們應該把它們看成僅是提供協助的中介機
> 構？還是擁有堅實架構的企業？[2]

無論是從社會常規的角度或現有的第 230 條意見書來
看，這些問題都沒有簡單的答案。我很確定問題的清單會
愈來愈長，第 230 條也會同步受到更嚴格的檢視，而意圖
修改、完全移除這條法規的嘗試也會持續不斷出現。可能引

起注意的各種創新案例其中之一，就是平台愈來愈常使用人工智慧來處理用戶資料，這種方式在一九九六年可能是無法想像的。當我們要判斷二十年後的網際網路會如何發展時，對第 230 條的歷史（包括缺點和全部其他面向）有充足的認識是必要的。但有了這樣的知識背景之後，我們該何去何從呢？第 230 條能不能、應不應該在法典中再留二十年？或者，它只是網際網路歷史上比較單純的年代遺留下來的殘骸？

　　我從位於維吉尼亞州阿靈頓的家中俯瞰街道，試圖回答這些問題。大約一百年前，開發商在我這個街區建造了樸實的平房。過去的十年中，隨著房地產價格飆升，開發商拆除了平房，建了院子變小但更大的房子。這些住家通常有至少四間臥室、四間浴室，地下室還有娛樂間和客房。十年前，開發商把離我家幾個街區外的一棟平房夷為平地。儘管附近幾乎所有其他新房子都有附帶傢俱的地下室，開發商卻在原址建了一棟沒有地下室的房子，原因至今令人費解。多年來，這棟房子一直賣不掉。最後，開發商意識到沒有地下室的房子是賣不出去的。於是，營建團隊在房子下面挖了一個地下室，結果房子從外面看起來，既不平整又蓋得很差勁，光是看房時在裡面待個五分鐘都覺得不舒服，更不用說住在屋裡了。難怪幾年後它仍然閒置。

　　在第 230 條通過後二十多年，要縮小它的範圍或移除這條法律，就像蓋房子後才挖地下室一樣。美國的現代網路是

建立在第 230 條的基礎之上的。要移除第 230 條，就必須徹
底改變網際網路，而這些改變可能會導致網路分崩離析。沒
有第 230 條的網際網路，訴訟的風險可能讓真相沉默。如果
網站在收到投訴後就會因第三方內容被究責，它們可能很快
就會移除這些內容。有些內容沒什麼社會價值，但大部分內
容是有價值的。本書第十二章討論的二〇一八年二月聖塔克
拉拉大學內容規範會議上的一篇文章中，部落格服務當紅炸
子雞 WordPress 的經營公司 Automattic 透過律師解釋了公司
堅定的政策，即只有在收到法院命令才會刪除涉嫌誹謗的貼
文。律師團隊提供了範例，描述他們曾收到如下文般「可
疑」的刪除要求：

　　某跨國國防承包商多次對在 WordPress.com 部
落格上發布貪腐資訊的吹哨者提出誹謗投訴。
　　某國際宗教／慈善團體對質疑組織領導階層的
部落客提出誹謗指控。
　　某歐洲大型製藥公司以誹謗為由，尋求關閉某
個 WordPress.com 部落格，這個部落格詳細說明使
用這家公司產品的負面體驗。法院後來判定部落格
內容屬實。[3]

　　所有這些部落格文章都是為了同一個有用的社會目的：
揭露企業的不當行為。而讓社會大眾看到這些資訊，非常符

合大眾的利益——這樣的真相是我們民主的基礎。因為有第230條，WordPress 可以拒絕下架要求，讓貼文留在網路上。

如果國會明天廢除第230條，我會建議任何擁有網站或應用程式的公司，對自己平台上的第三方內容要極為謹慎。自從國會通過第230條以來，自動或人工規範方式已大為進步，但沒有哪種規範方式是百分之百有效的。這些網站唯一的法律保護，是 Cubby 案和史崔頓證券公司案中曾言明的奇怪第一修正案規則，即規範內容實際上可能增加他們的責任。如今的網站處理的第三方內容比一九九〇年代初期的 Prodigy、CompuServe 多得多，使它們暴露在更高的潛在究責風險中。如果沒有第230條，網站要嘛必須完全禁止用戶內容，要嘛必須一收到投訴就立即刪除內容。無論哪種結果都會與已經和日常生活密不可分的自由開放網路大相逕庭。與其在沒有地下室的房子下面開挖，開發商應該向外或向上擴建，或改善室內裝潢，來彌補住房的缺點。

就像房子的地基一樣，第230條也不完美。我們可以也應該以具針對性、集中火力的方式解決問題，將傷害降到最小——這正是我支持對第230條增加狹義例外以因應性販運的原因。第230條保護 Backpage 等可怕的網站，而法院解決問題的速度不夠快。Backpage 的案子突顯出系統中的缺陷，國會也已經採取行動解決這個特定問題。立法程序就該這樣運作。

國會在網路例外論的鼎盛時期通過第230條。二十年

後，網路已經沒那麼例外，也不再是超酷的新科技。考克斯和懷登在一九九六年大為讚賞網路的各種潛力，現在多數都已經實現，而第 230 條就是催化劑。網路現在幾乎已經融入生活的每個面向，因此不再像一九九六年時那樣特殊。而且今天的網路更加複雜，有人工智慧和複雜的演算法處理第三方內容，同時還能運用一九九六年時可能沒有考慮到的權力和能力。但這不是廢除第 230 條的理由，反而是我們必須保留它的原因。第 230 條創造了上兆美元的產業，廢除它等同於移除產業的根基。與其廢除，我們其實應該努力了解如何改善第 230 條。在擋下非法或有害的第三方內容上，平台必須做得更好；如果它們做不到，則國會應考慮有限度地小幅縮減第 230 條的範圍，以不損害這條法規的整體結構為前提，解決這些問題。

　　現代網路就是建立在第 230 條上的房子。它不是街區裡最好的房子，但我們所有人都住在這裡。我們不能拆掉它，也無法離去。因此，我們必須維護這棟房子，為未來的世代善加保存。

致謝

感謝諸多律師、訴訟當事人、學者，和其他為了這本書而與我交換意見的人。

要從一九九〇年代和二〇〇〇年代初期的許多案件中尋找文件、資訊，非常困難，為此極為感謝所有在我研究、撰寫本書時，幫助過我、提供老舊案件卷宗和線索的人，也印證了我對第 230 條的許多想法和問題。特別感謝提摩西·阿爾哲、傑瑞·伯曼、克里斯·伯恩喀、比爾·伯靈頓、鮑勃·巴特勒、派翠克·卡羅姆、丹妮爾·西特倫、蘇菲亞·寇普、莉迪亞·迪拉托、丹尼斯·迪維、布蘭特·福特、里歐·凱瑟、吉妮恩·肯尼、瑪麗·利里、艾歷克斯·列維、保羅·列維、史蒂芬·羅德、彼得·羅默弗里曼、芭芭拉·沃爾、柯特·維默。

由衷感謝布萊恩·弗萊、麥克·戈德溫、艾瑞克·高德曼、羅伯特·漢密爾頓、達芙妮·凱勒仔細檢視手稿，並提供極有價值的評論。

感謝康乃爾大學出版社的艾蜜莉·安德魯和她的同事，從這本與晦澀聯邦法律中二十六個字有關的書中看出潛力，

並在一年多的時間裡提供了不可或缺的協助，讓本書得以問世。感謝凱倫‧隆和羅曼‧培林的精心編輯，以及莉茲‧莎弗出色的引用檢查。

一如既往，由衷感謝我的家人，特別是克里斯托‧札、茱莉亞‧科沙夫、克里斯‧科沙夫、貝蒂‧科沙夫、愛琳‧佩克，感謝他們的不懈支持。

感謝美國海軍學院的同事和見習官（萬歲！）花時間討論第 230 條在法律、道德和倫理上的複雜之處。本書中表達的所有觀點僅代表我個人，不代表海軍學院、海軍部或國防部的觀點。本書無意提供法律建議，也不能取代律師的指引。

本書中的許多法律糾紛都源自有攻擊性、不當和粗俗的內容。出版未經編輯的文字，讓讀者評估受害者所遭受的全盤傷害，非常重要。要進一步了解本書中討論的許多案件卷宗，以及有關第 230 條的最新資訊，請造訪 jeffkosseff.com。

注釋

符號說明：§ 表示章節。

　　　　　¶ 表示段落，引用多段時為 ¶¶。

　　　　　若無標示即表頁碼。

導論

1. Glenn Kessler, *A Cautionary Tale for Politicians: Al Gore and the "Invention" of the Internet, Wash. Post* (Nov. 4, 2013).

2. 47 U.S.C. § 230(c)(1).

3. 訪問懷登（二〇一七年六月六日）。

4. 美國頂尖網站，Alexa，從以下網址取得：<https://www.alexa.com/topsites/countries/US>。

5. Marvin Ammori, *The New York Times: Free Speech Lawyering in the Age of Google and Twitter*, 127 *Harv. L. Rev.* 2259, 2260 (2014).

6. 請見 Kathleen Ann Ruane, *Congressional Research Service, Freedom of Speech and Press, Exceptions to the First Amendment* (Sept. 8, 2014)。

第一部

1. Jack M. Balkin, The Future of Free Expression in a Digital Age, 36 *Pepp. L. Rev.* 427, 432 (2009).

第一章

1. 見 Arthur C. Townley, Encyclopedia of the Great Plains，可從以下網址取得：http://plainshumanities.unl.edu/encyclopedia/doc/egp.pd.052.

2. 訴狀。Farmers Educational and Cooperative Union of America, North Dakota Division v. Townley, District Court of Cass County, North Dakota (Jan. 14, 1957).

3. Farmers Educational & Cooperative Union of America, North Dakota Division v. WDAY, Inc., 360 U.S. 525, 526 (1959).

4. Clerk of the U.S. House of Representatives, Statistics of the Presidential and Congressional Election of November 6, 1956.

5. 訴狀。Farmers Educational and Cooperative Union of America, North Dakota Division v. Townley District Court of Cass County, North Dakota (Jan. 14, 1957).

6. 訴狀。Farmers Educational and Cooperative Union of America, North Dakota Division v. Townley，District Court of Cass County, North Dakota (Jan. 14, 1957).

7. 抗辯之裁決。Rulings on Demurrer, Farmers Educational and Cooperative Union of America, North Dakota Division v. Townley, District Court of Cass County, North Dakota (May 23, 1957).

8. Farmers Educational and Cooperative Union of America, North Dakota Division v. WDAY, 89 NW 2d 102, 110 (N.D. 1958).

9. 同上，111-112（莫里斯法官，異議）。

10. 最高法院口頭辯論的逐字稿與音訊錄音，取自 Oyez 計畫，可從以下網址取得：https://www.oyez.org/cases/1958/248（下稱「Oyez 農民教育逐字稿」）。因為 Oyez 逐字稿無頁碼，所以各別引文沒有確切標示出處。

11. Oyez 農民教育逐字稿。

12. 同上。

13. 同上。

14. 雨果‧拉法葉‧布萊克（一八八六年至一九七一年），取自美國國會生平目錄，可在以下網址取得：http://bioguide.congress.gov/scripts/biodisplay.pl?index=B000499.

15. 請見 Reflections on Justice Black and Freedom of Speech, 6 *Val. U. L. Rev.* 316 (1972)（「誠然，布萊克大法官一向稱《權利法案》為「絕對的」法典，尤其不斷強調按照字面意思詮釋第一修正案條文『國會不會制定……有損言論自由的法律』才恰當得體。」）。

16. Farmers Educational & Cooperative Union of America, North Dakota Division v. WDAY, Inc., 360 U.S. 525, 529-530 (1959).

17. 同上，530。

18. 同上。

19. 同上。

20. 同上，533。

21. 同上，534。

22. 同上，536（法蘭克福特大法官，異議）。

23. 同上，542。

24. 同上，541。

25. 本書引用的是史密斯在一九五七年九月二十三至二十四日於洛杉磯市政法院審判的記錄員逐字稿（下稱「史密斯審判逐字稿」），這份逐字稿附加在史密斯於一九五八年十一月十四日上訴至最高法院時遞交的案件紀錄中。審判逐字稿特定內容之引用標示，指的是最高法院紀錄的頁碼。

26. Smith v. California, 361 US 147, 172 n.1 (1959).

27. 動機聲明，Eleazar Smith, August 26, 1936。

28. Roth v. United States, 354 U.S. 476 (1957).

29. 同上，481。

30. 同上，489。

31. 史密斯審判逐字稿。

32. Mark Tryon, *Sweeter than life*.

33. 史密斯審判逐字稿，91。

34. 同上，81。

35. 同上，43-46。

36. 同上，91。

37. 同上，35。

38. 同上，38-39。

39. 同上，41。

40. 同上，42。

41. State v. Smith, Superior Court No. CR A 3792, Trial Court No. 57898 (Cal. Ct. App. June 23, 1958).

42. 同上。

43. 同上。

44. 「管轄權聲明」，Smith v. California, Supreme Court of the United States (1958), 16。

45. 同上。

46. Edward de Grazia, I'm Just Going to Feed Adolphe, 3 *Cardozo Studies in Law and Literature* 127, 145-146 (1991).

47. 最高法院口頭辯論的逐字稿與音訊錄音，取自 Oyez 計畫，可在以下網址取得：https://www.oyez.org/cases/1958/248（下稱「Oyez 史密斯逐字稿」）。因為 Oyez 逐字稿無頁碼，所以各別引文沒有確切標示出處。

48. Oyez 史密斯逐字稿。

49. 同上。

50. Jacobellis v. Ohio, 378 U.S. 184, 197 (1964) (Potter, J., concurring).

51. Oyez 史密斯逐字稿。除非另有說明，不然以下段落的引文皆出自同一來源。

52. Smith v. California, 361 U.S. 147 (1959).

53. 同上，152。

54. 同上，153-154。

55. 同上，154-155。

56. 同上，160-161（法蘭克福特大法官，協同意見）。

57. 同上，161。

58. 同上，160（布萊克大法官，協同意見）。

59. 同上，159（道格拉斯大法官，協同意見）。

60. 同上，169-170（哈倫大法官，部分協同部分異議）。

61. 《美國社會安全死亡索引》，一九三五至二〇一四年。

62. New York Times v. Sullivan, 376 U.S. 254, 279 (1964).

63. 見 Robert W. Welkos, Board Rejects Police Pension for TV Actor, *L. A. Times* (Nov. 7, 1986).

64. Ken Osmond and Christopher J. Lynch, *Eddie: The Life and Times of America's Preeminent Bad Boy* (2014).

65. Osmond v. EWAP, 153 Cal.App.3d 842, 847 (Cal. Ct. App. 1984).

66. 同上。

67. 同上。

68. 同上，848。

69. 同上。

70. 同上。

71. 同上。

72. 同上，849。

73. 同上。

74. 同上，852。

75. 同上，854。

76. 同上。

77. Miller v. California, 413 U.S. 15 (1973).

78. Carrie Weisman, A Brief but Totally Fascinating History of Porn, *AlterNet* (June 5, 2015).

79. Julia Bindel, What Andrea Dworkin, the Feminist I Knew, Can Teach Young Women, *The Guardian* (March 30, 2015).

80. American Booksellers Ass'n, Inc. v. Hudnut, 771 F. 2d 323 (7th Cir. 1985).

81. Dworkin v. Hustler Magazine, Inc., 668 F. Supp. 1408, 1410 (C.D. Cal. 1987).

82. 同上。

83. Dworkin v. Hustler Magazine, Inc., 611 F. Supp. 781 (D. Wyo. 1985).

84. 同上，785。

85. 同上，786。

86. 訪問查理・卡拉威（二〇一七年五月十三日）。

87. Dworkin, 611 F. Supp., 786-787.

88. 同上。

89. 同上。

90. Dworkin v. Hustler Magazine, Inc., 867 F. 2d 1188 (9th Cir. 1989).

91. 訴狀。Spence v. Hustler, Civil Action No. 6568 (District Court of Teton County, Wyoming, May 12, 1986).

92. Spence v. Flynt, 647 F. Supp. 1266, 1269 (D. Wyo. 1986).

93. 訴狀。Spence v. Hustler, Civil Action No. 6568 (District Court of Teton County, Wyoming, May 12, 1986), ¶ 13.

94. 同上。

95. 同上。

96. 同上，1274。

97. Spence v. Flynt, 647 F. Supp. 1266, 1274 (D. Wyo. 1986).

第二章

1. Martin Lasden, Of Bytes and Bulletin Boards, *N. Y. Times* (Aug. 4, 1985).

2. 宣誓書。Robert G. Blanchard，Cubby v. CompuServe, 90 Civ. 6571 (S.D.N.Y. July 11, 1991), ¶ 2.

3. 同上。¶ 3.

4. 同上。¶ 4.

5. 訪問鮑勃‧布蘭查德（二〇一七年五月二十三日）。

6. 動議要求簡易判決。Cubby v. CompuServe, 90 Civ. 6571 (S.D.N.Y. April 5, 1991), 3-4.

7. 同上。

8. 宣誓書物證 A。Robert G. Blanchard，Cubby v. CompuServe, 90 Civ. 6571 (S.D.N.Y. July 11, 1991).

9. 宣誓書物證 C。Robert G. Blanchard，Cubby v. CompuServe, 90 Civ. 6571 (S.D.N.Y. July 11, 1991).

10. 訪問鮑勃‧布蘭查德（二〇一七年五月二十三日）。

11. 訴狀。Cubby v. CompuServe, 90 Civ. 6571 (S.D.N.Y. Oct. 5, 1990).

12. 同上。¶ 25.

13. 反對被告 CompuServe 提出動議要求簡易判決的法律備忘錄。90 Civ. 6571 (S.D.N.Y. July 11, 1991), 6.

14. 同上。

15. 同上。

16. 宣誓書。伊本‧L. 肯特，90 Civ. 6571 (S.D.N.Y. April 5, 1991)，¶ 7.

17. 宣誓書物證 A。吉姆‧卡麥隆，Cubby v. CompuServe, 90 Civ. 6571 (S.D.N.Y. April 5, 1991).

18. 宣誓書。吉姆‧卡麥隆，Cubby v. CompuServe, 90 Civ. 6571 (S.D.N.Y. April 5, 1991)（一九九一年四月五日）¶ 7.

19. 宣誓書物證 B。吉姆‧卡麥隆。

20. 提出動議要求簡易判決的法律備忘錄。Cubby v. CompuServe, 90 Civ. 6571 (S.D.N.Y. July 11, 1991), 6.

21. 同上。

22. 同上。¶ 5.

23. 反對被告 CompuServe 提出動議要求簡易判決的法律備忘錄。
    90 Civ. 6571 (S.D.N.Y. July 11, 1991), 3.

24. 同上。¶ 4.

25. 同上。¶ 8.

26. Cubby v. CompuServe, 776 F.Supp. 135 (S.D.N.Y. 1991).

27. 同上，138。

28. 同上，140。

29. 同上。

30. 訪問鮑勃・布蘭查德（二〇一七年五月二十三日）。

31. 同上。

32. 訪問里歐・凱瑟（二〇一七年六月二十六日）。

33. 同上。

34. Jonathan M. Moses & Michael W. Miller, CompuServe Is Not
    Liable for Contents, *Wall St. J.* (Oct. 31, 1991).

35. Column One, *L. A. Times* (March 19, 1993).

36. Barnaby J. Feder, Towards Defining Free Speech in the Computer
    Age, *N. Y. Times* (Nov. 3, 1991).

37. Associated Press, CompuServe Wins Libel Suit, Question of
    Bulletin Boards Remains, *Associated Press* (Nov. 1, 1991).

38. David J. Conner, Cubby v. Compuserve, Defamation Law on the
    Electronic Frontier, 2 *Geo. Mason Indep. L. Rev.* 227 (1993).

39. Linette Lopez, A Former Exec，the 'Wolf of Wall Street' Firm
    Has a Few Bones to Pick with the Story, *Business Insider* (Dec. 10,
    2013).

40. 第二次修訂確認起訴狀。Stratton Oakmont v. Prodigy Services
    Co., Index No. 94–031063 (N.Y. Sup. Ct., Nassau County, Jan. 9,
    1995), ¶ 18.

41. 同上。¶ 19.

42. 同上。¶ 20.
43. 同上。¶ 21.
44. 同上。¶ 22.
45. 訪問傑克‧扎曼斯基（二〇一七年六月十四日）。
46. 確認起訴狀。Stratton Oakmont v. Prodigy Services Co., Index No. 94-031063 (N.Y. Sup. Ct., Nassau County, Nov. 7, 1994).
47. 紐約州司法行為委員會，「根據《司法法》第四十四條第四款之程序，與史都華‧艾因相關之事宜」（一九九二年九月二十一日）。
48. 訪問傑克‧扎曼斯基（二〇一七年六月二十日）。
49. 第二次修訂確認起訴狀。Stratton Oakmont v. Prodigy Services Co., Index No. 94-031063 (N.Y. Sup. Ct., Nassau County, Jan. 9, 1995), ¶ 6.
50. 同上。¶¶ 60-61.
51. 訪問傑克‧扎曼斯基（二〇一七年六月二十日）。
52. Peter H. Lewis, Libel Suit against Prodigy Tests on-Line Speech Limits, *N. Y. Times* (Nov. 16, 1994).
53. 原告法律備忘錄，支持部分簡易判決之動議。Stratton Oakmont v. Prodigy Services Co., Index No. 94-031063 (N.Y. Sup. Ct., Nassau County).
54. 同上，4。
55. 同上。
56. 珍妮佛‧安布羅澤克的口供證詞，154。
57. Electronic Bulletin Boards Need Editing. No They Don't, *N. Y. Times* (Mar. 11, 1990).
58. 原告法律備忘錄，支持部分簡易判決之動議。Stratton Oakmont v. Prodigy Services Co., Index No. 94-031063 (N.Y. Sup. Ct., Nassau County), 4.
59. 同上，6。

60. 同上。

61. 同上，14。

62. 被告 Prodigy Service 公司法律備忘綠，反對原告簡易判決之動
議。Stratton Oakmont v. Prodigy Services Co., Index No. 94-031063
(N.Y. Sup. Ct., Nassau County Feb. 24, 1995), 1-2.

63. 同上，11。

64. 同上，11。

65. 同上，12-13。

66. 同上，13。

67. 同上，4。

68. 簡易判決書，Stratton Oakmont v. Prodigy Services Co., Index No.
94-031063 (N.Y. Sup. Ct., Nassau County May 24, 1995).

69. 同上，7。

70. 同上，9。

71. 訪問傑克・扎曼斯基（二〇一七年六月二十日）。

72. Netwatch... Unease after Prodigy Ruling, *Time* (May 26, 1995).

73. Prodigy on Trial, *Advertising Age* (June 5, 1995).

74. Peter H. Lewis, After Apology from Prodigy, Firm Drops Suit, *N. Y.
Times* (Oct. 25, 1995).

75. 同上。

76. 訪問傑克・扎曼斯基（二〇一七年六月二十日）。

77. Stratton Oakmont v. Prodigy Services Co., Index No. 94-031063
(N.Y. Sup. Ct., Nassau County Dec. 11, 1995).

78. 同上，4。

79. Katharine Stalter, Prodigy Suit a Tough Read, Variety (Nov. 12,
1995).

80. R. Hayes Johnson Jr., Defamation in Cyberspace: A Court Takes a
Wrong Turn on the Information Superhighway in Stratton Oakmont,
Inc. v. Prodigy Services Co., 49 *Ark. L. Rev.* 589 (1996).

81. David Ardia, Free Speech Savior or Shield for Scoundrels: An Empirical Study of Intermediary Immunity under Section 230 of the Communications Decency Act, 43 *Loy. L. A. L. Rev.* 373 (2010).

第三章

1. 訪問克里斯・考克斯（二〇一七年四月十四日）。
2. 訪問朗・懷登（二〇一七年六月六日）。
3. 訪問克里斯・考克斯（二〇一七年四月十四日）。
4. 訪問朗・懷登（二〇一七年六月六日）。
5. 訪問克里斯・考克斯（二〇一七年四月十四日）。
6. 同上。
7. 訪問里克・懷特（二〇一七年六月二十六日）。
8. 訪問比爾・伯靈頓（二〇一七年五月十八日）。
9. Stephen Levy, No Place for Kids? Newsweek (July 2, 1995).
10. 訪問克里斯・麥克林恩（二〇一七年六月二十六日）。
11. S. 314, 104th Congress (1995).
12. 141 Cong. Rec. 8386 (June 14, 1995).
13. Center for Democracy and Technology, Gingrich Says CDA Is a Clear Violation of Free Speech Rights (June 20, 1995).
14. 訪問比爾・伯靈頓（二〇一七年五月十八日）。
15. 訪問克里斯・考克斯（二〇一七年四月十四日）。
16. 訪問朗・懷登（二〇一七年六月六日）。
17. 這項法案大致與隔年總統簽字成為法律的第 230 條版本完全相同。然而，頒布的法條在用字上有些許不同。除非另有說明，否則本書中引用的版本皆為簽字成為法律的法案內文。
18. 47 U.S.C. § 230(c)(1).
19. 47 U.S.C. § 230(f)(2).
20. 47 U.S.C. § 230(f)(3).
21. 47 U.S.C. § 230(c)(2).

22. 47 U.S.C. § 230(e)(2).

23. 47 U.S.C. § 230(e)(1).

24. 47 U.S.C. § 230(e)(4).

25. 47 U.S.C. § 230(e)(3).

26. 47 U.S.C. § 230(a).

27. 47 U.S.C. § 230(b).

28. 訪問傑瑞・伯曼（二〇一七年六月二十三日）。

29. Charles Levendosky, FCC and the Internet? Disastrous Combination, Casper Star-Tribune (July 18, 1995).

30. 141 Cong. Rec. H8470 (Aug. 4, 1995).

31. 同上。

32. 訪問里克・懷特（二〇一七年六月二十六日）。

33. 141 Cong. Rec. H8470 (Aug. 4, 1995).

34. 141 Cong. Rec. H8571 (Aug. 4, 1995).

35. 同上。

36. 同上。

37. 141 Cong. Rec. H8569 (Aug. 4, 1995).

38. House Votes to Ban Internet Censorship; Senate Battle Ahead, *Wash. Post* (Aug. 5, 1995).

39. 訪問傑瑞・伯曼（二〇一七年六月二十三日）。

40. Sec. 502 of S.652(enr.) (104th Cong.).

41. 同上。

42. 同上。

43. 訪問里克・懷特（二〇一七年六月二十六日）。

44. 訪問克里斯・麥克林恩（二〇一七年六月二十六日）。

45. 里克・懷特議員的網站在 Archive.org 中的複本，可在以下網址取得：https://web.archive.org/web/19970616062841/http://www.house.gov:80/white/internet/initiative.html.

46. 訪問克里斯・麥克林恩（二〇一七年六月二十六日）。

47. Conf. Report 104-458 (104th Cong.), 194.
48. Howard Bryant and David Plotnikoff, How the Decency Fight Was Won, *San Jose Mercury News* (March 3, 1996).
49. FCC v. Pacifica Foundation, 438 U.S. 726 (1978).
50. 訪問傑瑞・伯曼（二○一七年六月二十三日）。

第二部

1. Andy Greenberg, It's Been 20 Years since This Man Declared Cyberspace Independence, *Wired* (Feb. 8, 2016).
2. 141 Cong. Rec. H. 8469 (Aug. 4, 1995).
3. Reno v. American Civil Liberties Union, 521 U.S. 844, 850 (1997).

第四章

1. 一九九五年六月二十六日，里歐・凱瑟三世致珍・M・邱吉的信件（「凱瑟信件」），附在「反對被告提出動議就訴訟文件做出判決之摘要書」。Zeran v. America Online, Civ-96–1564 (E.D. Va. Feb. 13, 1997), 1.
2. 同上。
3. 同上。¶¶1-2.
4. 同上。¶2.
5. 凱瑟信件附件 A。
6. 凱瑟信件，2。
7. 同上，3。
8. Zeran v. Diamond Broadcasting, Inc., 203 F. 3d 714, 718 (10th Cir. 2000).
9. 同上。
10. 凱瑟信件，3。
11. 肯尼斯・澤蘭致函愛倫・庫許（一九九五年五月一日）。
12. 凱瑟信件，4。

13. 同上。

14. Mark A. Hutchison, Online T-Shirt Scam Jolts Seattle Man, Sunday Oklahoma (May 7, 1995).

15. 凱瑟信件，5。

16. 一九九四年五月十七日，珍・M・邱吉致肯尼斯・澤蘭的信件，附在「反對被告提出動議就訴訟文件做出判決之摘要書」。Zeran v. America Online, Civ-96-1564 (E.D. Va. Feb. 13, 1997), 1.

17. 訪問里歐・凱瑟（二〇一七年六月二十六日）。

18. 凱瑟信件，5。

19. 訪問里歐・凱瑟（二〇一七年六月二十六日）。

20. Associated Press, Judge in Manafort Trial Is a Navy Vet (Aug. 3, 2018).

21. 請見記錄員逐字稿。United States v. Franklin, Case No. 05-cr-225 (E.D. Va. June 11, 2009), 38.

22. 「支持被告提出動議就訴訟文件做出判決之備忘錄」。Zeran v. America Online, Civil No. 96-1564 (Jan. 28, 1997), 9-10.

23. 同上，7。

24. 同上，8。

25. 「反對被告提出動議就訴訟文件做出判決之摘要書」。Zeran v. America Online, Civil No. 96-1564 (Feb. 13, 1997), 11.

26. 同上，10。

27. 同上，12。

28. 這次法庭聽證會的所有對話都在記錄員逐字稿中，「動議聽證會」。Zeran v. America Online, Civil No. 96-1564 (E.D. Va. Feb. 28, 1997).

29. Zeran v. America Online, 958 F.Supp 1124, 1133 (E.D. Va. 1997).

30. 同上，1134-1135。

31. 上訴人書狀，Zeran v. America Online, Case No. 97-1523（第四巡迴上訴法院，一九九七年六月二日），32。

32. 上訴人書狀，Zeran v. America Online, No. 97-1523（第四巡迴上訴法院，一九九七年七月七日）。

33. J・哈維・威金森法官，美國第四巡迴上訴法院，可從以下網址取得：http://www.ca4.uscourts.gov/judges/judges-of-the-court/judge-j-harvie-wilkinson-iii.

34. Melody Peterson, Donald S. Russell Dies, 92, Politician and Federal Judge, *N. Y. Times* (Feb. 25, 1998).

35. Boyle, Terrence William, Federal Judicial Center. 可從以下網址取得：https://www.fjc.gov/history/judges/boyle-terrence-william.

36. Zeran v. America Online, Inc., 129 F.3d 327, 330 (4th Cir. 1997).

37. 同上，331。

38. 同上。

39. 47 U.S.C. § 230(b)(1).

40. 47 U.S.C. § 230(b)(2).

41. 47 U.S.C. § 230(b)(3).

42. 47 U.S.C. § 230(a)(3).

43. 141 Cong. Rec. H. 8471 (Aug. 4, 1995).

44. 同上，H8472。

45. Zeran 129 F.3d, 332.

46. 同上。

47. 同上。

48. 同上，333。

49. 同上。

50. 訪問朗・懷登（二〇一七年六月六日）。

51. 訪問里歐・凱瑟（二〇一七年六月二十六日）。

52. Zeran v. Diamond Broadcasting, 203 F.3d 714 (10th Cir. 2000).

53. Order, Doe v. America Online, Case No. CL 97-631AE (Fl. Cir. Ct. June 26, 1997).

54. 同上。

55. Opinion, Doe v. America Online, Case No. 97-25 87 (Fl. Ct. App. Oct. 14, 1998).

56. Doe v. America Online, 783 So.2d 1010, 1017 (Fl. 2001).

57. 同上，1019 (Lewis, J., dissenting)。

58. 同上，1022。

59. 同上，1024。

60. 訴狀。Blumenthal v. Drudge, Case No. 1:97-cv-01968-PLF (D.D.C. Aug. 27, 1997)（下稱「布盧門索訴狀」），¶ 204.

61. 布盧門索訴狀證據五。

62. 同上。

63. 布盧門索訴狀證據一。

64. Howard Kurtz, Blumenthals Get Apology, Plan Lawsuit, *Wash. Post* (Aug. 12, 1997).

65. 布盧門索訴狀。¶557.

66. Memorandum of Points and Authorities in Support of Defendant America Online, Inc.'s Motion for Summary Judgment, Blumenthal v. Drudge, Civil Action No. 97-CV-01968 (D.D.C. Oct. 20, 1997).

67. Plaintiffs' Memorandum of Points and Authorities in Opposition to Defendant America Online, Inc.'s Motion for Summary Judgment, Blumenthal v. Drudge, Civil Action No. 97- CV-01968 (D.D.C. Jan. 23, 1998), 13.

68. 美國哥倫比亞地區地方法院資深法官 Paul Friedman。資料可從以下網址取得：http://www.dcd.uscourts.gov/content/senior-judge-paul-l-friedman.

69. Blumenthal v. Drudge, 992 F. Supp. 44, 51-52 (D.D.C. 1998).

70. 同上，52。

71. 同上，52-53。

72. 同上，49。

第五章

1. Ed Whelan, Reinhardt Day, the Supreme Court, *Nat'l Review* (May 25, 2010).

2. Ben Feuer, California's Notoriously Liberal "9th Circus" Court of Appeals Is Growing More Centrist, *L. A. Times* (Sept. 11, 2016).

3. 同　上；Dylan Matthews, How the 9th Circuit Became Conservatives' Least Favorite Court, *Vox* (Jan. 10, 2018)。

4. 訪問克里斯・考克斯（二〇一七年四月十四日）。

5. 訪問愛倫・巴澤爾（二〇一七年七月十四日）。

6. 同上。

7. Batzel v. Smith, 372 F. Supp.2d 546, 547 (C.D. Cal. 2005).

8. Batzel v. Smith, 333 F.3d 1018, 1021 (9th Cir. 2003).

9. Jori Finkel, The Case of the Forwarded E-mail, *Salon* (July 13, 2001).

10. 同上。

11. Batzel v. Smith, 333 F.3d, 1022.

12. Appellant's Opening Brief, Batzel v. Smith, Case No. 01-56380 (9th Cir. April 30, 2002), 21.

13. 同上，22。

14. Brief of Appellee, Batzel v. Smith, Case No. 01-56380 (9th Cir. May 10, 2002), 28-29；訪問愛倫・巴澤爾（二〇一七年七月十四日）。

15. 同上。

16. 訪問愛倫・巴澤爾（二〇一七年七月十四日）。

17. Appellant's Opening Brief, Batzel v. Smith, Case No. 01-56380 (9th Cir. April 30, 2002), 24.

18. 同上，25。

19. 同上，24-27。

20. 訪問愛倫・巴澤爾（二〇一七年七月十四日）。

21. 同上。
22. 同上。
23. 同上。
24. Appellant's Opening Brief, Batzel v. Smith, Case No. 01-56380 (9th Cir. April 30, 2002), 39.
25. Brief of Appellee, Batzel v. Smith, Case No. 01-56380 (9th Cir. May 31, 2002), 38-39.
26. 同上，39-40。
27. Brief of Public Citizen as Amicus Curiae Urging Reversal and Remand, Batzel v. Smith, Case No. 01-56380 (9th Cir. May 31, 2002)，vii。
28. 同上，23。
29. Batzel v. Smith, 333 F.3d 1018, 1020 (9th Cir. 2003).
30. 同上，1028。
31. 同上，1031。
32. 同上。
33. 同上，1032。
34. 同上，1033。
35. 同上，1035。
36. 同上，1038 (Gould, J., dissenting)。
37. 同上。
38. Batzel v. Smith, 351 F. 3d 904, 907 (2003) (Gould, J., dissenting from denial of rehearing en banc).
39. Sebastian Rupley, Fre-er Speech on the Net; A Court Ruling Sets New Libel Definitions for Bloggers, Discussion, and Forums on the Internet, *PC Magazine* (July 3, 2003).
40. Juliana Barbassa, Court Decision Protects Bloggers from Libel Suits, *Associated Press* (July 2, 2003).
41. 訪問克里斯・考克斯（二〇一七年四月十四日）。

42. 訪問愛倫・巴澤爾（二〇一七年七月十四日）。

43. 同上。

44. Appellant's Opening Brief, Carafano v. Metrosplash, No. 02-55658 (9th Cir. Oct. 16, 2002), 5-6.

45. 訴　狀。Carafano v. Metrosplash, Case No. BC239336 (California Superior Court, Los Angeles, Oct. 27, 2000) ("Carafano Complaint"), 2-3.

46. 同上，3。

47. 同上。

48. 同上，4。

49. Carafano v. Metrosplash, 207 F. Supp. 2d 1055, 1061 (C.D. Cal. 2002).

50. 同上。

51. Carafano Complaint, 4.

52. 同上，5。

53. 同上。

54. Carafano v. Metrosplash, 207 F. Supp. 2d 1055, 1066-67 (C.D. Cal. 2002).

55. 同上，1066。

56. 同上，1068-1077。

57. Brief of Appellee Lycos., Inc., Carafano v. Metrosplash, Case No. 02-55658 (9th Cir. Jan. 6, 2003), 62.

58. Carafano v. Metrosplash, 339 F.3d 119, 1124 (9th Cir. 2003).

59. 同上，1125。

第六章

1. Christian M. Dippon, Economic Value of Internet Intermediaries and the Role of Liability Protections (June 5, 2017).

2. 同上。

3. Anupam Chander, How Law Made Silicon Valley, 63 Emory L. J. 639, 650 (2014).

4. 爆料報告首頁，<www.ripoffreport.com.>。

5. 同上。

6. 同上。

7. 訪問艾德・馬格森（二〇一七年六月十一日）。

8. 同上。

9. 同上。

10. 同上。

11. 同上。

12. 同上。

13. 電子郵件，Why Ripoff Report Will Not Remove a Report Even When the Author of the Report Asks Ripoff Report to Do So（艾德・馬格森於二〇一七年六月十一日提供）。

14. 訪問艾德・馬格森（二〇一七年六月十一日）。

15. 同上。

16. Order, Global Royalties v. Xcentric Ventures, LLC, No. CV-07-0956-PHX-FJM (D. Ariz. Feb. 28, 2008).

17. Exhibit to 訴狀。Global Royalties v. Xcentric Ventures, LLC, No. CV-07-0956-PHX-FJM (D. Ariz. July 11, 2007).

18. 同上。

19. Amended Complaint, Global Royalties v. Xcentric Ventures, LLC, No. CV-07-0956-PHX-FJM (D. Ariz. Nov. 1, 2007), ¶ 26.

20. Order, Global Royalties v. Xcentric Ventures, LLC, No. CV-07-0956-PHX-FJM (D. Ariz. Oct. 10, 2007).

21. Amended Complaint, Global Royalties v. Xcentric Ventures, LLC, No. CV-07-0956-PHX-FJM (D. Ariz. Nov. 1, 2007), ¶ 13.

22. Motion to Dismiss Amended Complaint, Global Royalties v. Xcentric Ventures, LLC, No. CV-07-0956-PHX-FJM (D. Ariz. Nov.

12, 2007), 5.

23. Plaintiff's Responsive Memorandum in Opposition in Response to Defendants' Motion.

24. to Dismiss Amended Complaint, Global Royalties v. Xcentric Ventures, LLC, No. CV-07-0956-PHX-FJM (D. Ariz. Nov. 30, 2007), 10-12.

25. Order, Global Royalties v. Xcentric Ventures, LLC, No. CV-07-0956-PHX-FJM (D. Ariz. Feb. 28, 2008), 3.

26. 同上，5-6。

27. 訪問安妮特・畢比（二〇一七年六月十一日）。

28. 同上。

29. 訪問艾德・馬格森（二〇一七年六月十一日）。

30. 同上。

31. Angela Balcita, The Startup Boys: A Conversation with Yelp.com Founders Russel Simmons and Jeremy Stoppelman, Imagine (Jan./ Feb. 2008).

32. Saul Hansell, Why Yelp Works, *N. Y. Times* (May 12, 2008).

33. Jean Harris, For Some Yelpers, It Pays to be Elite, *L. A. Times* (May 1, 2015).

34. Leigh Held, Behind the Curtain of Yelp's Powerful Reviews, Entrepreneur (July 9, 2014).

35. Hillary Dixler, Yelp Turns 10: From Startup to Online Review Dominance, Eater (Aug. 5, 2014).

36. 同上。

37. Evelyn M. Rusli, In Debut on Market, Yelp Stock Surges 64%, *N. Y. Times* (Mar. 2, 2012).

38. 新聞稿，Yelp Reports First Quarter 2018 Financial Results (May 10, 2018)。

39. Michael Anderson & Jeremy Magruder, Learning from the Cloud:

Regression Discontinuity Estimates of the Effects of an Online Review Database (May 23, 2011).

40. Joyce Cutler, Counsel，Leading Social Sites Describe Crush of User Content Takedown Requests, *BNA* (Mar. 7, 2011).

41. Kimzey v. Yelp! Inc., 836 F. 3d 1263, 1266 (9th Cir. 2016).

42. 同上，1267.

43. 同上。

44. 訴狀。Kimzey v. Yelp, Case No. 13-cv-1734 (W.D. Wash. Sept. 28, 2013)，¶¶ 19-23.

45. Kimzey v. Yelp Inc., F. Supp. 3d 1120, 1123 (W.D. Wash. 2014).

46. Kimzey v. Yelp! Inc., 836 F. 3d 1263, 1266, 1271 (9th Cir. 2016).

47. 同上，1269。

48. 同上。

49. 同上，1265。

50. 維基百科：規模比較，<https://en.wikipedia.org/wiki/Wikipedia: Size_comparisons>（最後訪問時間二〇一七年七月三十日）。

51. Alexa 全球五百大網站，<http://www.alexa.com/topsites>（最後訪問時間二〇一七年七月三十日）。

52. 訪問沃德・坎寧安（二〇一七年八月三日）。

53. 同上。

54. 同上。

55. 同上。

56. 維基百科的歷史，<https://en.wikipedia.org/wiki/History_of_ Wikipedia>（最後訪問時間二〇一七年七月三十日）。

57. 同上。

58. 同上。

59. 訪問沃德・坎寧安（二〇一七年八月三日）。

60. Peter Meyers, Fact-Driven? Collegial? This Site Wants You, *N. Y. Times* (Sept. 20, 2001).

61. 維基百科的歷史，<https://en.wikipedia.org/wiki/History_of_ Wikipedia>（最後訪問時間二〇一七年七月三十日）。

62. 維基百科：政策與指南，<https://en.wikipedia.org/wiki/Wikipedia: Policies_and_guidelines>（最後訪問時間二〇一七年七月三十日）。

63. 維基百科，席根塔勒傳記事件，<https://en.wikipedia.org/wiki/ Wikipedia_Seigenthaler_biography_incident>（最後訪問時間二〇一七年七月三十一日）。

64. John Seigenthaler, Sr., A False Wikipedia "Biography," *USA Today* (Nov. 29, 2005).

65. 同上。

66. 同上。

67. Katharine Q. Seelye, A Little Sleuthing Unmasks Writer of Wikipedia Prank, *N. Y. Times* (Dec. 11, 2005).

68. Second Amended Complaint, Bauer v. Glatzer, Docket No. L-1169-07 (Superior Court of N.J., Monmouth County, Jan. 31, 2008), 25.

69. Exhibit 1 to Declaration of Mike Godwin in Support of the Motion to Dismiss the 訴狀，Bauer v. Glatzer, Docket No. L-1169-07 (Superior Court of N.J., Monmouth County, April 29, 2008).

70. Memorandum of Law in Support of Motion of Defendant Wikimedia Foundation, Inc. to Dismiss the 訴狀。Bauer v. Glatzer, Docket No. L-1169-07 (Superior Court of N.J., Monmouth County, May 1, 2008).

71. Brief in Opposition to Motion to Dismiss, Bauer v. Glatzer, Docket No. L-1169-07 (Superior Court of N.J., Monmouth County, May 12, 2008), 3.

72. Reply Memorandum of Law in Support of Motion of Defendant Wikimedia Foundation, Inc. to Dismiss the 訴狀。Bauer v. Glatzer, Docket No. L-1169-07 (Superior Court of N.J., Monmouth County,

May 19, 2008).

73. Mike Godwin, A Bill Intended to Stop Sex Trafficking Could Significantly Curtail Internet Freedom, *Slate* (Aug. 4, 2017).

74. DMR 商業統計，可在以下網址取得 <https://expandedramblings. com/index.php/ resource-how-many-people-use-the-top-social-media/>.

75. 這些公司在證交所申報的資料加總的總數。

76. 網際網路即時狀態，Twitter 用戶統計 http://www.internetlivestats. com/twitterstatistics/（二〇一八年八月二十二日）。

77. Smart Insights, What Happens Online in 60 Seconds: Managing Content Shock in 2017, http://www.smartinsights.com/internet-marketing-statistics/happens-online-60-seconds/.

78. (Aug. 3, 2017).

79. Julia Angwin & Brian Steinberg, News Corp. Goal: Make MySpace Safer for Teens, *Wall St. J.* (Feb. 17, 2006).

80. 吉姆‧佩特羅給克里斯‧德沃爾夫的信（二〇〇六年三月二十四日）。

81. Plaintiff's Original Petition, Doe v. MySpace, DY-GM-06-002209 (Travis County District Court, June 19, 2006).

82. 同上。

83. 同上。

84. Memorandum of Law in Support of Plaintiffs' Response to Defendants' Motion to Dismiss, Case No. 1:06-cv-00983-SS (W.D. Tex. Jan, 16, 2007), 2.

85. Doe v. MySpace, 528 F. 3d 413, 421 (5th Cir. 2008).

86. 同上。

87. Doe v. MySpace, 474 F. Supp. 2d 843, 848 (W.D. Tex. 2007).

88. 同上。

89. 同上，849。

448

90. Dana Milbank, Justice Clement: We Hardly Knew You: The Rise and Fall of a Contender, *Wash. Post* (July 20, 2005).
91. Doe v. MySpace, Inc., 528 F. 3d 413 (5th Cir. 2008).
92. Heidi Blake, Google Celebrates 12th Birthday: A Timeline, *Telegraph* (Sept. 27, 2010).
93. John Patrick Pullen, Google's Parent Company Achieves Big Market Cap Milestone, *Fortune* (April 24, 2017).
94. 網際網路即時狀態，<http://www.internetlivestats.com/google-search-statistics/>（二〇一七年八月三日）。
95. Fakhrian v. Google, No. B260705 (Cal. Ct. App. 2016).
96. 同上。
97. 同上。

第七章

1. Jack M. Balkin, Old-School/New-School Speech Regulation, 127 *Harv. L. Rev.* 2296, 2313 (2014).
2. Continental Congress to the Inhabitants of the Province of Quebec, Journals 1:105-13 (Oct. 26, 1774).
3. Noah Feldman, Free Speech in Europe Isn't What Americans Think, *Bloomberg* (March 19, 2017).
4. Article 19, *Islamic Republic of Iran: Computer Crimes Law* (2013), 41.
5. Ece Toksabay, Turkey Reinstates YouTube Ban, *Reuters* (Nov. 3, 2010).
6. Russian Parliament Approves "Right to Be Forgotten" Law, *DW* (July 3, 2015).
7. Sherisse Pham, Here's How China Deals with Big Social Media Companies, *CNN* (April 12, 2018).
8. *PEN America, Forbidden Fees: Government Controls on Social*

Media (June 2018).

9. Judgment, Case of Delfi v. Estonia, Application no. 64569/09 (Grand Chamber, European Court of Human Rights June 16, 2015)，¶¶ 11-12.

10. 同上。¶ 13.

11. 同上。¶ 14.

12. 同上。¶ 18.

13. 同上。¶¶ 19-20.

14. Directive 2000/31/EC, Article 12.

15. Ibid., Article 14.

16. Judgment, Case of Delfi v. Estonia, Application no. 64569/09 (Grand Chamber, Eu¬ropean Court of Human Rights, June 16, 2015), ¶ 23.

17. 同上。¶ 24.

18. 同上。¶ 26.

19. 同上。¶ 31.

20. 同上。¶¶ 61-65.

21. 同上。¶ 63.

22. Written comments of the Media Legal Defence Initiative, Delfi AS v. Estonia (June 6, 2014).

23. 同上。

24. Judgment, Case of Delfi v. Estonia, Application no. 64569/09 (Grand Chamber, European Court of Human Rights, June 16, 2015), ¶ 142.

25. 同上，140-146。

26. 同上。¶ 151.

27. 同上。¶ 156.

28. 同上。¶ 157.

29. 同上。¶ 159.

30. 同上。¶ 127.

31. Joint Dissenting Opinion of Judges Sajo and Tsotsoria, Delfi v.

Estonia, Application no. 64569/09.

32. Joint Dissenting Opinion of Judges Sajo and Tsotsoria, Delfi v. Estonia, Application no. 64569/09, ¶ 2.

33. Press Release, Access, Worrying Setback in European Court Delfi Decision for Online Free Expression and Innovation (June 15, 2015).

34. *Trustpilot*, What Happens If My Review Is Reported? available，https://support.trustpilot.com/hc/en-us/articles/207312237-What-happens-when-my-review-is-reportedon-Trustpilot- (Aug. 10, 2017).

35. European Charter of Fundamental Rights, Article 8.

36. Google Spain, SL v. Costeja Gonzalez, Case C-131/12 (Grand Chamber May 13, 2014).

37. 同上。¶¶ 14-15.

38. 同上。¶ 16.

39. 同上，81。

40. 同上，95。

41. 同上，97。

42. Stan Schroeder, Google Has Received Nearly 350,000 URL Removal Requests So far, *Mashable* (Nov. 26, 2015).

43. Google 透明報告（二〇一七年）。

44. James Vincent, Critics Outraged as Google Removes Search Results about Top UK.

45. Lawyer and US Banker, *The Independent* (July 3, 2014).

46. Jeffrey Rosen, The Right to Be Forgotten, *Stan. L. Rev.* (Feb. 2012).

47. 《一般資料保護規則》第十七條。

48. 薇薇安・雷丁演講，The EU Data Protection Reform 2012: Making Europe the Standard Setter for Modern Data Protection Rules in the Digital Age, Innovation Conference Digital Life, *Design* (Jan. 22,

2012).

49.　Daphne Keller, The Right Tools: Europe's Intermediary Liability Laws and the 2016 General Data Protection Regulation, *Berkeley Tech. L. J.* (Mar. 22, 2017, working draft).

50.　同上。

51.　Google 移除政策，可從以下網址取得：<https://support.google.com/websearch/ answer/2744324?hl=en>（二〇一七年八月二十五日）。

52.　Carter v. B.C. Federation of Foster Parents Ass'n, 2005 BCCA 398 (Ct. App. British Columbia 2005), ¶ 1.

53.　同上。¶ 5.

54.　同上。¶ 14.

55.　同上。¶ 21.

56.　Brisciani v. Piscioneri (No 4) [2016] ACTCA 32 (Sup. Ct. of Australian Capital Territory, Ct. of Appeal 2016), ¶ 6.

57.　同上。

58.　同上。¶ 8.

59.　同上。¶ 9.

60.　Piscioneri v Brisciani [2015] ACTSC 106 (Sup. Ct. of the Australian Capital Terri¬tory 2015), ¶ 45.

61.　同上。

62.　Piscioneri v Brisciani [2016] ACTCA 32 (Sup. Ct. of the Australian Capital Territory Ct. of Appeal 2016).

63.　28 U.S.C. § 4102.

第八章

1.　Plaintiffs' First Amended Complaint for Monetary, Declaratory & Injunctive Relief; Demand for Jury Trial, Fair Housing Council of San Fernando Valley v. Roommate.com, Case No. 03-9386 PA (C.D.

Cal. April 9, 2004)，¶¶ 16-47.

2. 同上。¶ 12; Fair Housing Council of San Fernando Valley v. Roommates. com, 521F.3d 1157, 1161-1162 (9th Cir. 2008) (en banc).

3. Plaintiffs' First Amended Complaint for Monetary, Declaratory & Injunctive Relief; Demand for Jury Trial, Fair Housing Council of San Fernando Valley v. Roommate.com, Case No. 03-9386 PA (C.D. Cal. April 9, 2004)，¶¶ 51-65.

4. Henry Weinstein, Bush Names 2 for Judgeships in L.A., *L. A. Times* (Jan. 24, 2002).

5. Memorandum of Points and Authorities in Support of Plaintiffs' Motion for Preliminary Injunction, Fair Housing Council of San Fernando Valley v. Roommate.com, Case No. 03-9386 PA (C.D. Cal. Aug. 9, 2004), 10-11.

6. 同上，13。

7. Defendant's Notice of Motion and Motion for Summary Judgment; Memorandum of Points and Authorities, Fair Housing Council of San Fernando Valley v. Roommate.com, Case No. 03-9386 PA (C.D. Cal. Aug. 16, 2004), 10.

8. Reporter's Transcript of Proceedings, Fair Housing Council of San Fernando Valley v. Roommate.com, Case No. 03-9386 PA (C.D. Cal. Sept. 13, 2004), 4.

9. 同上，4-5。

10. 同上，6。

11. 同上，15。

12. 同上。

13. Order Granting in Part Defendant's Motion for Summary Judgment and Denying Plaintiffs' Motion for Summary Judgment Fair Housing Council of San Fernando Valley v. Roommate.com, Case No. 03-9386 PA (C.D. Cal. Sept. 30, 2004), 4.

14. 艾歷克斯・科辛斯基生平，國家公園服務處，可在以下網址取得 <https://www.nps.gov/ subjects/pacificcoastimmigration/kozinski. htm>。

15. 桑德拉・西格爾・伊庫塔閣下，聯邦黨人學會，可在以下網址取得 <https://fedsoc.org/ contributors/sandra-ikuta>。

16. Wood v. Ryan, 759 F. 3d 1076, 1103 (9th Cir. 2014) (Kozinski, C.J., dissenting from denial of rehearing en banc).

17. Dan Berman & Laura Jarrett, Judge Alex Kozinski, Accused of Sexual Misconduct, Resigns, *CNN* (Dec. 18, 2017).

18. 訪問艾歷克斯・科辛斯基（二〇一七年六月三十日）。

19. Fair Housing Council v. Roommates.com, 489 F.3d 921 (9th Cir. 2007).

20. 同上，928。

21. Ibid.

22. 同上，929。

23. Ibid.

24. 同上。

25. 同上。931 (Reinhardt, J., concurring in part and dissenting in part).

26. 同上。933 (Ikuta, J., concurring in part).

27. Adam Liptak, Web Site Is Held Liable for Some User Postings, *N. Y. Times* (May 16, 2007).

28. Ninth Circuit En Banc Procedure Summary (Feb. 10, 2017)，可從以下網址取得：http://cdn.ca9.uscourts.gov/datastore/general/2017/ 02/10/En_Banc_Summary2.pdf.

29. Amicus Curiae Brief of the Electronic Frontier Foundation, et al., Fair Housing Council v. Roommates.com, Nos. 04-59916 and 04-57173 (9th Cir. July 13, 2007), 3.

30. Hon. M. Margaret McKeown, Circuit Judge, Ninth Circuit Court of Appeals, Judicial Profile, The *Federal Lawyer* (September 2015).

31. Fair Housing Council v. Roommates.com, 521 F.3d 1157, 1168 (9th Cir. 2008) (en banc).

32. 同上，1166-1167。

33. 同上，1162。

34. 同上，1164。

35. 同上，1165。

36. 同上。

37. 同上，1171。

38. 同上。

39. 同上，1172。

40. 同上，1173-1174。

41. 同上，1176 (McKeown, J., concurring in part and dissenting in part).

42. 同上，1182。

43. 同上，1166。

44. Fair Housing Council v. Roommate.com, 666 F.3d 1215 (9th Cir. 2012).

45. Varty Defterdian, Fair Housing Council v. Roommates.com: A New Path for Section 230 Immunity, 24 *Berkeley Tech. L. J.* 563 (2009).

46. 訪問艾歷克斯・科辛斯基（二〇一七年六月三十日）。

47. 同上。

48. Orly Lobel, The Law of the Platform, 101 *Minn. L. Rev.* 87, 146 (2016).

49. 訪問艾歷克斯・科辛斯基（二〇一七年六月三十日）。

50. 同上。

51. Order on Cross-Motions for Summary Judgment, FTC v. Accusearch, Case No. 06-CV-105-D (D. Wyo. Sept. 28, 2007), 2.

52. 同上，3。

53. 同上。

54. 同上，2。

55. Complaint for Injunctive and Other Equitable Relief, FTC v. Accusearch, Case No. 06-CV-105-D (D. Wyo. May 1, 2006), ¶ 10.

56. Defendants' Memorandum of Points and Authorities in Support of Motion for Summary Judgment, FTC v. Accusearch, Case No. 06-CV-105-D (Dec. 8, 2006), 18.

57. 同上，19。

58. Hon. William F. Downes (Ret.), JAMS，可從以下網址取得：https://www.jamsadr.com/downes/。

59. Order on Cross-Motions for Summary Judgment, FTC v. Accusearch, Case No. 06-CV-105-D (D. Wyo. Sept. 28, 2007), 11.

60. 同上，12。

61. 同上，11。

62. Brief of Appellants, FTC v. Accusearch, No. 08-8003 (10th Cir. April 23, 2008), 42-43.

63. Brief of Appellees, FTC v. Accusearch, No. 08-8003 (10th Cir. June 6, 2008), 14.

64. Brief of Jennifer Stoddart, Privacy Commissioner of Canada, as Amicus Curiae in Support of Appellee and Affirmance of the District Court Decision, FTC v. Accusearch, No. 08-8003 (10th Cir. June 26, 2008), 3.

65. FTC v. Accusearch, 570 F.3d 1187, 1197 (10th Cir. 2009).

66. 同上，1198。

67. 同上。

68. 同上。

69. 同上，1199。

70. 同上，1200。

71. 同上。

72. 同上，1204 (Tymkovich, J., concurring)。

73. 同上。

74. Eric Goldman, The Ten Most Important Section 230 Rulings, 20 *Tul. J. Tech. & Intell. Prop.* 1 (2017).

第九章

1. 訴狀。Barnes v. Yahoo!, Civil Action No. 6:05-CV-926-AA (D. Or. June 23, 2005), ¶ 3.

2. 同上。¶¶ 4-5.

3. 同上。¶ 6.

4. 同上。¶ 7.

5. 同上。¶¶ 8-13.

6. Defendant Yahoo! Inc.'s Memorandum in Support of its Motion to Dismiss the 訴狀。Barnes v. Yahoo!, Civil Action No. 6:05-CV-926-AA (D. Or. July 27, 2005).

7. Opinion and Order, Barnes v. Yahoo!, Civil Action No. 6:05-CV-926-AA (D. Or. Nov. 8, 2005), 9.

8. Maureen O'Hagan, You've Heard of Scalia. But Who's O'Scannlain? *Portland Monthly* (April 22, 2016).

9. Kimberly Sayers-Fay & Eric Ritigstein, Hon. Susan P. Graber, U.S. Circuit Judge, U.S. Court of Appeals for the Ninth Circuit, *Federal Lawyer* (March/April 2006).

10. Carol J. Williams, Conservatives Gaining Sway on a Liberal Bastion, *L. A. Times* (April 19, 2009).

11. Barnes v. Yahoo!, Inc., 570 F. 3d 1096, 1107 (9th Cir. 2009).

12. 同上。

13. 同上。

14. Opinion and Order, Barnes v. Yahoo!, Civil Action No. 6:05-CV-926-AA (D. Or. Dec. 11, 2009), 10-11.

15. Daniel Solove, Barnes v. Yahoo!, CDA Immunity, and Promissory Estoppel, *Concurring Opinions* (May 19, 2009).

16.　Ibid.

17.　訴狀。Doe v. Internet Brands, Case 2:12-cv-03626-JFW-PJW (C.D. Cal. April 26, 2012), ¶ 11.

18.　同上。

19.　同上。¶ 12.

20.　同上。¶ 13.

21.　Amended Counterclaim, Waitt v. Internet Brands, 2:10-cv-03006-GHK-JCG (C.D. Cal. Sept. 22, 2010)，¶¶ 15-17。

22.　Motion to Dismiss, Doe v. Internet Brands, Case 2:12-cv-03626-JFW-PJW (C.D. Cal. July 3, 2012), 6.

23.　Civil Minutes, Doe v. Internet Brands, Case 2:12-cv-03626-JFW-PJW (C.D. Cal. Aug. 16, 2012), 4.

24.　Brief of Appellant, Doe v. Internet Brands, Case No. 12-56638 (9th Cir. Feb. 13, 2013), 19.

25.　Brief of Appellee, Doe v. Internet Brands, Case No. 12-56638 (9th Cir. March 15, 2013), 5.

26.　Defendant-Appellee Internet Brands, Inc.'s Petition for Rehearing and Rehearing En Banc, Doe v. Internet Brands, Case No. 12-56638 (Oct. 31, 2014), 2.

27.　Doe v. Internet Brands, 767 F. 3d 894, 898 (9th Cir. 2014).

28.　同上。

29.　同上。

30.　同上，899。

31.　請見 Daniel P. Collins, Munger, Tolles & Olson，可在以下網址取得 <https://www.mto.com/lawyers/Daniel-P-Collins>.

32.　Petition for Rehearing and Rehearing En Banc, Doe v. Internet Brands, Case No. 12-56638 (9th Cir. Oct. 31, 2014), 15.

33.　Amicus Brief in Support of Petition for Rehearing and Rehearing En Banc, Doe v. Internet Brands, Case No. 12-56638 (9th Cir. Nov. 10,

2014), 5.

34. 這場口頭辯論的對話取自第九巡迴法院在 Doe v. Internet Brands, Case No. 12-56638 的辯論錄影，可在以下網址取得 <https://www.ca9.uscourts.gov/media/view_video.php?pk_vid=0000007472>。

35. Doe v. Internet Brands, 824 F.3d 846 (9th Cir. 2016).

36. Civil Minutes, Doe v. Internet Brands, Case 2:12-cv-03626-JFW-PJW (C.D. Cal. Nov. 14, 2016), 6.

37. Jeff Kosseff, The Gradual Erosion of the Law That Shaped the Internet, 18 *Colum. Sci. & Tech. L. Rev.* 1 (2017).

38. Alex Kozinski & Josh Goldfoot, A Declaration of the Dependence of Cyberspace, 32 *Colum. J. L. & Arts* 365 (2009).

第十章

1. Andrea Dworkin, *Pornography: Men Possessing Women* 9 (1981).

2. Catharine MacKinnon, *Only Words* 9-10 (1993).

3. American Booksellers Ass'n, Inc. v. Hudnut, 771 F. 2d 323 (7th Cir. 1985).

4. Catharine MacKinnon, *Only Words* 93 (1993).

5. 475 U.S. 1001 (1986).

6. Danielle Keats Citron & Benjamin Wittes, The Internet Will Not Break: Denying Bad Samaritans Section 230 Immunity, 86 *Fordham L. Rev* 401 (2017).

7. Ann Bartow, Online Harassment, Profit Seeking, and Section 230, *B.U. L. Rev. Online* (Nov. 2, 2015).

8. Jones v. Dirty World Entertainment Recordings LLC, 755 F. 3d 398, 402-403 (6th Cir. 2014).

9. 同上。

10. TheDirty.com，常見法律 Q&A，取自 <https://thedirty.com/legal-

faqs/>。

11. Jones v. Dirty World Entertainment Recordings, 840 F. Supp. 2d 1008, 1009 (E.D. Ky. 2012).

12. Narrative of Sarah Jones, Jones v. Dirty World, 2:09-cv-00219-WOB-CJS (E.D. Ky. Aug. 25, 2010).

13. 同上。

14. Jones v. Dirty World Entertainment Recordings, 840 F. Supp. 2d, 1009-1010.

15. Jones v. Dirty World Entertainment Recordings LLC, 755 F. 3d 398, 404 (6th Cir. 2014).

16. 同上。

17. Narrative of Sarah Jones, Jones v. Dirty World, 2:09-cv-00219-WOB-CJS (E.D. Ky. Aug. 25, 2010).

18. 同上。

19. 「老師不能當啦啦隊員」，*The Dirty*，取自 <https://gossip.thedirty.com/ gossip/cincinnati/teachers-cant-be-cheerleaders/#post-241723>.

20. 同上。

21. Jones v. Dirty World Entertainment Recordings LLC, 755 F. 3d 398, 404 (6th Cir. 2014).

22. Narrative of Sarah Jones, Jones v. Dirty World, 2:09-cv-00219-WOB-CJS (E.D. Ky. Aug. 25, 2010).

23. 同上。

24. 同上。

25. Deposition of Sarah Jones, Jones v. Dirty World, 2:09-cv-00219-WOB-CJS, 59-60.

26. Jones v. Dirty World Entertainment Recordings, LLC, 840 F. Supp. 2d 1008, 1012-1013 (E.D. Ky. 2012).

27. 同上，1012。

460

28. Transcript of Trial Testimony of Nik Richie, Jones v. Dirty World, 2:09-cv-00219-WOB-CJS (E.D. Ky., filed on Jan. 25, 2013), 11-12.

29. 同上，19。

30. Bengals Cheerleader Gets Engaged to the Teen She Was Convicted of Having Underage Sex With, *Daily Mail* (June 13, 2013).

31. Transcript of Trial Testimony of Sarah Jones, Jones v. Dirty World, 2:09-cv-00219-WOB-CJS (E.D. Ky., filed on Jan. 25, 2013), 94.

32. Jury Questions, Jones v. Dirty World, 2:09-cv-00219-WOB-CJS (E.D. Ky., filed on Jan. 25, 2013).

33. Jones v. Dirty World Entertainment Recordings LLC, 755 F. 3d 398, 414 (6th Cir. 2014).

34. 同上。

35. 同上，416。

36. Danielle Keats Citron & Benjamin Wittes, The Internet Will Not Break: Denying Bad Samaritans Section 230 Immunity, 86 *Fordham L. Rev.* 401 (2018).

37. Jones v. Dirty World Entertainment Recordings LLC, 755 F. 3d 398, 417 (6th Cir. 2014).

38. Mary Anne Franks, Moral Hazard on Stilts: "Zeran's" Legacy, *The Recorder* (Nov. 10, 2017).

39. Transcript of Trial Testimony of Nik Richie, Jones v. Dirty World, 2:09-cv-00219-WOB-CJS (E.D. Ky., filed on Jan. 25, 2013), 19-20.

40. Samuel D. Warren & Louis D. Brandeis, The Right to Privacy, 4 *Harv. L. Rev.* 193 (1890).

41. Amy Gajda, What If Samuel D. Warren Hadn't Married a Senator's Daughter: Uncovering the Press Coverage That Led to the Right of Privacy, *Illinois Public Law and Legal Theory Research Papers Series*, Research Paper No. 07-06 (Nov. 1, 2007).

42. New York Times v. Sullivan, 376 US 254 (1964).

43. Gertz v. Robert Welch, 418 US 323, 344 (1974).

44. 同上。

45. Abby Ohlheiser, The Woman behind "Me Too" Knew the Power of the Phrase When She Created It—10 Years Ago, *Wash. Post* (Oct. 19, 2017).

46. Lisa Respers France, #MeToo: Social media flooded with personal stories of assault, *CNN* (Oct. 17, 2017).

47. Andrea Park, #MeToo reaches 85 countries with 1.7M tweets, *CBS News* (Oct. 24, 2017).

第十一章

1. New York Times Co. v. United States, 403 U.S. 713, 719 (1971) (Black, J., concurring).

2. First Amended Complaint, Fields v. Twitter, Case No. 3:16-cv-213-WHO (N.D. Cal. Mar. 24, 2016), ¶ 71.

3. 同上。¶ 74.

4. 同上。¶¶ 78-80.

5. 同上。¶ 84.

6. 同上。

7. J. M. Berger & Jonathon Morgan, *The Brookings Project on U.S. Relations with the Islamic World, The ISIS Twitter Census* (March 2015), 59.

8. Hamza Shaban, FBI Director Says Twitter Is a Devil on the Shoulder for Would-Be Terrorists, *BuzzFeed* (July 8, 2015).

9. James Comey, Encryption Tightrope: Balancing Americans' Security and Privacy, Statement before the House Judiciary Committee (March 1, 2016).

10. 畢茲・史東接受 CNN「Erin Burnett Outfront」節目訪問的逐字稿（二〇一六年六月二十日），可在以下網址取得 <http://

transcripts.cnn.com/TRANSCRIPTS/1406/20/ebo.01.html> 。

11. 18 U.S.C. § 2333.

12. First Amended Complaint, Fields v. Twitter, Case No. 3:16-cv-213-WHO (N.D. Cal. Mar. 24, 2016), ¶ 1.

13. Motion to Dismiss, Fields v. Twitter, Case No. 3:16-cv-213-WHO (N.D. Cal. April 6, 2016), 2.

14. Plaintiff's Opposition to Defendant's Motion to Dismiss the zFields v. Twitter, Case No. 3:16-cv-213-WHO (N.D. Cal. May 4, 2016).

15. The above dialogue is as quoted in Transcript of Proceedings of June 15, 2016, Fields v. Twitter, Case No. 3:16-cv-213-WHO (N.D. Cal. Filed on June 23, 2016).

16. Order, Fields v. Twitter, Case No. 3:16-cv-213-WHO (N.D. Cal. Mar. Aug. 10, 2016).

17. Second Amended Complaint, Fields v. Twitter, Case No. 3:16-cv-213-WHO (N.D. Cal. Aug. 30, 2016), ¶ 1.

18. Transcript of Proceedings of Nov. 9, 2016, Fields v. Twitter, Case No. 3:16-cv-213-WHO (N.D. Cal. Filed on Dec. 2, 2016).

19. Fields v. Twitter, Inc., 217 F. Supp. 3d 1116, 1118 (N.D 2016).

20. Appellants' Opening Brief, Fields v. Twitter, No. 16-17165 (9th Cir. March 31, 2017), 16.

21. 以上對話取自第九巡迴法院網站上口頭辯論的影片，可從以下網址取得 <https://www.ca9.uscourts.gov/media/view_video.php?pk_vid=0000012737>.

22. Fields v. Twitter, Inc., 881 F. 3d 739, 749 (9th Cir. 2018).

23. Statement of Sen. John Thune, Terrorism and Social Media: #IsBigTechDoing Enough?, Hearing of Senate Commerce Committee (Jan. 17, 2018).

第十二章

1. 47 U.S.C. § 230(b)(4).

2. 47 U.S.C. § 230(c)(2).

3. J. M. Berger & Jonathon Morgan, *The Brookings Project on U.S. Relations with the Islamic World, The ISIS Twitter Census* (March 2015), 2.

4. Alexander Meleagrou-Hitchens & Nick Kaderbhai, *ICSR, Department of War Studies, King's College London*, Research Perspectives on Online Radicalisation (2017). 可在以下網址取得 <https://icsr.info/2017/05/03/icsr-vox-pol-paper-research-perspectives-onlineradicalisation-literature-review-2006-2016/>.

5. J. M. Berger & Jonathon Morgan, *The Brookings Project on U.S. Relations with the Islamic World, The ISIS Twitter Census* (March 2015), 17.

6. Combatting Violent Extremism, Twitter blog (Feb. 5, 2016). 可在以下網址取得 <https://blog.twitter.com/official/en_us/a/2016/combating-violent-extremism.html>。

7. Jeff Kosseff, Twenty Years of Intermediary Immunity: The U.S. Experience, 14:1. *Scripted* 5 (2017).

8. Google 用戶內容與行為政策，可在以下網址取得 https://www.google.com/+/policy/content.html。

9. 請見 Alexis C. Madrigal, Inside Facebook's Fast-Growing Content Moderation Effort, *Atlantic* (Feb. 7, 2018); Santa Clara University School of Law, Content Moderation & Removal，Scale，可在以下網址取得 <https://law.scu.edu/event/content-moderation-removal-at-scale/>。

10. 同上。

11. Adelin Cai, Putting Pinners First: How Pinterest Is Building Partnerships for Compassionate Content Moderation, Techdirt (Feb.

5, 2018).

12. Colin Sullivan, Trust Building as a Platform for Creative Businesses, *Techdirt* (Feb. 9, 2018).

13. 同上。

14. 同上。

15. 同上。

16. Kate Klonick, The New Governors: The People, Rules, and Processes Governing Online Speech, 131 *Harv. L. Rev.* 1598 (2018).

17. 同上，1644-1645。

18. Tarleton Gillespie, *Custodians of the Internet* (2018), 98.

19. Susan Wojcicki, Expanding Our Work against Abuse of Our Platform，YouTube 官方部落格（二〇一七年十二月四日），可在以下網址取得 <https://youtube.googleblog.com/2017/12/expandingour-work-against-abuse-of-our.html>.

20. Statement of Juniper Downs, Terrorism and Social Media: #IsBigTechDoingEnough?, Hearing of Senate Commerce Committee (Jan. 17, 2018).

21. 同上。

22. 18 U.S.C. § 2258A.

23. 同上。

24. 例子請見 PhotoDNA 雲端服務，Microsoft，可在以下網址取得 <https://www.microsoft.com/en-us/photodna>。

25. United States v. Keith, 980 F. Supp.2d 33 (D. Mass. 2013).

26. Alex Stamos, An Update on Information Operations on Facebook, *Facebook Newsroom* (Sept. 6, 2017), 取自 https://newsroom.fb.com/news/2017/09/information-operations-update/。

27. Julia Angwin, Madeleine Varner, & Ariana Tobin, Facebook Enabled Advertisers to Reach "Jew Haters," *ProPublica* (Sept. 14, 2017); Will Oremus & Bill Carey, Facebook's Offensive Ad Targeting

Options Go Far Beyond "Jew Haters," *Slate* (Sept. 14, 2017).

28. Updates to Our Ad Targeting, *Facebook Newsroom* (Sept. 14, 2017)，取自 https://newsroom.fb.com/news/2017/09/updates-to-our-ad-targeting/。

29. Improving Enforcement and Transparency of Ads on Facebook, *Facebook Newsroom* (Oct. 2, 2017), 取自 https://newsroom.fb.com/news/2017/10/improving-enforcement-and-transparency/。

30. 141 Cong. Rec. H8460 (Aug. 4, 1995).

31. Kate Klonick, The New Governors: The People, Rules, and Processes Governing Online Speech, 131 *Harv. L. Rev.* 1598 (2018).

32. Charles Riley, YouTube, Apple, and Facebook Remove Content from InfoWars and Alex Jones, *CNN* (Aug. 6, 2018).

33. 訪問傑瑞‧伯曼（二〇一八年六月六日）。

第十三章

1. 美國參議院常設調查委員會，員工報告，「Backpage.com 知情助長線上性販運」（二〇一七年一月），6。

2. 同上。

3. 全美州檢察總長協會，二〇一一年八月三十一日，「致 Backpage.com, LLC 顧問山繆‧費弗函」，可在以下網址取得 <http://www.naag.org/assets/files/pdf/signons/Backpage%20WG%20Letter%20Aug%202011Final.pdf>。

4. 同上。

5. 同上。

6. 同上。

7. 參議院 Backpage 報告，20-21。

8. 同上，21。

9. 同上，21-23。

10. 同上，25。

11. 同上，28。

12. 同上，29。

13. 同上，32。

14. 同上，34-35。

15. 同上，36。

16. 同上，37-38。

17. 同上，40。

18. Andrew O'Reilly, Prostitution Still Thrives on Backpage despite Site Shutdown of "Adult" Section, *Fox News* (May 1, 2017).

19. Tom Jackman & Jonathan O'Connell, Backpage Has Always Claimed It Doesn't Control Sex-Related Ads. New Documents Show Otherwise, *Wash. Post* (July 11, 2017).

20. 18 U.S.C. § 1595.

21. Second Amended Complaint, Doe v. Backpage, Civil Action No. 14-13870 (D. Mass. Dec. 29, 2014), ¶¶ 71-89.

22. 同上。¶¶ 90-99.

23. 同上。¶¶ 100-107.

24. 同上。¶¶ 108-147.

25. 同上。¶ 10.

26. 同上。¶ 51.

27. 同上。¶ 14.

28. Motion to Dismiss, Doe v. Backpage, Civil Action No. 14-13870 (D. Mass. Jan. 16, 2015), 30.

29. 同上。

30. Opposition to Motion to Dismiss, Doe v. Backpage, Civil Action No. 14-13870 (D. Mass. Feb. 13, 2015), 15, n. 5.

31. Brief of Amici Curiae in Support of Plaintiffs, Doe v. Backpage, Civil Action No. 14-13870 (D. Mass. Feb. 20, 2015), 15.

32. MA ex rel. PK v. Village Voice Media Holdings, 809 F. Supp. 2d

1041 (E.D. Mo. 2011).

33. Opposition to Motion to Dismiss, Doe v. Backpage, Civil Action No. 14-13870 (D. Mass. Feb. 13, 2015), 17.

34. The above dialogue is as quoted in the Transcript of the April 15, 2015, hearing on the motion to dismiss in Doe v. Backpage, Civil Action No. 14-13870.

35. Doe v. Backpage, 104 F.Supp.3d 149, 165 (D. Mass. 2015).

36. Doe v. Backpage, 817 F.3d 12, 15 (1st Cir. 2016).

37. 同上，29。

38. 同上，19, n.4。

39. 同上，22。

40. Darrell Smith, Money Laundering Charges against Backpage.com Execs Can Proceed, Judge Rules, *Sacramento Bee* (Aug. 23, 2017).

41. Sarah Jarvis, et al., As Allegations Increase Against Backpage, Founders Have Become Big Political Donors in Arizona, *Ariz. Republic* (April 14, 2017).

42. H.R. 1865 (115th Cong.) (as introduced).

43. S.1693 (115th Cong.) (as introduced).

44. 新聞稿，參議員羅伯‧波特曼辦公室，〈參議員提出跨黨派立法對 Backpage 問責，確保性販運受害者能伸張正義〉，（二〇七一年八月一日），可在以下網址取得 <https://www.portman.senate.gov/public/index.cfm/2017/8/senators-introduce-bipartisan-legislation-to-hold-backpage-accountable-ensure-justice-for-victims-of-sextrafficking>。

45. 新聞稿，網際網路協會，「關於《二〇一七年停止助長性販運法案》提案之聲明」（二〇一七年八月一日）。

46. 克里斯‧考克斯在美國眾議院司法委員會、犯罪、恐怖主義、國土安全與調查子委員會證詞（二〇一七年十月三日）。

47. Public Law No. 115-164.

48. 同上。

49. 同上。

50. 同上。

51. Craigslist, About FOSTA, available at https://www.craigslist.org/about/FOSTA.

52. Alina Seluykh, Backpage Founders Indicted on Charges of Facilitating Prostitution, *NPR* (April 9, 2018).

53. Tom Jackman, Backpage CEO Carl Ferrer Pleads Guilty in Three States, Agrees to Testify Against Other Website Officials, *Wash. Post* (April 13, 2018).

54. Order on Motion to Dismiss, Doe v. Backpage, Civil Action No. 17-11069-LTS (D. Mass., Mar. 29, 2018).

55. Eric Goldman, Congress Probably Will Ruin Section 230 This Week, *Technology and Marketing Law Blog*，取自 https://blog.ericgoldman.org/archives/2018/02/congress-probably-will-ruin-section-230-this-week-sestafosta-updates.htm (Feb. 26, 2018).

結論

1. 請見 Robert Chesney & Danielle Citron, Deep Fakes: A Looming Challenge for Privacy, Democracy, and National Security, *California Law Review* (forthcoming 2019).

2. Orly Lobel, The Law of the Platform, 101 *Minn. L. Rev.* 87, 91 (2016).

3. Paul Sieminski & Holly Hogan, The Automattic Doctrine: Why (Allegedly) Defamatory Content on WordPress. com Doesn't Come Down without a Court Order, *TechDirt* (Feb. 7, 2018).

索引

人物

1-5畫

6-10 畫

法案

組織

文獻與作品

The Twenty-Six Words that Created the Internet
by Jeff Kosseff, originally published by Cornell University Press.
Copyright © 2019 by Cornell University
This edition is a translation authorized by the original publisher, via Chinese Connection Agency.
Traditional Chinese edition copyright © 2024 Owl Publishing House, a division of Cité Publishing LTD
ALL RIGHTS RESERVED

網路自由的兩難：
美國《通訊端正法》230條如何催生社群網站與自媒體，
卻留下破壞網路安全與隱私的疑慮？

作　　　者　傑夫・柯賽夫（Jeff Kosseff）
譯　　　者　范明瑛
選　書　人　王正緯
責任編輯　王正緯
校　　　對　童霈文
版面構成　張靜怡
封面設計　兒日設計
行銷總監　張瑞芳
行銷主任　段人涵
版權主任　李季鴻
總　編　輯　謝宜英
出　版　者　貓頭鷹出版 OWL PUBLISHING HOUSE
事業群總經理　謝至平
發　行　人　何飛鵬
發　　　行　英屬蓋曼群島商家庭傳媒股份有限公司城邦分公司
　　　　　　115 台北市南港區昆陽街 16 號 8 樓
　　　　　　劃撥帳號：19863813 ／戶名：書虫股份有限公司
城邦讀書花園：www.cite.com.tw　購書服務信箱：service@readingclub.com.tw
購書服務專線：02-2500-7718~9（週一至週五 09:30-12:30；13:30-18:00）
24 小時傳真專線：02-2500-1990~1
香港發行所　城邦（香港）出版集團／電話：852-2508-6231 ／ hkcite@biznetvigator.com
馬新發行所　城邦（馬新）出版集團／電話：603-9056-3833 ／傳真：603-9057-6622
印 製 廠　中原造像股份有限公司
初　　　版　2024 年 5 月
定　　　價　新台幣 630 元／港幣 210 元（紙本書）
　　　　　　新台幣 441 元（電子書）
Ｉ Ｓ Ｂ Ｎ　978-986-262-688-7（紙本平裝）／ 978-986-262-691-7（電子書 EPUB）

國家圖書館出版品預行編目資料

網路自由的兩難：美國《通訊端正法》230 條如何催生
社群網站與自媒體，卻留下破壞網路安全與隱私的
疑慮？／傑夫・柯賽夫（Jeff Kosseff）著；范明瑛
譯 .-- 初版 .-- 臺北市：貓頭鷹出版：英屬蓋曼群島
商家庭傳媒股份有限公司城邦分公司發行, 2024.05
　　面；　　公分.
譯自：The twenty-six words that created the Internet
ISBN 978-986-262-688-7（平裝）

1.CST：網際網路　2.CST：資訊法規
3.CST：言論自由　4.CST：網路安全
5.CST：美國

312.1653　　　　　　　　　　　　　　　　113003018

本書採用品質穩定的紙張與無毒環保油墨印刷，以利讀者閱讀與典藏。